디스플레이 제조공정 기술

김현후 · 최병덕 공저

디스플레이는 현대 사회에서 우리의 일상생활에 깊숙이 뿌리를 내린 기술 중 하나이다. 스마트폰, 컴퓨터, 텔레비전, 자동차 패널, 시계 등 다양한 기기와 제품에서 디스플레이는 정보를 시각적으로 전달하고 우리의 실생활을 풍부하게 바탕이 되고 있다. 디스플레이의 중요성과 다양한 응용 분야는 계속해서 확장되고 있으며, 디스플레이 분야의 기술 발전은 우리의 삶을 더욱 풍요롭게 만들어 주고 있다.

이 교재는 디스플레이 제조 공정 기술에 대한 포괄적인 정보와 지식을 제공하고자 기술하였다. 디스플레이 제조 공정은 디스플레이 기술의 기본이자 핵심으로 LCD와 OLED 패널을 생산하고 제조하기 위해 필요한 다양한 단계와 기술이 복잡하게 얽혀 있다. 이 교재는 이러한 복잡성을 이해하고 디스플레이 제조 공정을 효과적으로 관리하고 개선하는 데 도움을 주고자 한다.

디스플레이 제조 공정 기술에 대한 이해는 업계 전반에 걸쳐 경쟁력을 확보하고 혁신을 이끄는 핵심 역할을 할 것이다. 디스플레이 기술은 시대가 변화함에 따라 끊임없이 진보하고 있으며, 이에 따라 디스플레이 제조 기술도 지속적으로 발전하고 있다. 본 교재를 통해 디스플레이 제조 공정의 기본 원리와 최신 기술 동향을 파악하고 이를 활용해 새로운 제품을 개발하고 향상시키는데 도움을 드리고자 준비하였다.

본 교재의 구성을 살펴보면, 디스플레이의 개요와 제조 공정 기술을 나누어 2편으로 준비하였다. 먼저 1편 디스플레이 개요에서는 디스플레이 공학에 대한 기초적인 정의, 구조, 및 분류를 통해 다양한 디스플레이에 대해 소개하고 있다. 그리고 디스플레이 중에 가장 중요한 LCD와 OLED에 대한 기본적인 개념, 원리, 구조, 동작 및 특성에 대해 설명하고, 디스플레이의 핵심이라 할 수 있는 TFT의 역할과 구조에 대해 기술하였다.

2편 디스플레이 제조 공정에서는 LCD와 OLED의 제조 공정을 간략하게 설명하였고, 제조 공정에서 중요한 기술인 포토리소그래피, CVD 기술, PVD 기술과 식각 기술에 대해 원리, 구조, 종류 및 장비에 대해 설명하였다. 마지막으로 LCD 제조 공정에서 모듈 공정과 백라이트 공정에 대해 추가하였다.

　디스플레이 제조 공정 기술은 전기, 전자, 기계 및 화학 공학의 융합체이며, 다양한 학문과 기술을 결합하고 있기 때문에 여러 분야의 지식을 통합하여 구성된다. 본 교재를 통해 디스플레이 제조 공정에 대한 이해를 높이고, 디스플레이 기술의 현대적인 발전에 기여할 수 있는 전문가로 성장하길 바란다. 사실 디스플레이의 미래는 무궁무진하며, 디스플레이 제조 공정 기술의 이해는 미래를 주도하는 열쇠 중 하나일 것이다. 본 교재를 통해 디스플레이 제조 공정에 대한 깊은 지식을 습득하고, 새로운 가능성을 탐구하는 데 도움을 주길 희망한다.

　최근 급변하는 정보화 시대의 흐름 속에서 정보전달의 수단으로서 자리 잡고 있는 디스플레이를 기본 개념과 제조 공정을 세밀하게 다루고자 시작한 교재의 집필이지만, 미비한 부분이 많을 것이라 고려된다. 본 교재를 접하는 독자나 전문가들에게 다소간의 도움이 되었으면 하는 마음뿐이며, 교재가 출판되기까지 도움을 아끼지 않은 내하출판사의 모흥숙 사장님과 편집을 도와준 박은성 님께 진심으로 감사드리며….

주라위길을 왕래하며
저자 일동

CONTENTS 차 례

CHAPTER 04 **TFT** (thin film transistor)

CHAPTER 07 **CVD** (chemical vapor deposition)

CHAPTER 08 **PVD** (physical vapor deposition)

CHAPTER 09   **식각** (etching)

CHAPTER 10   모듈 제조 공정

CHAPTER 01

디스플레이의 기초

01

1.1 디스플레이 기술 개요

　디스플레이 기술은 정보를 시각적으로 표현하는 기술로, 전자기기와 디지털 시스템에서 매우 중요한 구성 요소이다. 디스플레이는 일상생활에서 우리가 휴대폰, 컴퓨터, 텔레비전 등을 사용할 때 정보를 시각적으로 보여주는 역할을 한다. 이러한 디스플레이 기술은 지속적인 발전과 혁신을 통해 많은 변화를 겪어왔고, 다양한 종류의 디스플레이 기술이 개발되고 사용되고 있다.

　디스플레이 기술 개요에서는 주로 디스플레이의 원리, 제조공정과 다양한 디스플레이 기술의 종류에 대해 설명한다. 가장 일반적인 디스플레이 기술 중 하나는 바로 액정 디스플레이(LCD)라고 할 수 있다. LCD는 액정을 이용하여 밝고 어두운 상태를 만들어 정보를 표시하는 원리로 작동한다. LCD는 현대의 전자기기에서 많이 사용되며, 낮은 전력 소비와 뛰어난 이미지 품질을 제공한다.

　또 다른 중요한 디스플레이 기술은 유기 발광 디스플레이(OLED)이다. OLED는 유기성 물질을 사용하여 발광하는 원리로 작동한다. OLED는 자체 발광 기능을 갖고 있어 밝고 선명한 이미지를 제공하며, 광범위한 시야각과 얇은 디자인을 가지고 있다. 이러한 특징으로 인해 OLED는 스마트폰, TV 및 차량 디스플레이 등 다양한 응용 분야에서 널리 사용되고 있다.

　또한, 플라즈마 디스플레이(plasma display panel, PDP), 음극선관 디스플레이(cathode ray tube, CRT), 전자 잉크 디스플레이(electronic ink display, E-Ink) 등 다양한 디스플레이 기술도 있다. 각각의 디스플레이 기술은 독특한 작동 원리와 특징을 가지고 있으며, 특정한 용도와 요구에 맞게 선택되면서 사용되어 왔다.

　디스플레이 기술 개요에서는 또한 디스플레이의 발전 동향과 최신 기술

동향에 대해서도 언급한다. 디스플레이 기술은 연구와 개발이 계속 진행되고 있으며, 고해상도, 고대비, 저전력 소비, 유연성 등의 측면에서 더욱 발전하고 있다. 새로운 소재, 구조 및 제조 공정 기술이 도입되면서 디스플레이의 성능과 기능이 끊임없이 향상되고 있다.

이렇게 다양한 디스플레이 기술은 우리의 일상생활에 큰 영향을 미치고 있으며, 디지털 시대의 핵심 기술로서 더욱 중요해지고 있다. 이러한 이유로 디스플레이 기술에 대한 이해와 연구는 계속적으로 확장되고 있으며, 디스플레이 제조공정 기술에 대한 교재의 목차에서도 중요한 부분을 차지하고 있다.

1.1.1 디스플레이의 정의

디스플레이는 인간과 전자제품 사이에 다양한 정보를 전달하는 인터페이스의 역할을 하며, 정보를 시각적으로 나타내는 장치나 기술을 의미한다. 즉, 각종 전자제품이나 산업용 전자기기의 정보를 인간의 시각을 통하여 전달하는 가교 역할을 하는 출력전달장치라고 정의할 수 있다. 디스플레이(display)의 어원을 살펴보면, 라틴어인 "displico" 혹은 "displicare"에서 파생된 것으로, 그 의미는 '펴다, 보이다, 펼치다' 라는 뜻을 가지고 있다. 형태적으로 'dis-'와 '-plicare'로 구성되며, 라틴어에서 "plico" 혹은 "plicare"의 의미는 '접는다(to fold)'라는 것으로, display란 이러한 라틴어의 반의어로서 '사물을 보여준다'라는 의미이다. 이 단어는 많은 뜻을 가지고 있는데 주로 상업적인 표현으로 전시 및 진열이라는 뜻이 강한 듯하다. 그러나 전자공학에서 디스플레이라고 하면 표시장치라는 뜻으로서 각종 전자기기의 다양한 정보를 전달하는 출력장치의 의미를 갖는다. 따라서 디자인 분야에서 사용하는 의미와는 다소 다르다고 할 수 있다. 전자공학 분야에서 디스플레이를 표시장치나 출력장치라고 번역하여 사용하기보다는 원어를 그대로 디스플레이로 통용하기 때문에 혼동하지 말아야 할 것이다.

1.1.2 디스플레이의 기능적인 의미

기능적인 면에서 디스플레이를 살펴보면, [그림 1-1]에서 도식적으로 잘 나타내고 있다. 디스플레이는 주로 시각적인 형태로 정보를 전달하는 역할을 한다. 텍스트, 그래픽, 이미지, 동영상 등 다양한 형식의 정보를 표시하여 사용자에게 제공하며, 이를 통해 휴대폰, 컴퓨터, 텔레비전 등에서 다양한 애플리케이션과 콘텐츠를 시각적으로 표현하고 전달할 수 있다. 즉, 각종 전자기기로부터 전달하고자 하는 전기적 정보신호를 인간의 눈에 시각적으로 표현하기 위해 인식이 가능한 광 정보신호로 변환하여 패턴화된 정보로 출력하는 장치이다. 이와 같이 변환된 정보는 디스플레이인 2차원의 공간에 형상화하게 되는데 숫자, 문자, 도형 및 화상 등의 정보를 표시하는 기능을 갖추고 있다.

그림 1-1 ▶ 평판 디스플레이의 역할

그리고 디스플레이는 정보를 명확하고 가시적으로 표시하는 역할을 한다. 고화질, 고명암비, 색상 재현 등의 요소를 갖춘 디스플레이는 사용자가 정보를 쉽게 파악하고 이해할 수 있도록 도와준다. 가독성과 시각적인 품질은 사용자 경험과 효율성에 직접적인 영향을 미치게 된다. 일부 디스플레이는 터치 스크린 기능을 포함하여 사용자와의 상호작용을 지원하기도 한다. 터치, 제스처, 입력 등을 인식하고 해당하는 기능 또는 명령을 수행할 수 있다. 이를 통해 사용자는 직접적인 상호작용을 통해 디스플레이와 소통하며, 인터페이스를 통해 다양한 작업을 수행할 수 있다.

디스플레이는 창의성과 예술적인 표현을 위한 매체로도 사용될 수 있다. 예를 들어, 광고판, 예술 설치물, 디지털 아트 등에서 디스플레이는 시각적인 요소를 강조하고 표현할 수 있는 도구로 사용된다. 색상, 형태, 움직임 등을 다양하게 구성하여 창의적인 시각적 효과를 만들어내는 역할을 수행한다.

최근 정보통신 시대의 발전에 따라 우리 주변에서 흔히 볼 수 있는 텔레비전, 모니터, 스마트폰, 시계, 광고판 등 다양한 전자기기와 시스템에서 사용되며, 사용자에게 정보를 시각적으로 전달하는 역할을 한다. 디스플레이는 사용자가 입력한 정보나 디지털 데이터를 받아와 시각적인 형태로 변환하여 출력한다. 이러한 변환은 디스플레이의 내부에서 일어나며, 다양한 기술과 구성 요소가 조합되어 동작한다. 디스플레이는 이미지, 텍스트, 동영상 등 다양한 유형의 정보를 표시할 수 있으며, 고화질, 색상 재현, 명암비 등의 측면에서 성능이 요구된다.

1.2 디스플레이의 개발사

1.2.1 디스플레이의 개발

초기 디스플레이 시장은 우수한 기술력을 바탕으로 일본이 우위를 점하고 있었으나, 꾸준한 기술개발과 투자 노력에 힘입어 1990년대 후반부터 한국은 CRT(cathode ray tube), LCD(liquid crystal display), PDP(plasma display panel), OLED(organic light emitting diode) 및 FED(field emission display) 등의 디스플레이부문에서 세계 1위 생산국으로 급부상하였다. 이러한 세계 최고를 향한 디스플레이 산업의 경쟁은 비단 국가 간에만 머무

르는 것이 아니며, 국내업체들 사이에서도 치열하게 진행되어 왔다고 할 수 있다. 더욱이 디스플레이 가격의 하락과 디지털 방송 등에 힘입어 TV 와 모니터의 대형화는 급속히 대중화되고 있으며, 각종 차세대 디스플레이의 연구 및 기술 경쟁도 가속화되고 있는 실정이다.

일반적으로 디스플레이의 대형화라면, 대략 30인치에서부터 사용 환경에 따라 2,000인치까지 다양하지만, 보통 40인치 이상을 말한다. 그림 1-2는 20세기 말에 대표적인 디스플레이 모니터인 LCD와 기존에 많이 사용해왔던 CRT 모니터 사이에 현격한 두께 차이를 나타내고 있으며, 최근 기술의 발달로 LCD 디스플레이의 패널 두께는 2.8mm 정도이다. 평판 디스플레이의 장점이라면, 대면적이 용이하고, 박형 및 경량화에서 뛰어나며, 소비전력이 낮다는 등의 특징을 가진다.

예로서, 표 1-1에서와 같이 30인치대의 CRT와 LCD 모니터를 비교해보면, 두께는 약 1/6 정도, 무게는 약 1/5 정도로 감소하며, 소비전력도 대략 1/2 정도 낮아졌다고 한다.

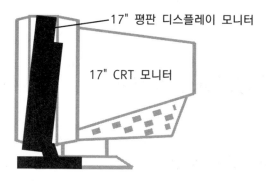

17" 평판 디스플레이 모니터

17" CRT 모니터

그림 1-2 ▶ 평판 디스플레이와 CRT의 비교

표 1-1 ▶ CRT와 LCD 모니터의 비교

구분	34" CRT	32" LCD	비고
두께[cm]	60	11	~1/6
무게[kg]	90	20	~1/5
소비전력[W]	200	120	~1/2

　이와 같이 20세기말까지 대중화되어 널리 사용해오던 칼라 CRT 모니터는 기능이나 성능적인 면에서 우수하지만, 브라운관과 전자총으로 구성된 CRT는 대형화 추세에 맹점을 가지고 있기 때문에 평판 디스플레이에 밀리는 경향이 뚜렷하였다. 이러한 디스플레이의 대형화는 실내·외의 설치 환경과 기능에 따라 다양하게 개발되고 있으며, 특히 대형, 칼라, 및 동화상의 삼박자에서 우수한 eye-catcher 효과를 가지면서 막대한 정보를 표시할 수 있는 멀티미디어 출력 시스템용으로 수요가 증대될 것으로 예상된다.

　한편, 얼마 전까지만 하더라도 텔레비전용으로 가장 광범위하게 실용화되어 왔던 CRT는 우수한 코스트 퍼포먼스를 유지하면서 고성능화와 대형화에 적극적이지만, 평판형 디스플레이와 같이 두께가 얇은 구조로 도달하기는 용이하지 않다. CRT로는 휴대용 기기에 적용하기 어려웠지만, 소형경량의 평판 디스플레이로서 LCD, PDP 및 OLED가 개발되었고, 또한 휴대용으로 소비전력이 적은 LCD가 카메라 및 각종 전자 측정기에 적용되었으며, 화질의 개선뿐만 아니라 풀 칼라화되면서 다수의 AV 기기와 휴대용 정보통신기기에 적용되기 시작하였다. 이와 같이 평판 디스플레이는 초기에 세그멘트형이 주로 사용되다가 새로운 형태로 밝기, 발광색, 표시용량, 구동전압, 응답속도, 소비전력 및 가격 등이 개선되어 다양한 방면에 적합하게 응용되었으며, 일부에서는 수요가 증대되면서 고속의 성장을 이룩하게 되었다.

　한편 매트릭스(matrix)형 디스플레이가 개발되면서 소형 노트북이나 개인용 컴퓨터 등에 모니터로서 실용화되기도 하였고, 대형화의 추세에 따라 LCD와 PDP 등이 적용되면서 더욱 수요가 증가하였으며, 디지털 카메라와 각종 정보통신기기의 발전에 발맞추어 멀티 칼라와 풀 칼라로 개선되어 디스플레이 시장에서 각광을 받아오고 있다. 이렇듯 "보면서 즐기는 문화"인 영상기술의 발달로 보여주는 구현장치라고 할 수 있는 디스플레이에 대한 지속적인 성장세에 힘입어 구동회로부를 포함한 평판 디스플레이 모듈은 경박단소(輕薄短小)형뿐만 아니라, 대형화에 있어서도 LCD와 PDP를 중심으로 확대되고 있는 반면에 CRT는 수요가 감소되었다. 더욱이 평판 디스플레이 시장은 지상파 디지털 방송으로의 전환이 2013년부터 시작됨에 따라 각종 전자기기의 모니터와 노트북에서 대형화 TV영역으로 확대되고 있다.

이와 같이 평판 디스플레이의 생산 초기라 할 수 있는 1990년대에는 노트 PC전용으로 비교적 작은 크기의 4세대까지 적용하였고, 2000년 초반에는 중·대형화 평판 디스플레이 시장에서 LCD와 PDP가 주축으로 높은 비중을 차지하면서 보다 효과적으로 대화면의 제품을 생산할 수 있도록 7세대 라인을 구축하였다. 이후 대형 TV용 패널에 적용하고자 10세대 생산라인까지 구축하면서 한국이 세계 제1위의 대화면 TV 생산국으로 부동의 자리를 견고할 수 있었다. 참고로 아래 표 1-2는 mother glass의 세대별로 구분을 나타내고 있다.

표 1-2 ► Mother glass의 세대구분

세대	년도	기판 크기
제 1 세대	1987	300×350(270×360)
제 2 세대	1994	370×470(360×465)
제 3 세대	1997	590×670(550×650)
제 4 세대	2000	680×880(730×920)
제 5 세대	2002	1,000×1,200(1,100×1,250)
제 6 세대	2004	1,500×1,850(1,500×1800)
제 7 세대	2005	1,950×2,250(1,870×2,200)
제 8 세대	2006	2,200×2,400(2,160×2,460)
제 9 세대	2008	2,400×2,800
제 10 세대	2009	2,850×3,050
제 10.5 세대	2020	2,940×3,370(BOE사)

자료: 한국디스플레이연구조합 & 전자부품 조사자료

표 1-3 ▶ 평판 디스플레이의 개발사

연도	개발 내용
1897	브라운관 발명(CRT)
1888	액정 발견(LCD)
1923	SiC 주입형 발광현상 발견(LED)
1935	세계 최초로 TV방송 개시(CRT)
1936	ZnS:Cu의 EL 현상 발견(ELD)
1950	Color TV 개발(CRT)/분산형 AC구동 EL패널 개발(ELD)
1952	GE, Si의 pn접합 발광현상 발견(LED)
1954	DC구동 PDP 개발(PDP)
1956	냉음극 방전표시관 개발(PDP)
1963	텅스텐 산화물의 EC 현상 발견(ECD)
1965	문자표시 전자관 VFD 발명(VFD)
1966	메모리형 AC 구동 PDP개발 (PDP)
1968	DS형/GH형 LCD 방식 개발(LCD)
	DC구동 PDP에 의한 TV 영상표시 개발(PDP)
	증착박막형 AC 구동 ELD 개발(ELD)
1971	TN형 LCD 방식 개발(LCD)
1972	액정 시계 및 전자계산기 상용화(LCD)
1973	비오르겐 ECD 개발(ECD)
1978	이중 절연 박막형 AC구동 ELD 상용화(ELD)
1979	LED 및 VFD TV 제작(LED/VFD)
1980	ALE 박막형 AC구동 ELD 개발(ELD)
1982	액정 흑백 TV 상용화(LCD)
	빔 가이드식 평판 CRT 개발(CRT)
	ECD 시계 상용화(ECD)
1984	액정 칼라 TV 상용화(LCD)
	대화면 표시 발광소자 개발(VFD)
1987	유기 박막 ELD 개발(OLED)
1990	Field induced drain TFT 개발(LCD)
1992	VGA급 21인치 AC PDP 개발(PDP)
1996	Full color AC PDP 개발(PDP)
	a-Si:H(:Cl) TFT/40인치 TFT LCD 개발(LCD)
1997	5.25인치급 color 유기 EL 개발(OLED)
1998	50인치 XGA급/42인치 HD급 AC PDP 개발(PDP)
1999	65인치 color HDTV PDP 개발(PDP)
2001	40인치 TFT LCD 개발(LCD)/7인치 CNT FED 개발(FED)
2003	2.16인치 능동 패널/256색 개발(OLED)
2005	100인치 full color HDTV TFT LCD 패널 개발(LCD)

물에 비친 모습을
보고 최초로
디스플레이 경험

1897년
브라운관 개발

1930년대
흑백 TV 개발

1960년대
칼라 TV 개발

1900년대 평판
디스플레이

2010년대 곡면
디스플레이

그림 1-3 ▶ 디스플레이의 변천

1.2.2 디스플레이의 변천

원시시대에 인간은 물의 표면에 비친 자신의 모습을 통하여 디스플레이를 경험하였다고 한다. [그림 1-3]에서 나타나듯이, 20세기에 들어서면서 디스플레이가 본격적으로 개발되기 시작하였는데, 고성능과 편리성 면에서 인간의 욕망을 만족시키기 위해 급속히 상품화하였다.

특히, 디스플레이의 변천은 초기 텔레비전(television; 이하 TV)의 개발사와 더불어 변화하게 되는데, 1839년 프랑스의 물리학자인 Edmond Bacquerel이 정지화상을 전신으로 전송할 수 있을 것이라고 구상한 이후에 많은 연구자들이 전기를 이용하여 화면을 전송하는 시스템에 대해 연구하기 시작하였다. 또한, 최초로 텔레비전의 원리가 발표된 것은 1884년 독일의 물리학자 Paul Julius Gottieb Nipkow가 구멍 뚫린 주사판을 사용한 전기기계적 방식의 TV 시스템으로 특허를 얻으면서부터 가속화되었다.

표 1-3에서는 각종 평판 디스플레이 장치의 상용화에 이르는 개발사를 간략하게 정리하고 있다. 즉, 디스플레이의 역사는 1888년에 Reinitzer가 유기 물질을 녹이는 과정을 실험하다가 액정을 발견한 이후, 1897년에는 Braun이 처음으로 CRT를 개발하였다.

TV가 본격적으로 연구되기 시작한 것은 라디오 방송이 개시되었던

1920년대였다. 1926년에 영국의 John Logie Baird가 TV 시스템을 실험하였으며, 다음 해에 Baird가 Soho Lab.에서 처음으로 TV를 공개적으로 송수신하는 실험을 성공적으로 수행하였다. 그리고 1930년에는 Baird가 브라운관을 이용하여 구상한 "Televisor"라는 TV 수신기를 상품화하여 생산하게 되었고, 이후 신문에서 처음 "Television"이라는 용어를 사용하게 되었다. "Television"에서 "tele"는 그리스어로 "멀리"라는 의미이고, "vision"은 라틴어로 "본다"는 뜻이 합성되어 만들어진 것이다. TV 방송은 1931년 미국에서 시험방송을 처음으로 개시한 이후에 1937년 영국의 BBC 방송국이 세계 최초로 흑백 TV 방송을 시작하였다.

본격적으로 칼라 TV가 보급되면서 미국에서는 1955년에 약 3만 5천대 정도의 칼라 TV가 판매되었고, 1956년에는 RCA와 Admiral사가 500달러 이하의 칼라 TV를 보급하고, TV 방송국이 203개로 늘어나면서 10만대의 칼라 TV가 판매되었고, 1964년에는 100만대에 이르게 된다. 1959년에 Philco사가 세계 최초로 트랜지스터 회로를 이용한 흑백 TV를 250달러에 판매하였고, 1960년에는 RCA와 Motorola사가 칼라 TV에 트랜지스터를 이용하여 생산하였다. 그리고 1966년에는 RCA사가 TV에 처음으로 IC를 사용하였고, 빠른 기술개발로 인하여 전자 tuner를 사용한 칼라 TV가 개발되었으며, 1969년 RCA사가 초음파를 이용한 리모콘식의 칼라 TV를 판매하였다. TV에 대한 신뢰성에서 소비자 의식이 높아지면서 IC화에 의한 부품수를 줄여 고장 요인을 제거시키고, 소비전력을 크게 감소시켰다. 1970년대에는 projection TV가 개발되었고, TV 수상기의 system에서 많은 발전을 이루었다. 또한, 1980년대부터는 digital TV가 개발되기 시작하여 TV monitor 뿐만 아니라 날로 대중화되고 있는 개인용 컴퓨터의 monitor를 겨냥하여 많은 선두 가전업체들이 경쟁적으로 개발을 진행하였다. 이러한 monitor로는 LCD, PDP, FED, OLED 등이 있다.

특히, 정보 시스템이 더욱 고도화됨에 따라 디스플레이는 우리 일상생활에서 깊숙이 자리 잡으면서 LCD와 PDP를 비롯한 평판 디스플레이

(FPD; flat panel display)가 TV시장에 본격적으로 보급되었고, 최근에 지상파 디지털 방송의 시작과 더불어 FPD TV는 DVD 레코더와 디지털 카메라와 함께 주목받고 있다. 이제, 여러 종류의 평판 디스플레이에 대한 주요 변천과 실용화를 위한 최근 연구동향을 개별적으로 알아보도록 한다.

1.2.3 디스플레이의 추세

향후 디스플레이 산업은 지속적인 기술 혁신과 발전을 거치며 향상되고 있다. 디스플레이 산업의 향후 추세를 정리하면, 먼저 OLED 기술의 지속적인 개발이며, OLED는 각 픽셀이 독립적으로 발광하는 기술과 더 얇고 유연한 디스플레이를 가능하게 할 것이다. OLED는 이미 많은 스마트폰과 TV에 사용되고 있으며, 향후 더욱 발전하여 해상도, 명암비, 생산성 등의 성능을 향상시킬 것으로 예상된다. 그리고 MicroLED 기술의 상용화로 인하여 더욱 미세한 LED 칩을 사용함으로서 화면을 구성하는 기술과 OLED와 유사한 장점을 가지면서도 OLED의 한계를 극복할 수 있을 것이다. MicroLED는 높은 명암비, 빠른 반응 속도, 오래 지속되는 수명 등을 제공하며, 앞으로 스마트폰, TV 및 스마트워치 등 다양한 기기에서 사용될 전망이다.

특히 무경계(Bezel-less) 디자인을 통하여 베젤을 최소화하고 넓은 화면 영역을 제공할 수 있는 무경계 디자인은 현대 디스플레이 제품의 주요 트렌드 중 하나이다. 향후에는 더욱 무경계 디자인이 적용된 디스플레이 제품들이 등장할 것으로 예상된다. 더불어 고해상도 디스플레이의 수요는 계속해서 증가하고 있는 실정이다. 고해상도는 스마트폰, 태블릿, 컴퓨터 모니터, TV 등 다양한 장치에서 요구되는 기능으로 더욱 고해상도를 지원하는 기기들이 등장할 것으로 예상된다.

유연성 디스플레이는 OLED 기술의 발전으로 이미 상품화되고 있으며, 유연한 디스플레이는 휴대성과 다양한 디자인 가능성을 제공하며, 스마트폰, 웨어러블 기기, 굽힐 수 있는 TV 등에 사용될 수 있다. 에너지 효율 개선차원에서 환경 보호와 에너지 절약 요구에 따라 디스플레이 산업은 에너지 효율적인 솔루션을 개발하고 있다. LED 백라이트의 효율성 개선과 저소비전력 디스플레이 기술 등을 통해 에너지 효율을 높이는 노력이 이루어지고 있다.

최근 증강현실(AR)과 가상현실(VR) 디스플레이 기술의 발전으로 증강현실과 가상현실을 위한 디스플레이 솔루션이 더욱 발전할 것으로 예상된다. 고해상도, 빠른 반응 속도, 넓은 시야각 등의 요구사항이 더욱 강조될 것으로 예상되며, 이를 충족하기 위한 기술 개발이 진행될 것이다. 뿐만 아니라 디스플레이 산업에서 새로운 재료 및 기술의 도입을 통해 계속해서 발전하고 있으며, 예를 들어, MicroLED 기술은 더 작은 크기의 디스플레이와 높은 명암비를 제공한다. 또한, 유기 전계 트랜지스터(OELFET)와 같은 새로운 디스플레이 기술의 연구 개발이 진행되고 있다.

1.3 디스플레이의 분류

디스플레이의 기본 동작은 전기신호를 주면 표시면의 위치에 색이나 밝기 등이 변하여 광신호로 나타나게 되며, 이와 같은 표시 위치를 지정하기 위해서는 전자나 광 등을 지시하여 이동시키는 방식과 정렬된 다수의 표시소자를 선택적으로 구동하는 방식으로 분류한다. 전기신호를 광신호로 변환하는 디스플레이 장치의 동작기구에는 여러 가지 방식으로 분류할 수 있으며, 이에 대해 자세히 기술한다.

1.3.1 표시 방식에 따른 분류

디스플레이 장치를 표시 방식에 따라 분류해보면, 직시형(direct view type), 투사형(projection type) 및 오프-스크린형(off-screen type)으로 나눌 수 있다. 직시형은 다시 브라운관과 같은 발광 직시형과 LCD와 같은 반사형이나 배후에서 비추는 투과형으로 나누어지며, 투사형은 배면 투사형과 전면 투사형으로 구분된다.

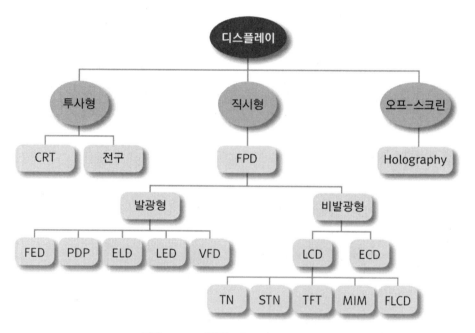

그림 1-4 ▶ 평판 디스플레이의 분류

1.3.2 동작 기구에 따른 분류

평판 디스플레이의 물리적인 동작 기구에 따른 분류는 [그림 1-4]에서 나타낸다. 그림에서는 먼저 표시 방식에 따라 크게 분류하고, 이를 직시형에서 평판 디스플레이(flat panel display)를 물리적인 동작 기구로 나누어 발광형(emissive type)과 비발광형(non-emissive type)으로 분류한 것이다.

발광형 디스플레이는 전계방출(FED), 형광표시(VFD), 플라즈마 표시(PDP), 전계발광(ELD) 및 발광 다이오드(LED) 등이 있고, 비발광형으로는 액정 표시(LCD)와 전기변색 표시(ECD)로 분류한다. 이러한 평판 디스플레이 중에서 가장 오랜 역사를 가진 것은 이미 언급한 바와 같이 1930년대에 TV용으로 등장한 이후, 디스플레이 시장에서 지배적으로 자리 잡은 것이 CRT이며, 최근까지도 휘도, 콘트래스트, 해상도, 시장점유율 및 가격 등의 측면에서 여전히 가장 우수한 위치를 차지하고 있음은 누구도 부정하지 않는다. 그러나 CRT의 결점으로는 무겁고 부피가 커 공간을 많이 차지하며 대형인 경우 이동성에 제약이 있을 뿐만 아니라 대체로 40인치 이상의 대화면을 구현하기가 어렵다는 것이다.

또한, 디스플레이 장치에 사용되는 각종 반도체 부품의 급속한 진보, 저전압과 저전력화에 따른 전자기기의 소형·경량화 추세, 아날로그 표시 방식보다는 디지털 정보화의 발전에 따른 다양한 응용과 정보처리장치의 개발 및 소비자 요구 등으로 디스플레이 패널은 경박단소형, 저구동 전압, 저소비 전력 등의 특징을 가진 평판 디스플레이 장치로 급격히 확대되어 가고 있다.

빛의 발광 여부에 따라 분류한 대표적인 평판 디스플레이를 [그림 1-5]에서 나타내고 있다. 이러한 평판 디스플레이들 중에서 몇 가지의 동작기구를 살펴보면, 먼저 발광형에서 CRT는 진공 중의 고속 전자빔이 형광체를 발광시키는 원리이고, ELD는 고체 내에 전계에 의한 가속전자가 직접 여기하면서 발광하는 현상을 이용한다. 그리고 PDP는 불활성가스에서 방전하여 발생한 자외선으로 형광체를 여기 발광시키는 원리이며, VFD는 진공 중에서 저속 전자빔에 의한 형광체를 여기시키게 된다. 또한, 비발광형에서 LCD는 액정의 전기발광특성을 이용하였고, ECD는 전기화학적 산화환원반응에 의한 착색현상을 응용한 것이며, EPID는 콜로이드 분산 입자의 전기영동 현상을 이용한 것이다.

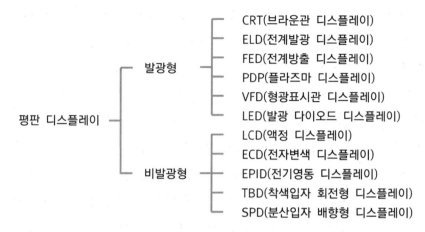

평판 디스플레이

발광형
- CRT(브라운관 디스플레이)
- ELD(전계발광 디스플레이)
- FED(전계방출 디스플레이)
- PDP(플라즈마 디스플레이)
- VFD(형광표시관 디스플레이)
- LED(발광 다이오드 디스플레이)

비발광형
- LCD(액정 디스플레이)
- ECD(전자변색 디스플레이)
- EPID(전기영동 디스플레이)
- TBD(착색입자 회전형 디스플레이)
- SPD(분산입자 배향형 디스플레이)

그림 1-5 ▶ 대표적인 평판 디스플레이의 분류

본 교재에서는 상기에서 분류한 여러 종류의 디스플레이 중에서 각광을 받고 있는 대표적인 평판 디스플레이들의 동작원리, 구조 및 특성 등의 전반적인 개념을 기술할 것이다.

1.3.3 표시 형태에 따른 분류

표시 형태에 따라 평판 디스플레이를 나누어 보면, 문자 - 숫자 표시형 (alphanumeric display type), 기호 표시형(symbol display type) 및 화상 표시형(graphic display type)으로 구분한다. 여기에서 화상 표시형은 TV나 모니터에서 그림을 비롯하여 문자나 숫자까지 나타나게 된다. 이러한 표시 형태는 적용하려는 분야에서 세그먼트, 기호, 고정된 화상과 dot-matrix 등에 따라 디스플레이의 구조가 달라진다.

1.3.4 어드레싱(addressing) 방식에 따른 분류

디스플레이 장치에서 어드레싱 방식은 직접형(direct type), 스캔형(scan type), 그리드형(grid type) 및 매트릭스형(matrix type)으로 분류하는데, 이러한 어드레싱 방식은 특수한 목적으로 패턴화된 디스플레이에 표시하기 위해 전기신호를 인가하여 화면의 특정한 위치에 광신호를 나타내는 방식이다. 이러한 방식에는 CRT에서 보듯이 전자빔을 편향시켜 화면에 표시하는 것도 어드레싱 방식으로 분류되며, 최근에 많이 적용하고 있는 매트릭스 형태의 전극에 스위칭 회로를 연결하여 전기신호를 줌으로써 광신호를 나타내기도 한다.

1.4 다양한 디스플레이의 발전

1.4.1 CRT

CRT의 개발사는 약 110년 전에 Braun이 브라운관을 발명하여 CRT 디스플레이로 일찍 실용화되었고, 1940년 전후로 흑백 TV방송이 시작된 이후로 1970년대까지 CRT 컬러 TV의 상용화에 이르는 성숙기와 1980년대에 에너지 절약과 경제성을 추구하여 인라인 전자총을 도입하였던 절정기를 통하여 최근에는 CRT의 대형화와 고화질화를 위하여 성능향상에 주력하고 있는 실정이다.

직시형 컬러 CRT의 TV용 개발은 HDTV(high definition TV)를 포함하여 대화면, 고휘도 및 넓은 다이나믹 레인지를 요구하며, 컴퓨터 단말기나 디스플레이용으로는 대면적보다 20 내지 30인치 정도에 고휘도의 해상도나 보기에 편한 것이 중시되기 때문에 적용 분야에 따라 요구되는 개발 특성이 약간 다르다.

TV용 CRT의 경우, 37인치 CRT가 당초 예상을 뛰어넘는 수요에 힘입어 40인치의 HDTV가 1986년 개발됨으로서 CRT 디스플레이의 대형화가 이루어졌으며, 이어 43인치의 shadow mask관과 45인치의 Trinitron관 등 여러 종류의 CRT가 개발되었다. 또한 화면 중심부의 곡률 반경을 평면화하고 곡면의 차수를 바꾸어 주변부를 평평하게 하여 표시면의 평면화를 강조하게 되었다. 그리고 VDT(visual display terminal)용에 적용하는 CRT의 경우, 고정세화(高精細化)와 고화질화가 추진되었고, 주로 근접에서 사용하기 때문에 눈의 피로감을 줄여주는 방향으로 개선되고 있으며, X선 화상진단 등에 적용하는 디스플레이에는 다량의 정보가 요구되므로 2,000개 정도의 주사선을 표시하는 초고해상도의 CRT를 개발하였다.

특히 CRT의 대형화에 대한 종합적인 기술 개선을 살펴보면, 유리 벌브의 형상, 두께 분포, 진공열응력 및 방폭 구조의 설계 등에 대한 CRT의 구조적인 해석에서의 진보와 새도우 마스크의 형상유지 기구에 대한 해석과 동작 중에 발생하는 열변형에 의한 도밍의 억제 등을 실용화하였다. 이외에도 대구경의 렌즈를 사용한 전자총에서 편향 상태를 포함한 화면 전체의 고해상도를 위한 설계나 편향 요크의 저손실 코어재가 개발되어 고속주사 특성을 개선하였다. 그리고 형광체에 있어 많은 재료를 개발하여 적용하고 있으며, 디스플레이용의 경우에 CRT에서의 플리커(flicker)에 의한 피로를 방지하고 발광 색순도의 개선에 따른 눈의 피로감 해소 및 형광체의 도포 방법에서 경제성과 광점착법 등을 고려하여 실용화하고 있다.

투사형 CRT에서는 보다 밝은 화면을 표시하기 위해 내열 유리 벌브나 액체 냉각 시스템을 개선하여 적용하고 있으며, 고성능 스크린이나 대구경 렌즈 등의 투사 광학계 등에 대해서도 대폭 개선되었다. 밝은 주위 광에서 직시형보다 콘트래스트가 뛰어난 배면 투사형 CRT에서는 45인치가 55cm이고 50인치는 65cm인 HDTV를 개발하였고, 휘도 역시 직시형보다 우수하여 대화면을 선호하는 가정용으로 적격이라 할 수 있다.

앞서 기술한 CRT 디스플레이의 평판형에 대한 연구와 개발도 활발하여 이미 1951년부터 5~17인치의 편평 CRT에 대한 연구가 시작되었는데, 다단의 전극에서 단일 전극으로 개량한 전자빔의 정전편향계를 개발하였으며, 6인치 흑백 CRT와 빔 인덱스 방식의 4인치 컬러 CRT가 실용화되었다. 사실, 편평 CRT에서의 대형화는 어려운 점이 많은데, 고밀도 대전류의 단일 전자빔을 긴 경로로 복잡하게 제어하고 편향하도록 하는 것이 어려워 편평 CRT 내부의 구성을 분할하여 기능을 분산하는 방식으로 개선하고 있으며, 50인치 TV의 화면을 분할하여 다수의 모듈로 구성한 빔 가이드 방식으로 13인치 컬러 화상표시가 조립식 진공장치에서 진행되었다. 이후 편평 컬러 CRT는 15개의 열음극선을 이용하여 200×15개의 매트릭스 전자빔을 6×32단에 수평 및 수직으로 편향시켜 400×480화소를 가진 10인치 화면의 MDS(matrix drive and deflection system) 방식으로 개발하였다. 또한, 저전압 및 저전류의 단일 전자빔을 편향하여 형광면에 대응시켜 채널 증배기에서 전자 증배하는 방식도 최근에 컬러 TV 표시에 개발하여 적용하였다. 특히, 편평 CRT의 대형화에 있어 유리 벌브가 진공응력에 견디는 스페이서(spacer)를 포함하는 것은 불가결한 것이지만, 이는 화면의 균일화와 고정세화의 장애로 작용하며, 이들의 양립성은 VFD나 PDP에서도 공통적인 커다란 고민거리라고 할 수 있다.

CRT는 자연화면이나 동화면이 요구하는 광역계조와 고속응답 특성을 이용하여 고화질을 실현할 수 있기 때문에 디스플레이 분야에서 중요한 위치를 유지하고 있으며, 유리 벌브에서의 강화 기술과 130° 이상의 광학 편향관을 실현하여 대형화에 적합하도록 개선함으로써 멀티미디어 시대에 대응하고 있다.

1.4.2 LCD

LCD의 개발은 1888년에 Reinitzer가 액정을 발견한 이래, 1968년 Heilmeier 등이 DS형과 GH형의 LCD방식을 개발하였고, 1971년에는 Schadt가 TN형의 LCD방식을 개발하였다. 특히, LCD의 상용화에 획기적인 역할을 한 것은 1980년 a-Si TFT LCD와 1984년 Scheffer 등이 개발한

STN형 LCD방식에 의한 것이었다. 이와 같이 저전압 및 저소비전력의 특성을 가진 LCD는 디스플레이 장치의 개발에서부터 약 30여년이 경과하여 실용화를 이룰 수 있었는데, 소형 컬러 TV를 비롯하여 휴대용 노트북이나 퍼스널 컴퓨터에 매트릭스형 LCD가 실용화되었고, 다른 평판 디스플레이에 비해 많은 연구개발이 이루어지고 있으며, 대형화 및 고정세화에도 매우 적극적인 편이다. 즉, LCD는 1980년을 전후로 사실상 민생분야에서 실용화에 접근한 이후, 산업분야에 이르기까지 거의 모든 응용분야에 적용함으로서 최근에 평판 디스플레이의 시장점유율에서 확고한 1위를 담당하고 있다.

LCD의 기술개발에 대해 보다 소상히 살펴보면, TN(twisted nematic)형에서 액정층과 XY 전극으로 구성된 단순 매트릭스형 LCD는 주사행 수가 늘어나면 표시 콘트래스트가 저하하기 때문에 상하를 2등분하여 구동하게 되며 약 200행정도로 제한하게 된다. 이에 대한 개선책으로서 TN각을 270° 증대시켜 복굴절 효과에 의해 보다 빠르고 높은 광투과율 - 전압 특성을 가진 SBE(super-twisted birefringence effect)형 LCD를 개발하여 콘트래스트와 시야각을 개선하였다. 그러나 큰 TN각을 갖고 안정적으로 동작하기 위해서는 액정분자의 배향에서 20~30°의 높은 경사각(tilt angle)을 필요로 하여 생산성에 저하를 초래하기 때문에 180~240°의 TN각에 5° 정도의 경사각을 가진 STN(super TN)형 LCD가 개발되었고, 이를 보다 개선하여 랩톱형 퍼스널 컴퓨터에는 대부분 이러한 방식을 채택하여 생산하고 있다.

또한 최근에는 TFT(thin film transistor)나 비선형 2단자 소자를 셀로 구성된 능동 매트릭스(active matrix)형 LCD의 개발로 인하여 고성능의 컬러화가 실현되었으며, 1984년 3색 모자이크 필터와 3파장 형광 램프로 구성된 p-Si TFT방식의 LCD TV는 최초의 컬러 평판형 디스플레이로 성공적인 시판을 시작하였다. 그러나 TFT방식보다는 화질이 약간 떨어지지만, 생산성이 뛰어난 2단자 방식의 MIM(metal-insulator-metal)형의 LCD TV

도 실용화되었다.

이러한 능동 매트릭스형 컬러 LCD는 제품 수율과 같은 제조기술의 개선과 저가화의 과제가 남아 있으며, 특히 대형화에 있어서 결함을 줄이거나 복원 등은 매우 중요하다. 또한 재료나 제작기술에 있어 TFT에서의 amorphous Si 박막은 전자 이동도가 매우 높다는 장점이 있다. 주변 구동 회로의 구성에 적합한 polycrystalline Si 박막의 균일한 성장법이나 박막 전극선의 낮은 저항화 등의 개발이 이루어졌고, 이를 토대로 가반형 퍼스널 컴퓨터에는 10인치급의 멀티 컬러 STN형 LCD가 탑재되었다.

컬러 LCD에서 모자이크 필터나 백라이트(back light)는 필수적인 구성요소라고 할 수 있는데, 컬러 필터에서는 기존에 사용해온 염색방식에 정교한 프로세서에 의한 간단한 안료분산법을 적용하고, 저가화를 위한 인쇄방식이나 전착법 등이 채택되었으며, 내열성을 갖춘 패널이 사용되었다. 이외에 전사법에 의한 컬러 필터의 저가화나 오프 세트 인쇄에 의한 미세 패턴화가 개발되어 LCD 전극이나 컬러 필터에 응용되고 있다.

LCD 동화질에서의 열화에 대한 원인은 액정의 응답시간이나 TFT 구동에서의 원리적인 문제에서 비롯되는데, 전자인 경우는 고속 액정모드를 채용하거나 오버 드라이브법을 이용하여 개선하였으며, 후자인 경우는 표시광을 필드마다 간헐적인 광으로 주사하는 간결 표시방식으로 개선하였다. 동화질을 개선하기 위한 기술로서는 동화질을 올바르게 평가하는 기술도 역시 중요하며, LCD의 응답시간에 대한 객관적인 평가지표로서 LCRT(liquid crystal response time)이나 MPRT(motion picture response time) 등이 채택되고 있다.

현재 가장 호황을 이루고 있는 LCD TV는 지상파 디지털 방송의 도입과 더불어 영상 컨텐츠를 제공함에 따라 가정에서도 대화면 TV가 각광을 받게 되었고, 이에 수요도 날로 증가할 전망이다. 따라서 개구율 향상기술에 의한 고휘도, 저소비 전력화 기술의 개선 및 동화질의 개선 등으로 보다 우수한 LCD TV가 속속 등장하고 있고, 이미 가정용의 50인치급 초대형 LCD가 개발되었다. 그러나 40인치 이상의 대화면인 경우에 제조상에 문제점으로 TFT 기판용 aligner의 1쇼트 영역(520×800mm)에서 1화면으로 조절할 수 없기 때문에 다수의 회로망이 요구된다.

또한 유연성을 가진 플랙시블(flexible) LCD 패널에 대한 새로운 기술이 개발되고 있으며, 가열 처리할 경우에 치수 안정성이 우수한 플라스틱 기판으로 a-Si TFT를 분리하여 플라스틱 기판에 전사시키는 기술이 개발되었다.

1.4.3 PDP

최초의 PDP는 1956년에 개발된 냉음극 방전 표시관으로 거슬러 올라가게 되며, 패널형 표시장치로는 1966년 일리노이대학에서 개발한 것으로 유전체층에 피복절연시켜 교류로 동작하는 메모리형 AC 구동 PDP와 1969년 Burroughs사에 의해 개발한 자기주사형 DC 구동 PDP로, 이는 전극이 방전가스에 직접 접촉해서 동작하는 방식이다. 원래 PDP는 AC형에 한정하여 정의되었지만, 곧 DC형이나 가스방전 디스플레이 중에 매트릭스형을 포함한 평판형의 디스플레이를 통칭하고 있다.

1975년부터 AC 및 DC 구동의 문자나 도형표시용 패널이 보급되었고, 1985년에는 펄스 메모리형 DC 구동 컬러 PDP TV가 시판되기에 이르렀으며, 1993년에는 21인치 대화면 풀컬러(full color) PDP가 제품화되었다.

특히, 저전력 및 저가격화를 목표로 방전가스, 전극 구조, 구동 파형 및 제작 프로세스 등에 대한 연구가 완료되었고, 높은 Xe 농도화에 의한 발광효율이 51 lm/W를 달성하였다. 형광체 도표면적의 증가와 셀 사이의 간섭 등을 방지할 목적으로 낮은 패널의 셀 구조를 실현함으로서 휘도를 1.5배 정도 개선하였고, 고정세화 및 고효율화를 위해 육각형의 셀 구조로 최적화하였다. 최근에는 전극 사이에 간격을 0.5mm 정도로 넓게 구성하여 1셀에서 자외선 효율이 높은 양광주(陽光柱)를 발생시켜 21 lm/W의 발광효율을 실현하였다. 향후로는 원가 절감을 위해 패널형성 프로세스로서 injection방식, mold replication법 및 direct glass sculpting 등에 대한 연구가 진행되고 있다.

1.4.4 OLED

PDP와 OLED는 모두 발광형의 평판 디스플레이로서, 1936년 Destriau에 의해 발견된 전계발광현상을 이용한 분산형 AC 구동 패널을 1950년에 Sylvania사가 개발한 것으로 낮은 휘도와 수명이 짧다는 단점 때문에 실용화에 어려운 디스플레이로 간주되었다. 그러나 1968년에 이르러 Bell 연구소에서 박막형 AC 구동 EL 패널의 개발에 힘입어 실용화를 위한 연구가 본격적으로 시작되었다. 1970년경에는 면광원으로 분말 형광체인 분산형 EL이 활발하게 연구되기 시작하여 매트릭스형 EL에 의해 TV에 적용하고자 하였지만, 역시 단점을 보완하지 못하여 실용화에 거듭 실패하였다. 이후로 1978년에 Sharp사가 고휘도 및 긴 수명으로 향상시킨 2중 절연박막형 AC 구동 EL 패널을 상품화하기 시작하여, 1980년에는 더욱 개선된 고휘도의 ALE(atomic layer epitaxy) 박막형 AC 구동 EL 패널을 Lohja사가 개발하였다. 그리고 1987년에는 저전압으로 동작하는 고휘도의 다양한 발광색을 가진 유기박막 EL 패널을 Kodak사에서 만들었고, 1988년 Planar System사는 풀컬러 표시가 가능한 ELD를 본격적으로 시판하였다.

역시 ELD에서 중요한 요소기술로서는 발광효율과 수명에 대한 개선이며, 특히 발광효율은 발광 소재 자체의 발광뿐만 아니라 유기 EL소자의 구조나 패널 구조 등과 밀접한 관계를 가진다. 능동 매트릭스의 경우, 개구율도 발광효율에 영향을 미치며 현재 하측 에미션형의 개구율은 30%, 상측은 약 70% 정도 개선되었다. 수명에 대한 향상에서도 저분자 재료의 경우, 초기 휘도가 1,000 cd/m²의 고휘도 조건에서 청색일 때 7,000시간,

녹색일 때 30,000시간, 그리고 적색일 때에 5,000시간 정도로 개선하였다. 이와 같은 결과로서, 2인치급 휴대용 전화기의 디스플레이와 중형 및 대형 디스플레이나 TV에 시작품을 제작할 수준에 도달하였으며, 저분자 재료를 이용한 디스플레이의 경우에 저온 p-Si TFT 기판을 이용한 15.5인치 패널, 12인치 패널을 4장으로 구성한 세계 최대의 24.2인치 패널 및 a-Si TFT 기판을 이용한 20인치 패널을 제작하기에 이르렀다.

특히, 저분자 재료를 적용한 유기 EL은 진공 증착장치에서 섀도우 마스크를 고정도로 이동시켜 수십 마이크론의 화소를 증착하게 되며, 이를 실용화하여 휴대용 전화기의 서브 패널 및 디지털 카메라에 적용하고 있다.

1.4.5 VFD

발광형의 VFD(vacuum fluorescent display)는 초기에 숫자 표시기나 지시등으로 사용되었다. VFD는 1967년 일본의 Ise사가 한 자리 숫자를 세그먼트형으로 표시하는 원형 단일관을 개발하였는데, 이는 도전성 ZnO:Zn 형광체를 저속 전자선으로 여기하는 열음극과 메쉬 그리드를 통과하여 청녹색 발광을 관찰하는 반사형 형광면으로 구성된다. 1972년에는 Futaba사가 여러 자리수를 나타내는 원형 다수관과 평판형 다수관을 개발하였다. 이후, 평판형의 다수관을 토대로 문자나 도형 표시가 가능한 대용량의 표시 평판 패널형 디스플레이로 개선하였고, 시각이나 시차를 크게 개선한 전면 발광방식의 VFD가 실용화되었으며, 1985년에는 R·G·B 형광체를 이용한 다중 컬러 VFD 패널이 개발되었다.

초기 VFD에 있어 기본적인 전면/후면 구성을 뒤집어 형광면을 전면으로 하는 투과형 전면발광형의 경우는 시야각이 넓어지는 반면에 휘도가 저하하는 결함이 있다. 하지만 제조기술을 개선하여 특성을 향상시킴으로서 제품화에 도달하였는데, 이러한 기술에는 구동 IC를 패널 주변에

chip-in-glass 방식으로 채용하고, 또한 기존 방식에서는 빠뜨릴 수 없었던 전자관의 진공배기와 봉지에 사용한 침관을 배제한 칩리스(chipless) 봉지 방식 등의 개발이 포함되며, 이와 같은 개선과정을 거쳐 패널과 주변회로를 소형화할 수 있었다.

다른 디스플레이에 비해 VFD는 세그멘트형으로 많은 수요가 지속되었기 때문에 메트릭스형 패널의 개발이 늦게 이루어졌으며, 인접 셀과의 크로스톱(cross top)을 낮추기 위해 전극 구조나 동작을 개량함으로서 고정세화를 개선하였다. 대형화면에서는 320×200화소(960×200셀)에 8.3인치의 전면발광형 그래픽용 컬러 VFD까지 개발하였다. 그러나 VFD의 내부 구조에는 스페이서(spacer)를 삽입하기 어렵고, 진공응력으로 인하여 두꺼운 면판을 필요로 하기 때문에 대형화할 경우에는 다른 디스플레이에 비해 다소 무거워진다는 단점이 있다. 이후, 고정세화면에서 그리드에 대한 정전편향을 도입하여 640×400셀의 5.9인치 초고정세 VFD의 개발을 이루었으며, 여기에서 패널은 ZnO:Zn 형광체의 넓은 발광 스펙트럼을 이용하였고, 또한 액정 액티브 필터(active filter)를 적용함으로서 해상도를 저하시키지 않으면서 멀티 컬러 표시가 가능하도록 개발하였다.

향후 VFD를 보다 고휘도와 고효율로 개선함으로서 응용면에서 고속전자선 여기에 의한 대화면 디스플레이로 접근하고 있으며, 또한 기본적인 구조의 형상을 통하여 실내 대화면에서부터 실외의 거대 화면까지 정세화한 발전을 나타내고 있다. 그리고 소수 매트릭스형 패널을 기초로 다수의 모듈화된 패널로 대화면을 만들 수 있을 것으로 기대하고 있다.

표 1-4는 1990년대 후반부터 현재까지 지속적으로 유지하고 있는 세계 최고의 국내 평판 디스플레이 기술 수준을 간략하게 나타내고 있다.

표 1-4 ► 국내 평판 디스플레이의 간략한 개발사

연도	국내업체	개발 내용
1984	삼성 SDI	a-Si TFT LCD 개발
1992	LG-Philips	12.3인치 TFT LCD 개발
1995	삼성전자	22인치 TFT LCD 개발
1997	삼성전자	30인치 UXGA TFT LCD 개발
	LG-Philips	노트북 PC용 14.1인치 XGA 제품화
1998	LG전자	60인치 XGA AC PDP 개발
2000	삼성 SDI	63인치 XGA AC PDP 개발
2001	삼성전자	40인치 TFT LCD 개발
2002	삼성 SDI	15.1인치 액티브 매트릭스 full color OELD 개발
	LG-Philips	42인치 및 52인치 TFT LCD 개발
		LTPS 20.1인치 QUXGA prototype 개발
	삼성전자	46인치 및 54인치 TFT LCD prototype 개발
2003	삼성 SDI	70인치 HDTV용 PDP 개발
		2.2인치 dual holder type AM OELD 개발
	LG전자	71인치 및 76인치 HDTV용 PDP 개발
	LG-Philips	55인치 TFT LCD 개발
	삼성전자	57인치 TFT LCD 개발
2004	삼성 SDI	26만 컬러 PM OELD 개발
		세계최대 102인치 full HD급 PDP 개발
2005	삼성전자	투과형 5인치 플라스틱 TFT LCD 개발
2006	LG-Philips	100인치 TFT LCD 개발
	삼성 SDI	3D AM OELD 개발

1.5 디스플레이의 특성 비교

이미 기술하였듯이, 평판 디스플레이는 동작기구에 따른 분류에서 크게 발광형과 비발광형(수광형)으로 나눌 수 있다. 이제, 다양한 평판 디스플레이 중에서 가장 대표적인 것들을 살펴보면, 비발광형으로 LCD가 있으며, 발광형으로는 PDP, FED, ELD, LED 및 VFD 등이 있는데, 이러한 평판 디스플레이의 간략한 기본 특성을 비교해 보도록 한다.

자연색으로 실용화 수준에 가장 가까이 도달된 디스플레이는 역시 아직도 많은 장점을 내재하고 있는 CRT, 마이크로 컬러필터 방식의 LCD, 및 형광체 여기발광 방식의 PDP이다. LED에서는 발광 휘도와 발광효율에 대한 개선이 남아 있으며, OLED의 경우에는 청색 발광의 고휘도화가 자연색을 실현시키는 열쇠라 할 수 있다.

LED와 VFD를 제외한 대부분의 디스플레이에서의 대화면화는 구조적으로 평판 패널형의 평판 디스플레이 장치로 실현 가능하다. 특히 PDP는 대형화가 상당히 진전되었지만, 점차 퇴조되는 경향을 보여 왔었고 최근 2010년을 전후로 가격과 화질 등의 장점으로 다시 회복세를 보이고 있다. 고해상도에 적합한 디스플레이 장치는 CRT, OLED 및 AM - LCD 등이며, 현재의 화소 피치(pixel pitch)인 0.2㎜ 정도를 넘어선 고미세화에는 많은 어려움이 예상된다. 같은 평판형 디스플레이에서도 모듈화된 표시단위(unit)의 두께 및 중량은 크게 차이가 있으며, 가장 얇으면서 가벼운 디스플레이로는 OLED를 들 수 있다.

각종 표시품질이나 표시 시각의 용이성은 해상도, 표시색, 발광·비발광의 구별, 시야각 등에 크게 영향을 받지만. 비발광형에서는 능동형 LCD, 그리고 발광형의 경우에 CRT, OLED 및 PDP 등이 우수한 편이다. 주요 전자 디스플레이의 특징을 비교하면 표 1-5와 같다.

표 1-5 ▶ 각종 전자 디스플레이의 특성 비교

종류	장점	단점
LCD	· 저전력소모 · 낮은 구동전압(5~20V) · 박형 디스플레이 (백라이트를 제외하면 0.5㎝에 근접) · 높은 콘트래스트비(STN) · 고해상도, 풀컬러 표시 능력 · 빠른 기록 속도 · 직사광선에서 판독가능 · 많은 업체에서 생산 · 낮은 비용(TN) · 양산기술	· 좁은 시야각(TN과STN) · 제한된 콘트래스트(TN) · 느린 응답 속도(STN) · 무결함 패널의 생산이 어려움 (특히 STN) · 컬러필터의 낮은 투과율로 강한 백라이트 필요 · 고가의 편향자 세트 필요 · 콘트롤러 및 구동 IC소자가 고가임 · 대형화 어려움
PDP	· 기술수준 높음 · 컬러 실현 가능 · 대화면에 적합 · 광 시야각(160°) · 고속 응답 · 긴 수명 · 단순 구동회로 · 간단한 구조로 저비용 가능 · 다수의 생산업체	· 고전압의 드라이버 요구(150~200V) · 고 전력소모로 휴대용으로 불가능 · 햇빛에 바란 듯한 색상(washout) · 제한된 계조(gray-scale)능력 · 저해상도 · 높은 가격
FED	· 뛰어난 화질과 넓은 시야각(160°) · Full color · 매우 높은 휘도(고발광효율) · 매우 빠른 응답 속도로 콘트래스트 손실 없는 동화상 비디오 가능 (응답속도 20ms) · 모든 동작온도에서도 켜짐 · 넓은 동작온도(-45~+85℃), 내한성 · 높은 전력효율, 낮은 전력소모 · 액정보다 더 낮은 생산비용 · 각국에서 많은 연구 중	· 아직은 연구개발 단계 · -20~+85V의 드라이버는 크기가 커서 소형화에 영향 · 수명이 짧음(10,000 시간) · 컬러는 아직 판매되지 않음 · 현재 10인치 이상 크기의 프로토타입 없음

종류	장점	단점
OLED	· 매우 얇고 소형 · 빠른 응답 속도 (비디오 가능) · 높은 판독성과 휘도 · 다소의 계조 능력 · 저전압 동작 · 내충격, 고신뢰성	· 고전압 드라이버(170–200V) · 고비용으로 대량생산 어려움 · 높은 전력소모(낮은 효율성) · 밝은 주변광 속에서 바란 듯한 색상 · 저속의 컬러 처리 · 청색 형광체의 휘도 낮음
LED	· 고신뢰성 · 소형의 고체 발광소자 · 낮은 구동 전압(약 2V) · 반도체 구동회로와 적합성 우수 · 고속에서의 변조 가능	· 소자 당 소비 전력이 큼 (수–수십mW)

VFD	· 저전압, 저소비전력
	· 표시 내용이 단순, 소량인 경우
	  낮은 디스플레이 비용
	· 대화면 구성 다중화 가능
	· 직사광선에서 볼 수 있음
	· 넓은 시야각, 고휘도
	· 빠른 응답속도
	· 고신뢰성 및 장수명
	· 다양한 컬러로 필터로 추가 색깔
	  구현 가능
	· 저비용
		· 대화면에 대한 고비용
		· 표시 내용이 복잡. 대량인 경우 높은
		  디스플레이 비용
		· 컬러와 그래픽 제한(낮은 해상도)
		· 매우 적은 수의 제조업체

▌참고문헌

- 김현후 외, "평판 디스플레이 공학", 내하출판사, 2015.
- 김억수 외, "디스플레이 공학개론", 텍스트북스, 2014.
- 박대희 외, "디스플레이 공학", 인터비젼, 2005.
- 김종렬 외, "평판 디스플레이 공학", 씨아이알, 2016.
- 이준신 외, "평판 디스플레이 공학", 홍릉과학, 2005.
- 이준신 외, "디스플레이 공학개론", 홍릉과학, 2016.
- 문창범, "전자 디스플레이원론", 청문각, 2009.
- 노봉규 외, "액정 디스플레이 공학", 성안당, 2000.
- 김상수 외, "디스플레이 공학 I", 청범, 2000.
- 노봉규 외, "LCD 공학", 성안당, 2000.
- 강정원 외, "플라즈마 디스플레이 공학", 인터비젼, 2006.
- 한국디스플레이장비재료산업협회, "디스플레이 산업동향", Display Focus, Vol. 1~5, 2006.

LCD 개요

02

2.1 LCD의 기초

2.1.1 액정의 정의

액정(liquid crystal)이란 액체와 고체의 성질을 함께 가지고 있는 물질로서, 즉 고체의 결정이 갖고 있는 규칙성과 액체의 성질인 유동성을 모두지닌 액체와 고체의 중간상태에 있는 물질이라는 뜻에서 액정이라 부른다. 액정은 1854년 Virchow가 농도전이형 액정을 처음 발견한 이래, 액정이라는 용어를 사용하게 된 유래는 1888년 오스트리아의 생물학자인 Reinitzer가 콜레스테롤과 관련된 유기물질을 녹이는 과정에서 두 단계로바뀌는 과정을 발견함으로서 시작되었다. Reinitzer는 이러한 사실을 독일의 물리학자인 Lehmann에게 알렸고, 많은 연구를 거쳐 혼탁한 액체가 다른 액체의 특성과는 달리 고체와 유사한 다소 규칙적인 분자 배열을 갖는다는 것을 알게 되었다. Lehmann은 액체와 같이 유동성을 가지면서 고체와 같은 결정구조를 갖는다는 의미에서 액정(liquid crystal)이라 명명하게되었다.

[그림 2-1]은 액정물질이 온도의 변화에 따라 상태가 바뀌는 과정을 나타낸다. 일반적으로 물질은 온도가 증가하면 고체에서 투명한 액체로 변하지만, 액정은 온도를 올리면 용융점에서 먼저 불투명하고 혼탁한 액체로 바뀌었다가 더욱 온도를 증가시키면 맑은 액체로 변하게 된다.

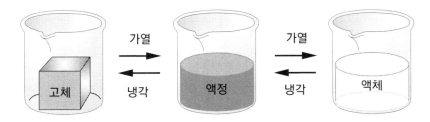

그림 2-1 ► 온도 변화에 따른 액정의 상태 변화

　유기화합물인 액정은 가늘고 긴 막대모양이거나 평평한 모양을 하고 있는 분자구조이며, [그림 2-2]에서 보여주듯이 액정은 온도가 증가함에 따라 완전한 규칙성을 가진 고체와 등방성의 액체 중간에 놓이는 상태를 나타낸다. 따라서 이를 액정상 혹은 중간상이라고 한다. 이러한 액정상은 끈적끈적하고 유동성을 지닌 액체이면서 광학적으로 이방성을 가진 결정을 나타낸다.

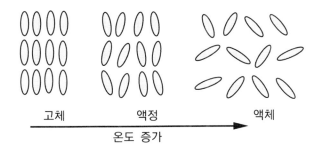

그림 2-2 ► 액정의 온도에 대한 변화

2.1.2 액정의 종류

　액정은 분자의 배향방법에 따라 특수한 배열을 하게 되는데, 배열하는 구조에 따라 스멕틱(smectic), 네마틱(nematic)과 콜레스테릭(cholesteric)으로 분류한다. [그림 2-3]은 이와 같은 배열방식에 따른 3가지 액정분자의 구조를 나타내며, 이들에 대해 상세히 기술하면 다음과 같다.

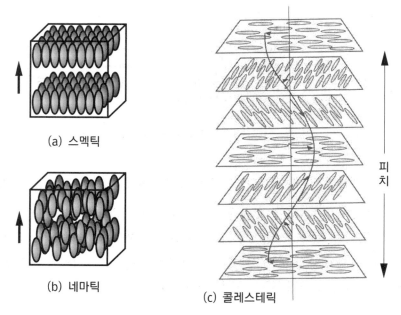

그림 2-3 ► 3가지 액정의 분자 배열구조

1) 스멕틱 액정(smectic LC)

막대기 모양의 액정분자가 규칙적으로 배열하여 층을 이룬 구조를 형성하며, 수직의 장축방향으로 규칙성을 가지고 평행하게 나열한다. 즉, 한 방향으로 규칙성을 유지한 분자 배열로 분자축 방향으로 질서 정연하고 층상구조를 갖는다. 분자층 사이에 결합은 매우 약한 편으로 일반 액체에 비해 점도가 크며 끈적끈적한 성질을 가진다. 스멕틱은 희랍어 비누(soap)에서 유래하였는데, 이는 처음 발견한 상이 바로 암모늄과 알칼리 비누였기 때문이다.

2) 네마틱 액정(nematic LC)

네마틱은 희랍어 실(thread)에서 유래하였으며, 간혹 현미경으로 관찰하면 결함의 모양이 실과 같아 붙여진 이름이다. 약 20,000여종의 화합물에서 네마틱 상이 발견되었는데, 액정분자의 위치에 대한 규칙성이 없으나 모두 분자축 방향으로 질서를 가지고 배열한다. 따라서 스멕틱 액정과 같은 층상 구조를 갖지 않기 때문에 유동적인 액체의 성질에 점도는 비교적 낮은 편이다. 분자의 방향에 있어 상하로 분극이 상쇄되어 강유전성의 성질을 갖지 않는다.

3) 콜레스테릭 액정(cholesteric LC)

콜레스테릭 액정은 카이랄(chiral) 화합물에서 형성된 네마틱 상의 일종이며, 이러한 상이 콜레스테롤에서 발견되었기 때문에 붙여진 이름이다. 액정분자의 배열이 스멕틱 액정과 같은 층상 구조를 형성하며, 각층의 면에서는 네마틱과 같은 평행 배열을 가진다. 또한, [그림 2-3(c)]에서 보여주듯이 인접한 층 사이에는 분자축의 배열이 조금씩 어긋나는 형상을 하며, 액정 전체를 보면 나선형의 구조를 나타낸다.

2.1.3 액정의 응용

이미 앞에서 온도에 따라 변하는 온도전이형 액정(thermotropic LC)에 대해 기술하였지만, 사실 액정의 분자배열구조는 고체의 결정구조와 같이 견고하게 결합되지는 않기 때문에 전기장, 자기장 및 응력 등의 외부 영향에 의해 분자구조가 쉽게 재배열하여 액정의 광학적인 성질이 변하게 된다. 그러므로 이러한 액정의 유연한 성질을 이용하여 디스플레이 장치나 광전소자로 응용하게 된다.

액정 디스플레이(LCD)의 기본 구조는 [그림 2-4]에서와 같이 2개의 유리기판 사이에 액정물질이 주입하여 만든 것이다. 이와 같이 구성된 LCD에 [그림 2-5(b)와 (c)]에서 나타나듯이 외부에서 전압을 인가하게 되면, 액정의 전기적 및 광학적인 특성이 바뀌게 되고, 빛을 차단하거나 통과시키는 스위치와 같은 역할을 하게 된다.

따라서 액정의 스위칭 동작을 이용하는 LCD는 외부에서 입사하는 빛을 조절한다는 점에서 빛의 변조를 이용한 비발광형 디스플레이로 구분되며, 기존의 다른 디스플레이와는 동작원리가 확연히 다르다고 할 수 있다.

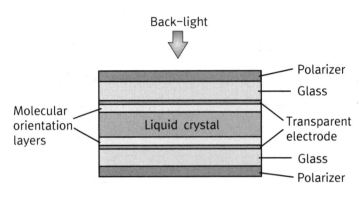

그림 2-4 ► LCD의 기본 구조

이러한 분자배열의 변화에 의해 LCD는 복굴절성, 선광성, 2색성, 광산란성 및 선광분산 등의 광학적인 성질이 변하여 디스플레이의 시각적인 변화를 초래하게 된다. 일반적으로 LCD는 액정표시, 액정표시소자, 액정표시기, 액정표시장치 및 액정표시 패널 등 여러 방식의 이름으로 불리고 있다.

[그림 2-5(a)]에서는 액정분자가 외부에서 인가되는 전계에 반응하는 특성을 나타내고 있다. 가늘고 긴 액정분자의 양끝은 양전하와 음전하로 전기 쌍극자형상을 하고 있으며, 외부의 전계에 의해 액정 쌍극자는 정렬한다. 액정 분자가 설령 쌍극자가 아니더라도 외부의 전계에 영향을 받게 되고, 경우에 따라서는 액정이 전계에 의해 재정렬하여 유도되는 쌍극자를 만들기도 한다.

[그림 2-5(a)]에서 나타냈듯이, 분자의 상태는 분자의 무게중심과 방향으로 나타낼 수 있으며, [그림 2-2]에서와 같이 고체, 액정 및 액체의 구분은 단위 분자의 무게중심과 분자방향의 규칙성의 정도로 나눌 수 있다.

즉, 액체는 단위 분자의 무게중심과 방향이 매우 불규칙적이지만, 반면에 고체의 결정은 매우 규칙적인 배열을 하게 된다. 그러나 액정은 단위 분자의 무게중심이 액체와 같이 불규칙하지만 방향의 규칙성은 어느 정도 유지한다.

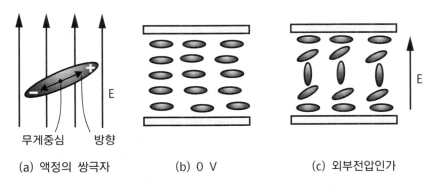

(a) 액정의 쌍극자   (b) 0 V   (c) 외부전압인가

그림 2-5 ▶ 전계에 의한 액정분자배열의 변화

액정분자들의 배향은 평형상태에서 약간만 벗어나면 원래 상태로 되돌아가려는 복원력이 발생한다. 이러한 복원력의 크기는 변형의 정도에 비례하며, 이와 같은 비례상수를 탄성계수(elastic constant)라고 한다. 액정방향의 변형은 단축방향으로의 벌어짐, 장축방향으로의 꼬임 및 장축방향으로의 휨 등 3가지로 구분한다. 액정 내에서 액정방향의 배열이 불연속적으로 변하는 부분이 있는데, 액정방향이 일정하고 또한 연속적인 부분을 영역(domain)이라고 한다. LCD에 사용하는 이상적인 액정은 전체가 하나인 영역으로 이루어져야 한다. 두 영역의 경계를 영역 격벽(domain wall)이라 하며, 이러한 영역 격벽에서는 액정배향이 비연속적으로 변하는 전경선(disinclination line)이 생긴다. 이와 같은 전경선에서는 액정배열을 조절할 수 없기 때문에 BM(black matrix)를 배치하게 되며, 전경선은 LCD의 배선과 배선 사이의 간격을 결정하게 되고, BM의 폭을 설계하는 중요한 변수이기도 하다.

외부에서의 자극이 없을 경우에 액정의 배열은 주로 배향막의 경계조건과 콜레스테릭 액정의 함유량 등에 의해 좌우하게 된다. [그림 2-6]에서는 액정분자의 기본적인 몇 가지 배열들을 나타내고 있으며, 이들을 간략하게 기술하면 다음과 같다.

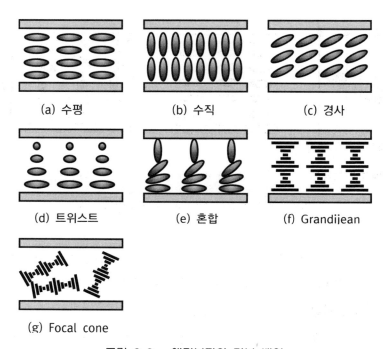

(a) 수평   (b) 수직   (c) 경사

(d) 트위스트   (e) 혼합   (f) Grandijean

(g) Focal cone

그림 2-6 ▶ 액정분자의 기본 배열

❶ **수평형**(homogeneous) **분자배열** : 모든 액정분자의 장축이 배향막의 평면과 평행하게 배열한다.

❷ **수직형**(homeotropic) **분자배열** : 모든 액정분자의 장축이 배향막의 평면과 수직으로 배열한다.

❸ **경사**(pretilted) **분자배열** : 모든 액정분자의 장축이 상하 배향막 평면과 일정한 각도로 기울어져 배열한다.

❹ **트위스트**(twist) **분자배열** : 모든 액정분자의 장축이 상하 배향막 평면과 평행하지만, 이웃하는 액정분자의 방향은 조금씩 각도가 변하여

틀어져 배열의 방향이 상하 배향막에 대해서는 완전히 90도 비틀어
져 배열한다.

❺ **혼합**(hybrid) **분자배열** : 액정분자의 장축이 한쪽 배향막의 평면과 수
직이지만 약간씩 변하여 다른 쪽 배향막의 평면과는 평행하게 배열
한다.

❻ Grandijean **분자배열** : 액정분자의 배열이 나선형을 이루며 나선형
의 축이 상하 배향막에 수직으로 배열한다.

❼ Focal cone **분자배열** : 액정분자의 배열이 나선형을 이루며 나선형
의 축은 상하 배향막에 대해 무질서한 배열을 한다.

액정을 이용하여 디스플레이를 구성한 LCD의 장점으로는 소형에서부
터 대형까지 박형의 디스플레이 제작이 가능하고, 소비전력도 매우 적은
평판 디스플레이라는 점이며, 다음 표 2-1은 LCD의 장점과 단점을 간략
히 기술한다.

표 2-1 ▶ LCD의 장·단점

구분	내용
장점	· 수~수십 $\mu W/cm^2$의 낮은 소비전력으로 장시간 구동이 가능한 에너지 절약형 · 10V 내의 저전압 동작으로 직접 IC 구동이 가능하여 구동회로의 소형화 및 단순화 가능 · 수 mm로 소자가 얇고 대형 및 소형 표시 용이 · 비발광형 표시소자로 밝은 장소에서 선명 · 칼라화가 용이하여 표시기능의 확대 및 다양화 용이 · 투사확대나 집적 표시가 가능하여 대화면 표시 용이
단점	· 비발광형으로 반사형 표시인 경우, 어두운 곳에서 표시 선명도의 저하 · 선명한 표시나 칼라 표시의 경우, 후광(back light) 요구 · 표시 콘트래스트가 보는 방향에 따라 의존하여 시각에 제한 · 응답시간이 주위온도에 의존함으로 저온 동작 어려움

2.2 LCD의 역사

액정에 대한 연구는 1854년 Virchow가 농도전이형 액정(lyotropic LC)을 처음 발견하였고, 1888년 Reinitzer와 Lehmann이 온도전이형 액정(thermotropic LC)을 발견하면서 시작되었다. Lehmann은 액정이 액체의 유동성과 결정이 갖는 광학적 이방성을 모두 가졌다는 의미에서 "liquid crystal"이라 명명할 것을 제안하였다. 이후, 1920년대에는 많은 연구자들이 약 300여종의 액정을 합성하여 발표하였고, 1930년대에는 전계를 인가함으로서 네마틱 상태의 변형과 임계값을 발견하여 LCD 개발이 가능하도록 하는 가장 중요한 요소인 프리데릭츠(Freedericksz) 전이를 알아냈다. 또한, 1960년대에는 실온에서 유전 이방성을 갖는 네마틱 액정의 합성에 대한 연구가 이어졌으며, 액정이 표시기(display device)로써 이용될 수 있게 된 계기는 1963년 미국 RCA사의 R. Williams에 의해 액정이 전기광학 효과를 나타낸다는 사실을 과학 잡지인 Nature지에 발표되면서부터 시작하였다. 그리고 1968년 Sharp사의 G.H. Heilmeier에 의해 LCD의 실용화 가능성을 처음으로 제시하였다.

1970년대를 들어서면서 실질적으로 전자계산기와 시계 등에 응용되기 시작하였는데, 이는 정보 표시량의 증대와 표시면적의 증가뿐만 아니라 보기 쉽고 휴대하기 간편한 실용적인 개선을 요구하게 되었다. 1980년대에는 STN-LCD와 TFT-LCD가 실용화되는 단계에 이르렀고, 1990년대에는 노트북 PC를 비롯하여 모니터와 TV 등에 TFT-LCD가 적용되어 상용화되었다. 표 2-2와 2-3에서는 각각 LCD의 개발사와 TFT-LCD의 변천사를 간략하게 정리하고 있다.

표 2-2 ► LCD의 변천사

연도	개발 내용
1854년	• 독일의 R.C. Virchow가 농도전이형 액정 발견.
1888년	• 오스트리아의 F. Reinitzer가 온도전이형 액정 발견.
1930년	• V. Freedericksz가 Freedericksz 전이 발견.
1963년	• RCA사의 R. William가 액정의 전기광학효과 발견.
1971년	• 스위스의 Schadt와 Helfrich가 TN-LCD 개발.
1972년	• P. Brody가 Active matrix 제안.
1980년	• K. Yoshino가 강유전성 LCD 개발.
1984년	• 스위스의 Scheffer와 Nehring이 STN-LCD 개발

표 2-3 ► TFT-LCD 개발사

연도	주요 개발 내용
1935년	• 영국의 O. Heil이 TFT 구조 특허
1961년	• Weimer가 TFT 처음으로 보고
1971년	• Lechner가 AMLCD 개념 발표
	• P. Brody 등이 CdSe TFT AMLCD 제안
1973년	• P. Brody가 TFT-LCD 영상 시연.
1978년	• P. Brody가 CdSe TFT Active matrix LCD 개발.
1979년	• LeComber가 a-Si AMLCD 제안.
1982년	• Sanyo사에서 a-Si TFT 3인치 TV 개발
1985년	• Morozumi가 Poly-Si driver IC 제안
	• Toshiba사가 a-Si TFT 10인치 칼라 LCD 개발
1987년	• Hitachi사가 a-Si TFT 6인치 칼라 LCD TV 상용화
1992년	• LG Philips LCD가 12.3인치 TFT-LCD 개발
1995년	• 삼성이 22인치 TFT-LCD 개발
1997년	• 삼성이 30인치 TFT-LCD 개발
2000년	• LG Philips LCD가 HD급 29인치 TFT-LCD TV 상용화
2002년	• LG Philips LCD가 HDTV급 52인치 TFT-LCD 개발
2005년	• 삼성이 full HD급 82인치 TFT-LCD 패널 개발
2006년	• LG Philips LCD가 100인치 TFT-LCD 패널 개발

2.3 LCD의 종류

LCD의 종류를 살펴보면, 형태에 따른 분류와 구동 방식에 따른 분류로 나눌 수 있고, 이를 표 2-4와 2-5에서 자세히 정리한다.

표 2-4▶ LCD의 형태에 따른 분류

LCD의 형태에 따른 분류	투사형 LCD (projection)	전면 투사형 LCD
		배면 투사형 LCD
	직시형 LCD	투과형(transmissive) LCD
		반사형(reflective) LCD
		투과반사형(transflective) LCD

표 2-5▶ LCD의 구동방식에 따른 분류

구동방식에 따른 분류	전기구동	수동행렬 LCD		비틀림 네마틱(TN)-LCD
				초비틀림 네마틱(STN)-LCD
				강유전성(F)-LCD
				고분자 분산형(PD)-LCD
		능동행렬 LCD	2단자 LCD	MIM-LCD
				Diode LCD
			3단자 LCD	a-Si:H TFT-LCD
				poly-Si TFT-LCD
				CdSe TFT-LCD
	광학구동	Spatial light modulator		

2.3.1 형태에 따른 분류

LCD의 형태에 따른 분류는 투사형과 직시형 LCD로 나누는데, 투사형 LCD는 스크린에 대한 광원의 위치에 따라 전면 투사형과 배면 투사형으로 구분한다. 투사형 LCD는 주로 대화면을 구현하기 위해 사용하는 디스플레이 장치이다. 직시형 LCD는 투과형, 반사형 및 투과반사형으로 나누는데, 투과형 LCD는 후광에서 나오는 빛을 LCD가 조절하는 구조이지만, 반사형 LCD는 자연광이나 주변의 광원에서 나온 빛이 LCD에 반사하여 화상을 구현하는 구조이고, 투과반사형 LCD는 두 가지의 복합 형태이다.

2.3.2 구동 방식에 따른 분류

[그림 2-7]은 LCD의 형태에 따른 분류를 나타낸다. LCD를 구동 방식에 따라 분류해보면, 크게 전기적 구동과 광학적인 구동으로 나눈다. 전기적 구동방식에는 전극을 구동하기 위해 능동소자를 사용하는지 혹은 아닌

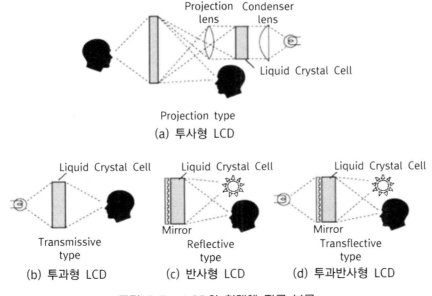

그림 2-7 ► LCD의 형태에 따른 분류

지의 여부에 따라 수동 행렬형(passive matrix)과 능동 행렬형(active matrix) LCD로 구분한다.

표 2-5에서 보여주듯이, 주로 초기 LCD 제품에 많이 사용하였던 수동 행렬형 LCD는 사용하는 액정의 종류에 따라 비틀림 네마틱(TN; twisted nematic)-LCD, 초비틀림 네마틱(STN; super twisted nematic)-LCD, 강유 전성(F; ferroelectric)-LCD 및 고분자 분산형(PD; polymer dispersed)-LCD 로 나눠진다.

현재 대부분의 LCD는 TN-LCD를 사용하며, 전기·광학적 효과(electro-optic effect)를 이용한다. 전기·광학적 효과란 액정분자의 배열에 전계를 인가하면 다른 배열상태로 변하여 액정의 광학적 성질이 바뀌는 현상을 의미한다. 그러나 TN-LCD는 시야각이 좁고 응답속도가 느리다는 결점을 가지고 있다. STN-LCD는 비틀림 각(twist angle)이 240~270°에 이르며, 인가되는 전압에 따라 투과도가 빠르게 변하는 특성을 가짐으로 노트북에 주로 응용되었다.

자발분극을 가진 강유전성 액정을 사용한 F-LCD는 고속 광스위칭이나 메모리 현상을 나타내며, 이를 강유전성 전기광학 효과라고 부른다. 대용 량 LCD나 메모리형 LCD 등에 응용되며, 가장 빠른 응답속도를 가진 LCD로 알려져 있다. F-LCD는 전계를 인가하지 않은 경우, 초기 액정배 열에 의존하여 단안정형(비메모리)와 쌍안정형(메모리)으로 구분한다.

PD-LCD는 네마틱 액정과 고분자로 구성되는데, 이러한 복합체의 광산 란 효과를 이용한 LCD 장치이다. PD-LCD는 복합체의 구조에 따라 NCAP(nematic curvilinear aligned phase)형과 PN(polymer network)형으로 구분한다. NCAP형은 미소입자의 방울과 같은 액정이 고분자 매트릭스 내 에 분산된 구조이며, PN형은 액정 내에 고분자가 3차원의 그물 모양이나 미소입자 방울로 분산되는 구조이다. PN-LCD는 액정의 함유비율이 매우 높으며, 복합체 중에 70~90%를 액정이 점유한다. [그림 2-8]은 PM-LCD 와 AM-LCD의 구조를 비교하고 있다.

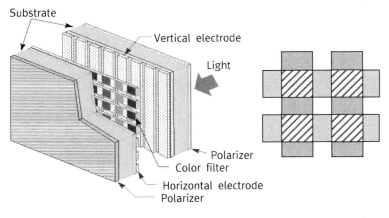

(a) PM-LCD

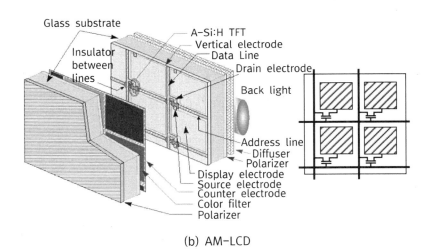

(b) AM-LCD

그림 2-8 ► PM-LCD와 AM-LCD의 비교

그림에서 PM-LCD와 AM-LCD 사이에 차이는 능동소자인 트랜지스터의 사용 여부에 따라 쉽게 구분할 수 있는데, AM 방식은 pixel마다 트랜지스터를 적용함으로서 성능을 개선하게 되며, 이는 트랜지스터의 신호를 조절하여 화면에 나타내고자 하는 색상과 명암을 구현하게 된다. 현재 AM 방식이 LCD에 주류를 이루고 있으며, AM-LCD는 형태에 따라 투과형, 반사형 및 투과반사형으로 구분할 수 있고, 주로 투과형 AM-LCD가 많이 적용되고 있다.

AM-LCD는 다시 단자의 수에 따라 2단자와 3단자 LCD로 구분하는데, 2단자 LCD에서는 스위칭 소자로서 MIM(metal-insulator-metal)와 diode 를 사용하는 LCD이고, 3단자 LCD에서는 TFT (thin film transistor)를 사용한다. 그리고 광학적으로 구동하는 LCD는 광신호에 의해 LCD를 조절할 수 있다.

2.4 LCD 모드의 종류

LCD는 액정분자의 배향상태에 따라 여러 가지 모드를 가지며, 대표적으로 TN 모드(twisted nematic mode), IPS 모드(in-plane switching mode), VA 모드(vertical alignment mode)로 구분한다.

2.4.1 TN 모드

[그림 2-9(a)]에서 보여주듯이, LCD의 TN 모드는 액정 분자가 특정 각도로 비틀려 있는 모드이다. 일반적으로 90도로 비틀려 있으며, 전압이 가해지면 액정 분자들이 비틀려 광을 통과시킨다.

TN 모드는 액정 분자의 배향을 비틀어 광의 투과를 제어하는 일반적인 LCD 기술 중 하나이며, 가장 오래 널리 사용되어온 기본 모드이다. 저렴하면서도 빠른 응답 시간을 제공하여 주로 모니터, 노트북, 스마트폰 등의 디스플레이 장치에서 널리 사용되어 왔다. LCD TN 모드의 동작 원리와 특징을 살펴보면, 액정은 액정 분자라고 하는 긴 막대 모양의 분자들로 이루어져 있다. 이러한 분자들은 일반적으로 수평으로 배치되어 있으며, 정면에서 바라보면 거의 불투명한 상태이다.

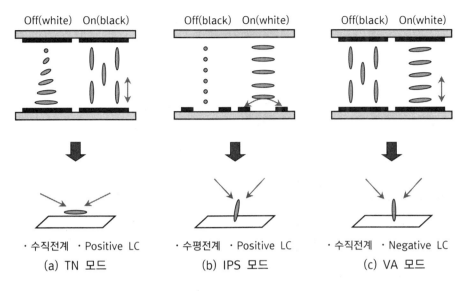

그림 2-9 ▶ LCD 모드의 종류와 동작 비교

　TN 모드에서는 액정 분자들이 특별한 기판 또는 전극에 의해 약간의 비틀려져 있다. 즉, 액정 분자들이 조금 비스듬하게 배치되도록 구성하며, 이러한 비틀림을 유발하기 위해 디스플레이의 상·하 유리 기판 위의 배향막에 정해진 각도로 배열방향을 러빙처리하여 액정 분자들이 비틀리도록 결정한다. 따라서 상·하 유리 기판 상에 배열방향은 90° 비틀어지게 처리하여 상하 기판의 외측에 배치되는 편광판의 투과축이 액정의 배향방향과 일치하도록 설치한다.

　TN 모드에서 액정 분자들은 비틀림의 정도에 따라 광의 투과도를 변화시키며, 전압이 가해지면 비틀림이 변하고, 이로 인해 빛의 통과도가 달라진다. [그림 2-9(a)]에서와 같이, TN 모드에는 정상 화이트형(normally white type)과 정상 블랙형(normally black type)으로 두 종류가 있다. [그림 2-10]의 정상 화이트형 모드를 나타나듯이, 전압이 가해지기 전에는 광이 통과하여 화면이 하얗게 표시되지만, 전압이 가해지면 비틀림으로 인해 광이 통과되지 못하여 화면이 어둡게 표시된다. TN 모드에서 사용되는 액

정은 이중 극성을 가지며, 광을 양극성으로 필터링하여 광의 투과도를 제
어할 수 있다.

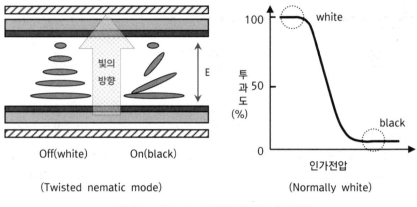

그림 2-10 ▶ TN 모드의 구조와 구동

TN 모드는 다른 LCD 모드보다 빠른 응답 속도를 가지고 있으며, 액정
분자의 비틀림이 비교적 간단하고 빠르게 일어날 수 있기 때문이다. 이러
한 빠른 응답 속도로 인해 TN 모니터는 동영상 재생이나 게임과 같은 빠
른 화면 전환에 적합하다. 그러나 TN 모드는 시야각이 좁은 단점이다. 특
히 수직 방향에서 시야각이 좁고, 화면을 살짝 기울이거나 옆에서 봤을 때
색상 변화와 명암비 저하가 발생할 수 있다. 이로 인해 TN 모드는 보통
한 사람이 사용하는 개인용 화면에 적합하며, 공용 디스플레이에는 적합
하지 않을 수 있다. TN 모드는 비교적 낮은 비트 수를 사용하여 색상을
표현한다. 일반적으로 6비트 컬러 패널로 구성되어 있으며, 이로 인해 총
16.7백만 가지의 색상이 아닌 262,144가지의 색상만 표현할 수 있다. 이는
IPS나 VA 모드의 높은 컬러 표현력과 비교하면 색상의 품질이 상대적으
로 떨어질 수 있다는 것을 의미한다.

2.4.2 IPS 모드

[그림 2-9(b)]에서 보여주듯이, IPS 모드는 액정 분자의 배향을 평면 안에서 정렬시키는 기술을 사용하여 이미지를 표시하는 방식으로 동작한다. IPS 모드는 더 넓은 시야각, 우수한 색상 정확도, 빠른 응답 속도 등의 장점을 가지고 있으며, 주로 모니터, 노트북, 태블릿, 스마트폰 등에서 사용되고 있다. IPS 모드의 동작 원리와 특징을 살펴보기로 한다.

IPS 모드에서도 액정은 액정 분자들로 구성되지만 TN 모드와는 달리, IPS 모드에서는 액정 분자들이 평면 안에서 정렬된다. 시야에서 바라보면 빛이 거의 통과하도록 만들어진다. 즉, IPS 모드에서 액정 분자들은 평면 안에서 정렬되도록 배치하여 액정 분자들은 광을 더 잘 통과시키게 되어 좁은 시야각 문제를 크게 개선시킨다. 따라서 IPS LCD는 다양한 각도에서도 바라보면 색상이 거의 일정하게 유지되는 것을 확인할 수 있다.

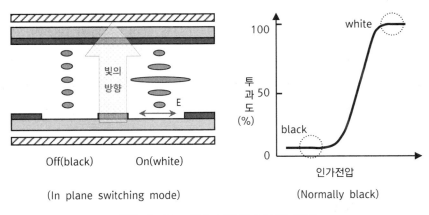

그림 2-11► IPS 모드의 구조와 구동

IPS 모드에서도 구동에 따라 액정 분자들의 상태가 변하여 광의 투과도가 변화한다. 전압이 가해지면 액정 분자들이 재배치되고, 이로 인해 빛의 통과도가 변화하여 색상을 표현하게 된다. 비전압 상태에서는 광이 거의 통과하지 않으며, 전압이 가해지면 광이 통과되어 화면에 표시된다. IPS

모드는 TN 모드보다 색상 정확도가 뛰어나며, 색상 재현력이 우수하다. 이는 액정 분자들이 정렬되어 있어서 색상이 더 정확하게 표현되기 때문이다. 다양한 색상을 더 정확하게 표현할 수 있다는 특징으로 주로 사진 편집, 그래픽 디자인, 비디오 편집 등의 작업에 적합하다.

IPS 모드는 TN 모드보다는 느리지만 여전히 빠른 응답 속도를 가지고 있다. 이는 액정 분자들이 빠르게 반응하도록 설계되어 있기 때문이며, 빠른 응답 속도로 인해 IPS 디스플레이는 빠른 동작이 필요한 애니메이션, 영화, 게임 등에도 적합하다. 특히, IPS 모드는 주로 시야각 문제를 개선하는 데 중점을 두고 개발되었는데, TN 모드와 비교하여 IPS 디스플레이는 수평 및 수직 시야각에서 더 넓은 범위의 각도에서도 색상이 일정하게 유지된다. 그리고 여러 사용자가 하나의 화면을 보거나, 화면을 기울였을 때에도 색상이 일정하게 유지되어 더 나은 시각적 표현을 제공한다. IPS 모드는 높은 색상 정확도와 넓은 시야각을 제공하기 때문에 TN 모드보다 비용이 높은 편이다.

IPS 모드에서는 액정 분자의 스위칭 방식에 따라 두 가지 버전이 있다. S-IPS(super in-plane switching)는 좀 더 개선된 버전이며, 액정 분자들이 특별한 구조를 가지고 있어 더 빠른 응답 속도와 더 낮은 전력을 소모한다. 이에 비해 H-IPS(horizontal in-plane switching)는 액정 분자들의 스위칭 속도가 느리고 전력 소모가 더 크기 때문에 더 싼 편이다.

2.4.3 VA 모드

[그림 2-9(c)]에서 보여주는 바와 같이, VA 모드는 액정 분자의 배향을 수직 방향으로 정렬시키는 기술을 사용하여 화면을 표시하는 방식으로 동작한다. 이 모드는 넓은 시야각과 높은 명암비를 제공하여 우수한 디스플레이로 인정받고 있으며, 주로 고급 모니터, 텔레비전, 스마트폰 등의 장치에서 사용된다.

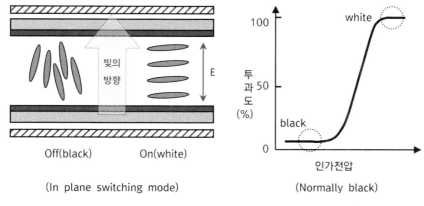

그림 2-12 ► VA 모드의 구조와 구동

VA 모드의 동작 원리와 특징을 자세히 살펴보면, 액정은 액정 분자들로 이루어져 있으며, 긴 막대 모양을 가지고 수직 방향으로 정렬되어 있다. 이로 인해 정면에서 바라보면 빛이 거의 통과하지 않는다. 이러한 정렬은 빛의 투과를 제어하여 화면을 조명하고 화면을 표시한다. VA 모드에서도 액정 분자들의 상태에 따라 광의 투과도가 변화하며, 전압이 가해지면 액정 분자들이 재배치되고, 이로 인해 빛의 투과도가 변화하여 색상을 표현한다. 비전압 상태에서는 광이 거의 통과하지 않으며, 전압이 가해지면 광이 통과되어 화면에 표시된다.

VA 모드는 TN 모드와 비교하여 더 높은 명암비를 제공하며, 명암비는 화면에 표시되는 가장 어두운 색상과 가장 밝은 색상 간의 차이를 의미한다. VA 디스플레이는 어두운 영역과 밝은 영역을 더 잘 구분하여 보다 선명하고 세밀한 이미지를 제공한다. VA 모드는 수직 방향으로 정렬된 액정 분자들로 인해 화면을 다양한 각도에서도 볼 때 색상이 거의 일정하게 유지된다. 따라서 여러 사용자가 하나의 화면을 보거나, 화면을 기울였을 때에도 색상이 일정하게 유지되어 더 나은 시야각을 제공한다.

VA 모드는 IPS 모드보다 빠른 응답 속도를 가지는데, 이는 액정 분자들이 빠르게 반응하도록 설계되어 있기 때문이다. 빠른 응답 속도로 인해 VA 디스플레이는 빠른 동작이 필요한 애니메이션, 영화, 게임 등에도 적합하다. VA 모드는 IPS 모드보다 색상 표현력에서는 약간 떨어지며, 이는 액정 분자들의 배향이 IPS 모드보다 제한적이기 때문이다. 그러나 대부분의 사용자들은 색상 표현력의 차이를 감지하기 어려우며, 여전히 뛰어난 색상 표현력을 제공한다. VA 모드는 MVA (multi-domain vertical alignment)와 AMVA (advanced multi-domain vertical alignment) 등 여러 가지 종류로 구현될 수 있다. MVA는 기본적인 VA 기술을 사용하면서도 색상 표현력과 시야각을 개선한 모드이며, AMVA는 더 높은 명암비와 색상 정확도를 제공하는 모드이다.

2.5 LCD 패널의 구조와 동작

LCD는 PDP나 OLED와는 달리 자체발광형 디스플레이가 아니기 때문에 back-light를 광원으로 반드시 사용한다. 따라서 back-light unit는 균일한 휘도를 가지는 평면광으로 냉음극관(CCFL; cold cathode fluorescent lamp), 도광판(LGP; light guide panel) 및 확산판(diffuser) 등을 기본적으로 구성한다. 이번 절에서는 LCD 패널의 구조, 구성요소 및 동작 등에 대하여 기술한다. 먼저, [그림 2-13]은 직시형 LCD module의 기본 구조를 나타내며, 기본 구성으로 LCD 패널, back-light unit과 구동회로 unit를 보여준다.

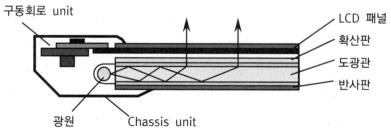

그림 2-13 ▶ 직시형 LCD module의 구조

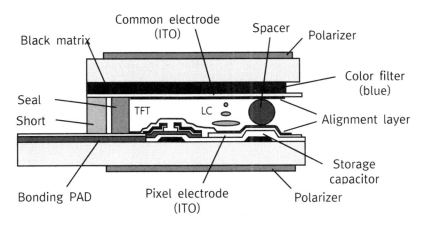

그림 2-14 ▶ TFT-LCD의 기본 구조

2.5.1 LCD 패널의 구조

[그림 2-14]는 LCD 패널의 단면도를 표시한 것으로 구성요소를 자세하게 나타내고 있다. 그림에서 하부 기판인 배면판은 TFT array 기판이고, 앞에 전면판은 color filter(CF) 기판으로 구성한다. TFT array 기판은 유리 기판 위에 금속막, 절연막, 실리콘층과 ITO층 등의 박막을 차례대로 증착하고, 이외에 화소전극(pixel electrode)과 정전용량(storage capacitor)이 형성된다. 그리고 전면판의 CF 기판은 TFT array 공정과는 다른 별도의 제조공정으로 만들어지지만, 유리 기판을 사용한다는 점에서 동일하다. 화소와 화소 사이에는 빛의 침투를 차단하기 위해 Cr계의 박막으로 형성하는 차광막인 BM(black matrix)를 설치한다. BM은 CF 기판에서 R·G·B의 각 화소 영역을 구분하여 잘 맞추어져야 하며, 공통전극으로 사용되는 ITO층은 화소 영역에 구분 없이 CF 기판의 전면에 균일하게 형성하게 된다.

이와 같이 서로 다른 제조방식으로 만들어진 전면판과 배면판 사이에는 액정이 삽입되며, 액정분자가 일정한 방향으로 균일하게 배열할 수 있도록 상·하 기판의 내벽에 얇은 막을 형성하며, 이를 배향막(alignment layer)이라 한다. 배향막이 상·하 기판의 안쪽 표면에 형성된 후에 두 기판 사이에 일정한 간격을 유지하기 위해 산포기(spacer)를 뿌리며, 두 기판이 합착된 후, 그 사이에 액정을 주입하게 된다. 산포기는 약 4~6 μm 정도 크기의 silica나 resin으로 만들어진 동그란 모양의 입자이다. 그리고 제작된 LCD 패널의 TFT array 기판과 CF 기판의 바깥 면에는 편광판(polarizer)이 부착된다. 표 2-6은 [그림 2-14]에서 나타난 구성요소들을 구체적으로 기술하고 있다.

표 2-6 ▶ TFT-LCD의 구성요소

구성 요소	기능
Glass substrate	• LCD의 투명기판으로 낮은 표면 거칠기를 갖는 non-alkaline glass로 0.05μm보다 작은 peak-to-valley distortion를 갖는다.
LC layer	• 액정층의 두께는 보통 4 μm 정도이다.
Black matrix	• Color filter의 pixel 사이에 형성되는 빛 차광막 (Cr CrOx/Cr, black photoresist)
Color filter	• 3가지 기본색(RGB)의 염료나 안료를 포함하는 수지 film.
Common electrode	• 투명한 전기 전도체인 ITO로 만들어진 전극으로 액정 cell에 전압 인가
Alignment film	• Polyimide로 구성된 얇은 유기막으로 액정을 배향하기 위해 형성
Polarizing film	• 편광된 빛의 특정 성분을 투과 혹은 흡수
Spacer	• LCD 패널의 액정층 두께를 일정하게 유지하기 위해 설계된 silica 혹은 염료 알갱이

2.5.2 LCD 패널의 기본 동작

[그림 2-15]는 LCD 패널의 기본 동작을 보여주고 있다. 그림에서 편광판은 특정 방향으로만 진동하는 빛이 투과되는 얇은 판으로 이러한 편광판을 통과한 빛을 편광이라고 하며, 빛이 편광판을 통과하는 축을 편광축

이라 한다. 배향막은 polyimide가 주성분인 얇은 막(0.1 μm)으로 액정을 배향하기 위해 형성한다.

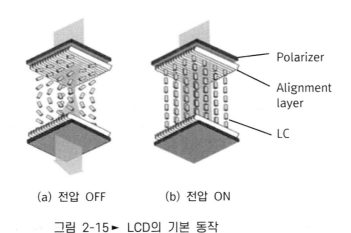

(a) 전압 OFF   (b) 전압 ON

그림 2-15 ► LCD의 기본 동작

전압을 가하지 않은 OFF 상태에서 편광판을 지나는 빛은 액정의 배향 각에 맞추어 비뚤어져 다른 편의 편광판을 통과한다. 그러나 전압을 인가한 ON 상태에서는 전계의 방향에 따라 액정분자가 수직으로 배열하여 편광판을 통과한 빛이 그대로 전달되면서 하부의 편광판에서 차단된다. 화소당 연결된 전압을 선택적으로 인가하면 빛의 통과와 차단을 제어하여 문자나 도형을 만들게 된다.

[그림 2-16]은 TFT-LCD 패널의 액정이 구동하도록 신호를 주는 구동회로 unit와 접속한 구조를 나타낸다. 구동회로 unit는 패널을 구동하기 위한 LCD driver IC(LDI) chip을 포함하여 입력된 화상정보를 제어하는 timing control ASIC과 액정에 각 gray-scale별로 다른 액정전압을 인가하기 위해 각종 회로소자들을 탑재한 다층의 PCB(printed circuit board)로 구성된다. TFT array 기판의 gate와 data 신호배선을 통하여 LDI의 구동신호를 효과적으로 인가하기 위해 각 신호배선은 수백 개의 bonding pad로 묶여있다. 그림에서 보여주듯이, 구동회로 unit는 LDI chip이 설치방식에

따라 COG(chip-on-glass) 방식과 TAB(tape automated bonding) 방식으로 나눈다. COG 방식은 동일 기판 상에 LDI chip이 bonding pad로 직접 연결하고, 다층의 PCB를 FPC(flexible printed circuit)를 사용하여 접속한다.

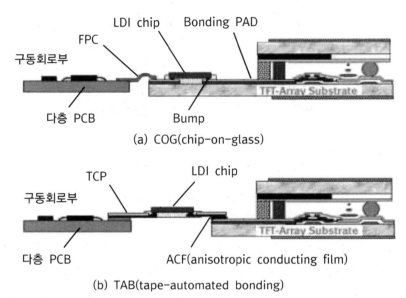

(a) COG(chip-on-glass)

(b) TAB(tape-automated bonding)

그림 2-16► TFT-LCD의 구동회로 unit의 접속

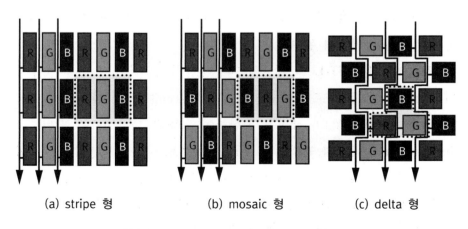

(a) stripe 형   (b) mosaic 형   (c) delta 형

그림 2-17► Color filter의 R·G·B 배열구조

2.5.3 Color filter의 구조

[그림 2-17]은 color filter(CF)의 배열구조에 따른 종류를 나타내고 있다. 하나의 화소(dot)는 3개의 sub-pixel인 R(red), G(green), B(blue)로 나누어 지며, 이들은 빛의 3원색에 해당한다. 이와 같이 sub-pixel의 배열 형식에 따라 stripe 형, mosaic 형 및 delta 형 등의 3가지 구조로 분류한다. LCD 패널에서 sub-pixel의 크기는 약 0.1×0.3 mm로 인간의 눈으로 식별하기 어려울 정도로 작다.

표 2-7에서는 CF의 3가지 구조에 대한 특징을 비교하고 있다. stripe 형 의 CF는 설계, CF 공정 및 구동회로가 간단하지만, 혼색성(color mix)이 좋 지 못한 편이다. 이와 반면에 mosaic 형과 delta 형은 혼색성이 우수하다 는 장점을 가진다.

표 2-7 ► Color filter 구조의 비교

비교 항목	stripe 형	mosaic 형	delta 형
array 설계	간단	간단	복잡
CF 공정	간단	어려움	어려움
구동회로	간단	복잡	간단
Color mix	×	○	◎
응용분야	PC 모니터	–	소형 TV

2.5.4 Back-light unit의 기본 구조

[그림 2-18]은 3가지 방식의 back-light unit 구조를 나타내고 있다. 그림 에서 보여주듯이, 광원에서 나온 빛은 여러 종류의 back-light 방식을 이용 하여 밝기가 균일한 평면광을 만들기 위한 구조이다. LCD의 광원은 고휘 도의 발광이 가능하고 소형인 냉음극관(CCFL)을 주로 사용해왔으며, CCFL의 배치에 의해 분류할 수 있다. 즉, 광원이 LCD 패널 아래에 놓이

는 직하 방식과 측면에 배치되는 edge 방식으로 크게 구분한다.

LCD 패널의 두께와 무게는 back-light unit의 구조에 의존하며, 소형의 LCD나 노트북용 패널은 일반적으로 한 개의 CCFL이 측면에 놓인 single edge light 방식을 사용하고, 경사진 도광판(tapered LGP)이 적용된다. 이러한 방식은 직하 방식보다 광효율이 우수하며, 구조적으로 LCD 패널을 얇게 구현할 수 있다.

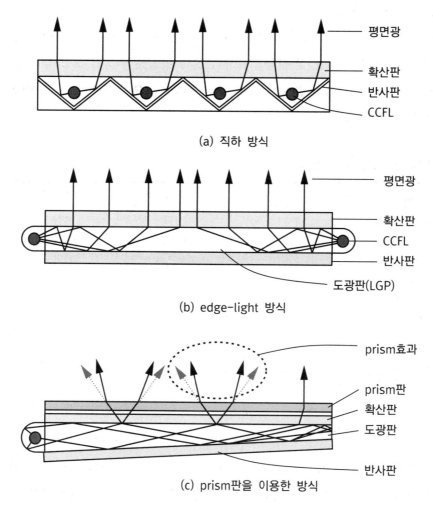

(a) 직하 방식

(b) edge-light 방식

(c) prism판을 이용한 방식

그림 2-18 ▶ back-light unit의 구조

이와 같은 back-light unit은 LCD module의 전체 소비전력에서 약 75% 이상을 사용하여 광효율을 좌우하기 때문에 낮은 소비전력을 요구하는 제품의 추이에서 고효율의 back-light 기술은 매우 중요하다. 이를 위해 도광판을 따라 광효율이 개선되도록 반사판의 표면에는 은(Ag)이 코팅된다. 도광판은 주로 투명한 아크릴 수지로 구성되며, 측면을 통해 빛이 입사되면, 임계각 이하에서는 연속적으로 전반사가 일어나도록 설계한다. 그리고 도광판의 표면을 통하여 나온 빛은 각 방향으로 확산하기 위해 확산판을 거쳐 균일한 평면광을 형성한다. [그림 2-18(c)]에서는 prism판을 이용하여 확산판을 통한 빛이 굴절하여 정면으로 집중하도록 설치하여 유효 시야각의 범위 내에서 LCD의 밝기를 극대화시킨 구조이다.

기존의 CCFL 광원을 대신하여 LED를 적용한 back-light 기술이 확대되고 있으며, [그림 2-19]에서는 LED back-light의 기본 구조를 보여주고 있다. LCD의 back-light unit으로 LED를 적용할 경우, 초박형화가 가능하고, 높은 색재현성과 명암비를 얻을 수 있으며, 빠른 응답속도와 낮은 소비전력 등의 장점이 있다. 더욱이 광원에 수은을 사용하지 않기 때문에 친환경적이라는 특징을 갖지만, 기존 방식에 비해 가격이 비싸다는 단점이 있다.

최근 모바일 기기와 LCD TV용 back-light의 광원으로 박형화에 유리한 LED가 널리 적용되고 있으며, 또한 비교적 복잡한 구조와 교류에 의해 구동하는 CCFL과 비교하여 4V 이내에 저전압 구동과 간단한 구조를 가진 LED 광원에 관심이 집중되고 있다. 그러나 CCFL이나 EEFL이 선광원의 특성을 가진 반면에 LED 광원은 점광원이기 때문에 후면광원으로 구성하기 위해서는 모듈화된 광학적인 구조로 개선하여야 한다.

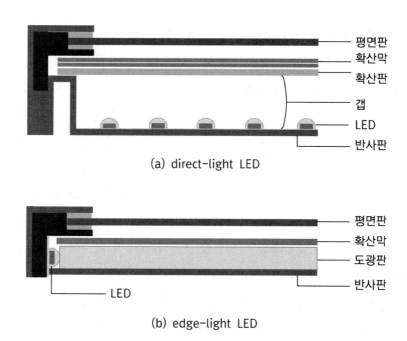

(a) direct-light LED

(b) edge-light LED

그림 2-19 ► LED 광원을 이용한 back-light unit의 구조

2.5.5 Color LCD의 동작

[그림 2-20]은 color filter의 구조를 나타낸다. 해상도(m×n)에 있어 열 (column)의 개수는 한 개의 dot당 sub-pixel(R·G·B)이 3개이기 때문에 3배로 늘어나 해상도는 3m×n이 된다. CF 기판은 TFT array 기판과 동일하게 유리를 기판으로 사용하지만 제조공정에 있어 상당히 다르며, pixel과 pixel 사이에 빛의 간섭을 차단하기 위해 Cr 박막을 이용한 black matrix(BM)를 구성한다.

이제, 하나의 dot에 놓인 R·G·B sub-pixel로 구현할 수 있는 색에 대해 알아보도록 한다. 만일, 액정으로 입사하는 빛이 완전 차단되거나 통과하는 두 가지 경우를 고려하면, 각 sub-pixel이 만들 수 있는 3가지 R·G·B에 의해 2×2×2=2^3=8 종류의 색을 표현할 수 있다. 그리고 하나의 sub-pixel이 on/off 동작을 하게 되면, 1-bit의 digital data 신호를 제어할

수 있고, R·G·B는 각각 3-bit 신호로 제어되어 8×8×8=512개의 색을 만
들 수 있다.

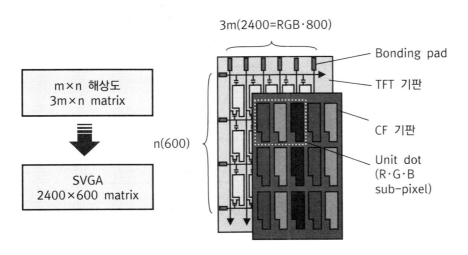

그림 2-20 ▶ CF의 구조

[그림 2-21]은 3-bit로 만들어진 8 단계의 gray scale를 나타낸다. 따라서
표현이 가능한 색의 개수는 driver IC에서 digital 동작의 bit 수에 의해 결
정된다. 즉, driver IC가 n 개의 bit를 가진다면, 표현할 수 있는 색의 개수
(N)는 다음 식으로 기술된다.

$$N = 2^n\,(R) \times 2^n\,(G) \times 2^n\,(B) = 2^{3n} \tag{2-1}$$

예로서, 6-bit의 data driver IC를 사용하게 된다면, 식 (2-1)을 이용하여
2^{18}=262,144 종류의 색을 구현할 수 있다. 그렇지만, 표현이 가능한 색의
개수는 개별적인 sub-pixel R·G·B에서 gray scale이 명확하게 구분되어야
한다.

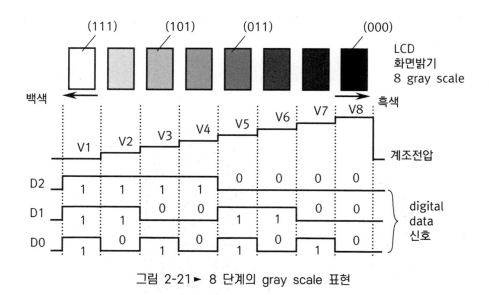

그림 2-21▶ 8 단계의 gray scale 표현

　표 2-8은 여러 종류의 디스플레이 해상도를 나타낸다. LCD 화면의 해상도는 화면을 형성하고 있는 pixel의 수로 표현되며, 또한 화상정보의 양은 해상도를 비롯하여 표현할 수 있는 color의 수에 의해 결정된다. 이미 기술하였듯이, 표시할 수 있는 color의 종류는 사용되는 driver IC에서 bit의 수에 의해 결정된다.

　TFT-LCD의 설계에 있어 화면의 크기와 해상도가 결정된다면, unit pixel의 크기는 자동적으로 결정된다. pixel 구조에서 TFT-LCD의 설계는 여러 가지 설계변수를 고려하여야 하며, unit pixel의 구성요소인 pixel 전극, 축적용량, 신호배선의 크기와 배치 등을 설계하는 과정일 것이다. LCD의 화면이 커지게 되면, 게이트 배선의 길이가 증가하며 이로 인하여 신호 배선의 시정수가 증가하여 시간 지연이 문제가 된다. 또한, 해상도가 증가하여 게이트 배선이 많아지면, 각 신호배선에서 선택하는 주기가 짧아져 TFT를 통한 액정 cell에 가해지는 data 전압을 충분히 쓸 수 없는 문제점이 발생한다.

　표 2-9는 LCD의 해상도에 따른 신호배선의 수와 선택시간을 보여준다.

TFT-LCD의 해상도가 증가하면 gate 신호배선의 수는 증가하는 반면에 선택시간이 짧아진다. 선택시간 동안에 TFT에 on 동작으로 가해지는 전류가 충분히 흐르면 TFT의 부하에 연결된 액정 cell 용량(C_{LC})과 축적용량(C_S)으로 source driver IC에서 인가되는 data 전압까지 충전하거나 방전하게 된다. 따라서 해상도가 증가하면 TFT는 상대적으로 짧은 on 동작시간 동안에 부하용량을 충분히 충전시켜야 하기 때문에 TFT의 성능을 향상시켜야 한다.

표 2-8 ▶ 디스플레이 해상도의 비교

Display 표준화	해상도 (column×row)	Dot 수	Pixel 수	화면비
VGA	640×480	307,200	921,600	4:3
SVGA	800×600	480,000	1,440,000	4:3
XGA	1024×768	786,432	2,359,296	4:3
SXGA	1280×1024	1,310,720	3,923,160	5:4
UXGA	1600×1200	1,920,000	5,760,000	4:3
QXGA	2048×1536	3,145,728	9,437,184	4:3
QUXGA	3200×2400	7,680,000	23,040,000	4:3

표 2-9 ▶ 해상도에 따른 gate 신호배선의 수와 선택시간

해상도	Pixel 배열	Gate 신호배선	선택시간 (60 frame/개)	화면크기
VGA	640×480	480개	34μs 이하	9.4", 10.4"
SVGA	800×600	600개	27μs 이하	10.4", 12.1"
XGA	1024×768	768개	21μs 이하	14.1", 15.0"
SXGA	1280×1024	1,024개	16μs 이하	17.0", 18.1"
UXGA	1600×1200	1,200개	13μs 이하	21.3", 30.0"

　　[그림 2-22]는 TFT-LCD의 화면크기와 해상도가 증가에 따른 설계에서의 제한을 나타내고 있다. 화면크기와 해상도가 증가하게 되면 신호배선의 시정수(τ=R×C) 증가와 TFT의 on 동작시간 감소로 인하여 LCD의 표시품질이 저하하게 된다. 즉, TFT-LCD가 대형화되면, gate 신호배선의 길이가 증가하므로서 배선저항이 커져 시정수가 커지고, RC delay가 증가한다. 또한, 해상도가 높아지면 gate 배선의 수가 증가하여 TFT의 on 동작시간이 감소하기 때문에 부하용량에 충전율이 감소하게 된다. 이와 같은 RC delay의 증가와 액정 cell의 충전율 감소에 의해 switching error가 발생하고 LCD의 품질을 저하하게 된다. 따라서 TFT의 W(채널폭)/L(채널길이) 확대와 배선폭의 확대를 야기하며, 이는 LCD의 개구율을 감소시킨다.

　　TFT의 W/L에 대한 설계는 제조공정과 최소 선폭 등을 고려하여 결정하여야 하며, 채널폭(W)을 너무 크게 구성하게 되면 TFT의 gate 전극이나 pixel 전극에 연결되는 드레인 전극 사이에 기생용량이 증가한다는 결함과 개구율 감소라는 문제점이 발생한다. 따라서 TFT를 설계함에 있어 사용되는 재료의 특성이나 TFT의 구조 및 동작 특성 등을 고려하여야 한다.

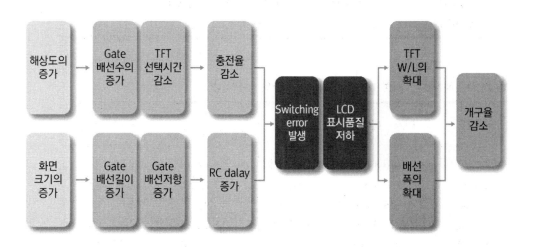

그림 2-22 ▶ TFT-LCD의 설계요소의 제한

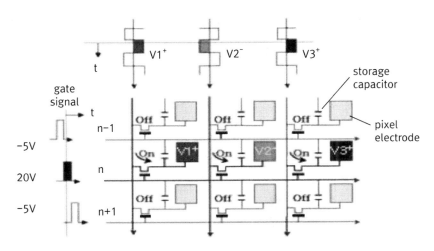

그림 2-23 ► TFT의 active addressing 동작

[그림 2-23]은 TFT array의 C_S-on-gate 방식에서 3×3 pixel의 active addressing동작을 나타내고 있다. n번째 gate의 신호배선에 펄스 전압이 인가되면 n번째 신호배선에 연결된 TFT에는 동시에 on 상태가 되어 전류가 흐르고 각 액정 cell 용량(C_{LC})과 축적용량(C_S)에 충전되기 시작하고, 또한 각 pixel 전극에 data 신호 전압인 $V1^+$, $V2^-$, $V3^+$가 인가된다. 곧이어 충전이 끝나면, n번째 gate 신호배선에는 TFT의 off 전압이 주어지고, n+1번째 gate 신호배선에 refresh와 write 동작이 이어진다. 이때, n번째 gate 신호배선에 전압은 TFT가 off 상태로서 data 신호선으로부터 전기적으로 차단되어 일정한 값을 유지하게 된다. 이와 같은 차단 상태는 한 frame 주기(T_f = 1/60 sec)가 지나고 다시 n번째 gate가 동작되는 시기까지 계속된다. 다음 frame에서 다시 n번째 gate 신호배선에 차례가 되어 data 신호전압이 $V1^+$, $V2^-$, $V3^+$로 바뀌어 선택되면, pixel 전압은 $V1^+$, $V2^-$, $V3^+$로 refresh하게 된다. 즉, 이와 같은 과정을 line-by-line writing 방식이라 하며, LCD 전체 화면의 pixel 구동이 가능하게 된다.

[그림 2-24]는 back-light에서 입사한 빛의 파장 스펙트럼이 LCD를 통과하여 CF의 각 R·G·B sub-pixel를 투과함으로써 나타나는 파장 스펙트럼을 보여준다.

[그림 2-25]는 TFT-LCD를 구동하는 전체 시스템에 대한 구성도를 보여준다.

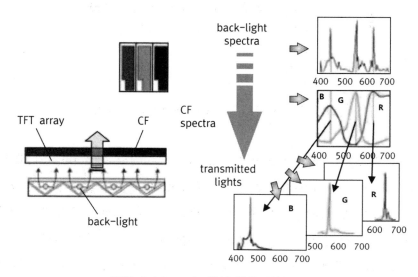

그림 2-24► LCD에서 색의 구현 방법

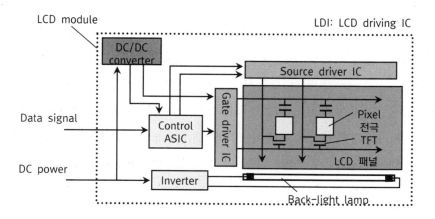

그림 2-25► TFT-LCD module의 구동 시스템

　　구동 시스템의 구성은 기능상의 인터페이스, DC/DC 변환부, controller, source 및 gate 구동 IC와 back-light를 위한 변환부 등으로 나눈다. 여기서 인터페이스는 host 시스템에서 보내오는 영상 data를 연결하는 부분이고, control ASIC은 host 시스템의 영상 data를 패널에 제공하며 각종 제어신호를 만들게 된다. 그리고 구동 IC는 영상신호에 따라 패널로 구동 신호전압을 인가하며, DC/DC 변환 회로부는 source와 gate의 구동 IC에 기준전압을 제공한다. 이와 같은 TFT-LCD의 구동 시스템을 보여주는 실제 패널을 [그림 2-26]에서 나타내고 있다.

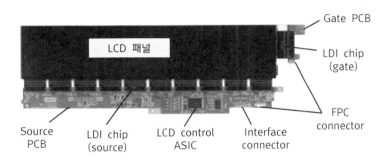

그림 2-26 ► LCD 패널의 일례

▌참고문헌

- 김현후 외, "평판 디스플레이 공학", 내하출판사, 2015.
- 김억수 외, "디스플레이 공학개론", 텍스트북스, 2014.
- 박대희 외, "디스플레이 공학", 인터비젼, 2005.
- 권오경 외, "디스플레이공학 개론",청범, 2006.
- 김종렬 외, "평판 디스플레이 공학", 씨아이알, 2016.
- 이준신 외, "평판 디스플레이 공학", 홍릉과학, 2005.
- 이준신 외, "디스플레이 공학개론", 홍릉과학, 2016.
- 문창범, "전자 디스플레이원론", 청문각, 2009.
- 노봉규 외, "액정 디스플레이 공학", 성안당, 2000.
- 김상수 외, "디스플레이 공학 I", 청범, 2000.
- 강정원 외, "플라즈마 디스플레이 공학", 인터비전, 2006.
- 한국디스플레이장비재료산업협회, "디스플레이 산업동향", Display Focus, Vol. 1~5, 2006.
- 허지원, "TFT-LCD 산업 동향 및 전망", KDB 산업경제 이슈, 2006.
- 배상진, "한국 LCD 디스플레이 산업의 성공요인 분석", 한국기술혁신학회 춘계학술대회, p 232, 2004.
- 이재구, "차세대 성장산업 디스플레이", 한국과학기술정책연구원, 2003.
- 산업자원부, "디스플레이 산업비전 및 발전전략", 2003.
- 국가청정생산지원센터, "반도체/디스플레이 산업발전 전략", 한국생산기술연구원, 2006.
- 한국디스플레이장비재료산업협회, "LCD 장비시장 동향", "디스플레이 패널 생산전망", Display Focus, 2006.

CHAPTER 03

OLED 개요

03

3.1 전계발광의 개요

빛을 크게 두 가지로 분류하면 온도방사(thermal radiation)와 발광(lumine-
scence)으로 나눌 수 있다. 온도방사는 물체를 고온으로 가열하면 빛을 방
출하는 현상이다. 예로서, 백열전구의 필라멘트인 텅스텐에 전기를 가하
면, 열이 발생하며 이러한 열의 방사로 인하여 빛을 만드는 것을 의미한
다. 그리고 발광은 열방사 이외에 외부에서의 에너지원이 광 에너지로 변
환하는 것을 의미하며, 자극의 종류에 따라 여러 종류로 나눌 수 있는데,
표 3-1에서 발광의 종류를 기술하고 있다.

표 3-1 ▶ 여러 종류의 발광현상

열방사	연소발광	→	양초, 석유램프
	백열발광	→	백열전구
발광	형광발광	→	형광등
	X선 발광	→	X선 변환기
	방사선발광	→	방사선 검출기
	냉음극발광	→	브라운관
	전계발광	→	EL 소자, 발광 다이오드
	방전발광	→	수은등, 아크등, 네온관
	화학발광	→	케미컬 라이트
	레이저발광	→	반도체 레이저

발광은 다시 인광(phosphorescence)과 형광(fluorescence)으로 나누며,
발광체 내에서 전자를 여기시키는 외부 에너지의 주입시간과 잔광시간인
수명에 의해 구분하는데, 형광의 수명은 10^{-9}초이고, 인광은 10^{-6}초로 형광
보다 약 1,000배 정도로 길다. [그림 3-1]은 형광과 인광의 발광 원리에
대해 비교한다.

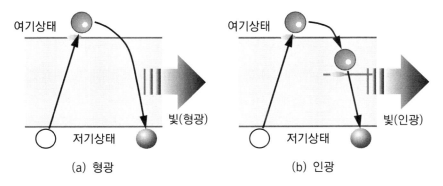

그림 3-1 ▶ 형광과 인광의 생성원리

3.1.1 전계발광의 개념

전계발광(EL; electroluminescent)이란 형광체에 전계를 인가하여 발광하는 현상이며, 일반적으로 전계발광은 형광체를 유전체 내에 분산시킨 발광층을 평행 전극 사이에 끼워 전계를 가해 발광시키는 것으로, 이를 진성 전계발광이라 한다. 그러나 반도체에서 발광 현상은 전도대에서 기저상태로 천이, 불순물이나 결함을 통한 천이 및 가속 전자에 의한 발광 중심에서의 천이 등으로 발광하며, 이를 전하 주입형 전계발광이라 한다. 그리고 무기물의 형광체 대신에 유기물질을 사용한 유기 전계발광은 발광물질 내로 주입된 전자와 정공에 의해 동작한다. 즉 전하 운반자인 전자와 정공은 유기층(organic layer)을 통과하여 서로 접근하며 발광층에서 재결합하게 된다. 이와 같은 발광층에서의 운반자 결합은 발광 중심을 여기시키며 전자와 정공의 반응으로 에너지를 소실하는 과정에서 빛을 방출하게 된다.

EL에 대한 연구로는 1920년 독일의 B. Gudden과 R. Pohl이 황화아연 형광체에 전계를 가하면 발광하는 현상을 처음 발견하였고, 이어 1936년 프랑스의 G. Destriau는 유전체인 피마자유에 황화아연 분말을 분산시켜 발광층을 만들고, 이를 전극 사이에 끼워 50 Hz의 교류로 발광시키는데 성공하였다. 이러한 현상을 Destriau 효과라 부르며, 진성 전계발광에 해당한다. 한편 1907년 영국의 H.J. Round는 탄화규소에 바늘을 세우고, 여기에 전류를 흐르면 발광하는 현상을 관찰하였다. 뒤이어 1922년 소련의 O.V. Losev가 연마용 탄화규소에 전극을 장치하고, 전류를 흘려 발광시키는 실험을 성공하였다. 또한, 1957년 미국의 E. Loebner는 화합물 반도체를 이용하여 발광 다이오드를 개발하였는데, 이상과 같은 현상은 전하 주입형 전계발광에 해당한다.

그리고 유기 전계발광에 대해서는 1963년 M. Pope 등이 고체 상태의 유기재료인 안쓰라센(anthracene) 단결정을 이용하여 발광 현상을 관측하였고, 1986년 미국의 Kodak사의 C.W. Tang의 연구진이 유기 단분자 정공주입층을 도입하여 저전압으로 구동하는 유기 전계발광소자를 개발하면서 획기적으로 진보하였다. 표 3-2는 무기 및 유기 전계발광 현상의 역사를 정리한 것이다.

표 3-2 ▶ 전계발광 현상의 개발사

연도	개발 내용
1907년	• 영국의 Round가 탄화규소로 EL 현상 관찰.
1920년	• 독일의 Gudden 등이 황화아연으로 EL 현상 발견.
1922년	• 소련의 Losev가 연마용 탄화규소로 EL 실험 성공.
1923년	• Lossew가 SiC에서 EL 현상 발견.
1936년	• 프랑스의 Destriau가 ZnS:Cu에 AC 구동으로 EL현상 관측.
1952년	• 미국의 Sylvania사가 분산형 AC 구동 EL 소자 개발.
1963년	• Pope 등이 안쓰라센 단결정으로 유기 EL 소자 제작.
1968년	• 미국의 Bell사가 박막형 AC 구동 ELD 개발.
1969년	• Dresner가 고체 전해질 도입하여 유기 EL 소자 개발.
1973년	• Vityuk와 Mikho가 진공 증착으로 박막 소자 제작.
1974년	• 일본의 Sharp사가 이중 절연박막형 AC 구동 ELD 개발
1986년	• Kodak사의 Tang 등이 Alq3로 유기 EL 소자 개발.

황화아연(ZnS)은 II-VI족 화합물 반도체로서, 금지대 폭은 실온에서 3.7 eV이다. ZnS는 스스로 발광을 일으킬 수 있는 형광체지만, 발광 중심의 농도가 낮아 발광 효율이 좋지 못하다. 따라서 형광체로 사용하기 위해서는 금지대 내에 발광 중심을 형성하도록 불순물인 Cu, Ag, Au, Mn 등의 금속 원소를 활성제로 사용하고, F, Cl, Br, I 등과 같은 할로겐 원소를 공활성제로 첨가하여 사용한다. 또한, ZnS 결정 내에는 Frenkel 결함 등에 의해 아연 동공이 만들어져 억셉터(accepter) 준위에 놓이고, 외부 에너지에 의해 비워지며, 이때 전도대의 자유전자가 이러한 준위로 떨어져 재결합하면서 발광 현상이 일어난다.

일반적으로 고휘도의 ZnS 형광체를 만들기 위해서는 ZnS 금지대의 깊은 trap 준위에 발광 중심을 만들 수 있도록 활성제를 첨가하여 제조하여야 한다. 그리고 이러한 활성제의 이온에 따라 발광색이 달라지는데, 예를 들면 청색은 Cu와 Cl, 녹색에는 Cu와 Al, 등색은 Cu와 Mn을 사용하며, 백색은 등색과 청색 형광체를 혼합하여 사용한다.

3.1.2 전계발광의 원리

전계발광은 크게 나누어보면, 무기 전계발광(inorganic EL)과 유기 전계발광(organic EL)으로 구분하는데, 전계발광의 원리를 이들 두 가지로 나누어 기술하고자 한다.

1) 무기 EL의 원리

[그림 3-2]는 무기 EL의 발광원리를 나타내는 구조로서, 형광체가 두 개의 전극 사이에 놓여진다. 입자의 크기가 10~20 μm인 형광체를 분산시킨 고분자 결합재이다. 분산된 형광체의 내부에서는 ZnS와 Cu의 표면이 마치 금속과 반도체 사이의 접합면과 유사하게 Schottky 구조를 가진 전위 장벽이 형성된다. 그리고 두 개의 전극 사이에 외부에서 강한 전계를 걸어

주면 전자는 그림에서와 같이 발광층 안으로 가속되어 발광 중심에 충돌하며, 이때 발광 중심이 유도 방출하여 발광하게 된다. 마주 보는 유전층과 발광층 사이의 계면에는 전자 trap이 설치되는데, 즉 도너(doner) 준위에 있던 전자가 tunnel 효과로 넘어와 발광 중심으로 천이하면서 빛을 발광하게 된다. 다음 역방향으로 전계를 걸어주면 반대로 전자가 가속하여 반복하게 된다. 교류 펄스 전압으로 구동하며, 구동 전압은 200 V 정도이고, 전계는 약 2×10^6 V/cm이다. 유전체의 유전율이 클수록 형광체에 강한 전계가 걸려 밝은 빛을 일으킨다.

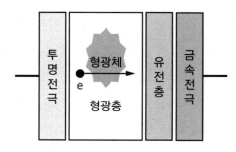

그림 3-2 ▶ 무기 EL의 발광 및 구조

2) 유기 EL의 원리

일반적으로 EL 현상은 무기화합물인 ZnS계의 형광체에 AC 전압을 강하게 인가할 때에 발광하는 현상으로 알려져 왔다. 유기 EL은 발광물질을 형광성 유기화합물로 사용한 것이다. 유기 EL의 원리를 간단히 설명하면, 양극에서 주입된 정공과 음극에서 주입된 전자가 발광층에서 재결합하여 여기자(exciton)를 생성하는데, 이러한 여기자는 안정된 상태로 되돌아오면서 방출되는 에너지가 특정한 파장의 빛으로 바뀌어 발광하게 된다. 따라서 동작 기구(mechanism)의 측면에서 전자와 정공에 의한 운반자 주입형(carrier injection type) EL이라 할 수 있다.

[그림 3-3]에서는 유기 EL 소자의 간단한 구조를 나타내는데, 각각 양극과 음극의 금속 전극에 이웃하여 정공과 전자의 수송층(transport layer)이

놓이고, 전자와 정공이 재결합하여 발광하는 발광층이 가운데 배치한다. 대체로 기판은 유리를 사용하며 유연성을 가진 플라스틱이나 PET 필름이 사용되기도 한다. 양극은 투명 전극인 ITO로 구성되고, 음극은 낮은 일함 수를 가진 금속이 사용되며, 두 개의 전극 사이에 유기 박막층이 있다. 유기 박막층의 소재는 저분자 혹은 고분자 물질로 구분하는데, 저분자 재료는 진공 증착법으로 증착되고, 고분자 물질은 스핀 코팅법(spin coating)으로 박막을 형성한다. 유기 EL 소자를 다층의 박막 구조로 만드는 이유는 유기물질의 경우에 전자와 정공의 이동도가 크게 다르기 때문에 전자 수송층(ETL; electron transport layer)과 정공 수송층(HTL; hole transport layer)을 사용하면 효과적으로 전자와 정공이 발광층(EML; emission material layer)으로 이동할 수 있다. 이와 같이 전자와 정공의 밀도가 균형을 이루면 발광 효율을 높일 수 있다.

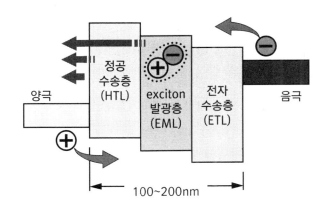

그림 3-3 ▶ 유기 EL 소자의 기본 구조

또한, 음극에서 발광층으로 주입된 전자는 발광층과 정공 수송층 사이에 존재하는 에너지 장벽으로 인하여 유기 발광층에 갇히게 되어 재결합 효율은 더욱 증가한다. 그리고 전자 수송층의 두께를 20 nm 이상으로 형성하게 되면, 재결합 영역이 음극으로부터 여기자의 확산거리(10~20 nm) 이상 떨어지게 되어 여기자가 음극에 의해 소멸되지 않기 때문에 발광 효율을 개선할 수 있게 된다.

발광 효율을 한층 더 개선하기 위한 방법으로 양극과 정공 수송층 사이에 전도성 고분자 또는 Cu-PC 등의 정공 주입층(HIL; hole injection layer)을 배치하여 에너지 장벽을 낮추어 정공 주입을 원활하게 하고, 또한 음극과 전자 수송층 사이에는 LiF 등의 전자 주입층(EIL; electron injection layer)을 삽입하여 전자 주입의 에너지 장벽을 낮춤으로서 발광 효율을 증대시킬 수 있으며, 구동 전압을 낮추는 효과를 얻을 수 있다.

3.1.3 유기 EL 소자의 전류-전압 특성

[그림 3-4]는 유기 EL 소자에서의 전하주입 과정을 나타낸다. 유기 EL 소자의 전극 사이에 전압이 인가되면, 양극인 ITO 전극에서는 유기층인 HOMO(highest occupied molecular orbital) 준위로 정공이 주입되고, 음극에서는 유기층 LUMO(lowest unoccupied molecular orbital)로 전자가 주입되어 발광층에서 여기자(exciton)를 형성한다. 생성된 여기자는 재결합하면서 재료의 의존하여 특정한 파장의 빛을 발생시킨다. 이와 같은 과정에서 유기 EL 소자의 전류-전압 특성에 영향을 주는 중요한 요소는 전하의 주입, 수송 및 전자 - 정공의 재결합이다. 유기 EL 소자에서 사용하는 유기 박막의 에너지 갭은 매우 크고, 열평형 상태에서 전하밀도는 매우 낮으며, 발광 현상에 관여하는 전하는 인가되는 외부 전압으로부터 주입된 것이다.

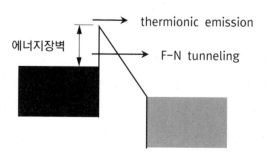

그림 3-4 ▶ 유기층과 금속 사이의 전하주입 과정

유기 및 고분자 EL소자의 전류 - 전압 특성에서 전하의 주입 과정을 설명하기 위한 이론으로는 열방출(thermionic emission) 모델과 Fowler-Norheim(F-N) 이론에 의한 tunneling 모델이 가장 많이 적용되고 있다. 다시금 이러한 모델 식을 간결하게 정리하여 보면, 먼저 H.A. Bethe에 의한 열방출 모델은 다음과 같다.

$$J = J_S \left(\exp \left(\frac{eV}{kT} \right) - 1 \right)$$

$$J_S = A^{\cdot} \ T^2 exp \left(- \frac{\phi}{kT} \right)$$

(3-1)

여기서, J_S는 포화전류밀도이고, A^*는 Richardson 상수, k는 Boltmann 상수, T는 절대온도이고, ϕ는 에너지 장벽의 높이를 의미한다.

또한, F-N tunneling에 의한 전류-전압 특성은 다음과 같이 간략하게 정리한다.

$$J \propto E^2 exp \left(- \frac{\chi}{E} \right)$$

(3-2)

여기서, E는 전계이고, χ는 에너지 장벽의 모양에 따라 결정되는 상수이다. 주입되는 전하가 전극과 유기박막 사이에 형성된 삼각형 모양의 에너지 장벽을 tunneling으로 통과한다면, 상수 χ는 다음과 같이 정리된다.

$$\chi = \frac{8\pi \left(2m^* \right)^{1/2} \phi^{3/2}}{3qh}$$

(3-3)

여기서, m^*는 전자의 유효 질량이고, q는 전자의 전하량, h는 Plank 상수이다. 전압이 가해지지 않을 경우에 에너지 장벽의 높이 ϕ_0를 구하기 위해서는 Schottky 효과에 의해 낮아지는 에너지 장벽을 고려하여야 한다. 여기서, Schottky 효과는 금속과 반도체 접합에서 금속에 유도되는 영상 전하 때문에 반도체 쪽으로 에너지 장벽이 낮아지는 것을 의미하며, 유효 에너지 장벽의 높이는 전계에 의존하여 기술하면 다음과 같다.

$$\phi = \phi_0 - q\sqrt{\frac{q}{4\pi\epsilon_0\epsilon}}E^{1/2} \tag{3-4}$$

여기에서 ϵ는 유기 박막의 유전율이다.

유기층과 전극 사이가 ohmic contact라면, 낮은 전압에서는 열적으로 생성된 자유전하가 주입된 전하보다 크기 때문에 전류는 Ohm의 법칙에 따라 다음과 같다.

$$J = qp_0\mu_p\frac{V}{d} \tag{3-5}$$

만일, 유기 반도체의 경우 다수 캐리어는 정공이다. 여기서, p_0는 전하의 밀도이고, μ_p는 전하의 이동도이다.

그러나 전압이 증가하면 열적으로 생성된 자유전하보다 외부 전극에서 주입되는 전하가 많아지므로 유기 EL소자는 공간 제한전류에 의해 나타나는 전류-전압 특성을 보여준다. 만일, trap이 없다면, 유기 EL 소자의 전류-전압 특성은 Mott-Gurney 모델로 잘 알려진 공간 제한전류로 나타낼 수 있다.

$$J = \frac{9}{8}\epsilon_0\epsilon\mu_p\frac{V^2}{d^3} \tag{3-6}$$

전류가 Ohm의 법칙에서 벗어나 공간 제한전류의 형태로 변하는 전압 (V_Ω)에서는 (3-5)식과 (3-6)식이 일치하므로 V_Ω는 다음과 같다.

$$V_\Omega = \frac{8}{9} \frac{q p_0 d^2}{\epsilon_0 \epsilon} \qquad (3-7)$$

온도가 증가하게 되면 열적으로 생성된 자유전하가 증가하여 Ohm의 법칙을 만족하는 영역이 커짐으로 V_Ω도 커지게 된다. 만일, trap이 지수함수적인 분포를 갖는다면, 공간 제한전류는 다음과 같은 식으로 표현할 수 있다.

$$J \propto \frac{V^{m+1}}{d^{2m+1}} \qquad (3-8)$$

여기서, $m = E_t/kT$이고, E_t는 유기층의 HOMO와 LUMO 사이에 지수적으로 분포되어 있는 trap 에너지를 의미한다.

전압이 증가하면, 전극에서 주입되는 전하가 충분히 많아져서 대부분의 trap은 채워지게 된다. 따라서 전압이 더욱 증가하게 되면, 주입되는 전하는 마치 trap이 없는 경우와 유사하게 자유롭게 움직일 수 있기 때문에 전류식은 (3-5)식과 같이 나타난다. 이와 같은 경우를 TFL(trap filled limit)이라고 하고, 전류는 작은 trap limited 공간 제한전류에서 큰 trap free 공간 제한전류로 급격히 전이하게 된다. 이러한 전압을 V_{TFL}이라고 하며, 식 (3-5)와 (3-8)이 같다는 조건에 의해 구할 수 있다. 만일, 얇은 trap(shallow trap)의 조건이라면, 다음과 같이 구해지고,

$$V_{TFL} = \frac{q N_t d^2}{2\epsilon_0 \epsilon} \qquad (3-9)$$

또한, 깊은 trap(deep trap)의 조건이라면, V_{TFL} 는 다음과 같이 구할 수 있다.

$$V_{TFL} = \frac{q\,(N_t - p_t)d^2}{2\epsilon_0\epsilon} \tag{3-10}$$

여기서, N_t 는 trap의 밀도이고, p_t 는 열평형 상태에서 trap에 점유되는 정공의 밀도이다. 따라서 $(N_t - p_t)$ 는 정공이 비어있는 trap의 밀도를 의미한다. 만일, 온도가 증가하면, 비어있는 trap의 밀도는 증가하여 V_{TFL} 가 커지게 된다.

최근에 이와 같은 이론을 검증하기 위해 다양한 실험을 통하여 확인하고 있는데, 고분자와 금속 전극 계면에서 tunneling에 의해 전하가 주입되고 있다는 보고와 trap이 지수함수적으로 분포하는 고분자에서 공간전하 제한전류를 있다는 보고도 있다. 또한, 온도에 따른 전류 - 전압 특성 실험을 토대로 낮은 전압에서는 Ohm의 법칙을 따르고, 높은 전압에서는 전류가 전압에 대해 멱함수(power function)로 의존하며, 온도가 낮아지면 전형적인 공장 제한 전류 형태를 보여준다는 보고도 있다. 그러나 일반적으로 저온의 경우에는 전류 - 전압 특성이 유기층과 전극 사이의 전하 주입에 의해 영향을 받는 것으로 알려져 있다.

3.2 ELD의 역사

최근 정보통신 분야의 발전이 더욱 가속화되면서 시간과 장소를 불문하고 언제 어디서든 빠른 정보를 주고받아야 하는 필요성 때문에 전자 디스플레이에 대한 요구가 증가하고 있다. 따라서 과거에 CRT 디스플레이에서 평판 디스플레이로 급속히 옮겨 왔고, 현재는 TFT-LCD가 가장 각광을 받고 있으며, 향후 지속적인 수요와 신기술에 의한 FPD가 요구되고 있다. 더욱이 LCD는 자체 발광소자가 아니고, 시야각 등과 같은 근본적인 몇 가지 단점으로 인하여 새로운 FPD에 대한 개발이 전개되고 있다. 이와 같은 새로운 FPD 중에 최근 가장 각광을 받는 것이 바로 전계발광 디스플레이(ELD)이다.

ELD(electroluminescence display)는 크게 무기 ELD와 유기 ELD로 나눌 수 있는데, 무기 ELD는 비교적 높은 전압을 인가하여야 구동하고, 다양한 색상을 구현하기 어렵다는 등의 결함으로 현재 디스플레이로의 응용에 접근하지 못하고 있는 실정이다. 그러나 유기 ELD는 저전압 구동, 자기발광, 경박단소화, 광시야각 및 빠른 응답속도 등의 많은 장점으로 실용화에 박차를 가하고 있다.

이번 절에서는 무기 ELD와 유기 ELD로 구분하여 각각의 개발사를 살펴보기로 한다.

3.2.1 무기 ELD의 개발사

1900년대 초반에 형광체 분말을 이용하여 높은 전계를 인가하면, 발광 현상이 발생하는 것을 발견하였고, 1936년 프랑스의 G. Destriau는 황화아연 분말을 절연체에 섞어 전극을 만들고 AC 전압을 인가하면 빛이 발생하는 전계발광 현상을 발견하였다.

1950년경에 투명전도막이 개발되면서 1960년대에는 AC 전압으로 구동하는 분말형 EL 소자를 개발하였지만, 낮은 휘도와 짧은 수명 때문에 실용화에 이르지는 못하였다. 이후, 1968년 색상과 휘도를 증가시킨 직류 분말형 EL 소자와 교류형 박막 EL(ACTEEL) 소자를 개발하여 평판 디스플레이로서의 가능성을 보여주었다. 1974년에는 Inoguchi가 이중 절연막 구조를 이용하여 고휘도 및 장수명의 안정된 ZnS:Mn로 ACTEEL 소자를 개발하여 무기 ELD로 평판 디스플레이 시대를 여는 계기를 마련하였다. 1983년에는 6인치 단색 ELD가 처음으로 상용화되면서, CRT를 대체할 수 있는 full color ELD의 구현을 위해서 다양한 발광 형광체에 대한 연구와 실용화가 본격적으로 가속되었다. 그러나 청색 형광체의 개발이 지연되면서 full color ELD로의 접근이 어려워져 점차 관심을 소멸되어갔다.

1984년 Ballow 등이 SrS:Ce를 이용하여 청록색 형광체가 개발되었지만, 휘도와 색순도 면에서 기대에는 미치지 못하였다. 또한, CaS:Pb를 이용한 높은 색순도의 청색 발광재료가 개발되어 고휘도를 보이기도 하였지만, 효율이 낮고 수명이 짧아 실용화 단계로는 미약하였다. 무기 ELD의 실용화가 어려움을 겪고 있는 가운데, LCD는 비약적인 발전을 거듭하여 CRT를 대체하는 FPD로서 선두를 달리게 되었다.

무기 ELD는 넓은 시야각, 빠른 응답속도, 넓은 사용온도 및 내충격성 등의 장점을 가지는데, full color화로의 지속적인 노력으로 인하여 1990년대로 접어들면서, 그 동안 극복하기 어려웠던 R·G·B 발광 형광체를 개발하여 ELD 제작에 기틀을 마련하게 되었다. 즉, 1993년 Ballow 등이 $CaGa_2S_4:Ce$를 이용하여 청색발광 형광체를 개발하였다. 그러나 아직 청색 형광체의 휘도가 낮아 수요가 활발하지 못한 실정이며, ELD의 시장규모는 LCD 등의 평판 디스플레이가 구현하기 어려운 특수 분야에서 응용되고 있다.

1996년 King 등은 고해상도의 HMD(head mounted display)용 초소형 full color active matrix EL(AMEL)를 개발하였고, 1997년에는 Wu 등이 세라믹 기판에 박막과 후막 공정으로 형광층의 효율 및 휘도를 개선한 EL 소자를 개발하였다. 이상과 같은 무기 ELD의 꾸준한 개발을 토대로 LCD와 PDP 등과 같이 차세대 평판 디스플레이의 한 축을 형성할 것으로 기대된다.

3.2.2 유기 ELD의 개발사

유기물질에서의 발광현상은 1960년대부터 알려져 왔으며, 최초의 유기 EL 소자는 1963년 Pope 등이 고체 상태의 유기재료인 안쓰라센 단결정을 이용하여 제작한 것이며, 1969년 Dresner는 고체 전해질을 처음 도입하여 유기 EL 소자를 만들었다. 그러나 이후 ELD에 대한 연구는 거의 이루어지지 않았으며, 1986년에 Eastman Kodak사의 Tang 등이 유기물을 이용한 EL 소자를 개발하였는데, 무기 EL 소자에 비해 유기 EL 소자는 낮은 전압에서 구동하며, 약 1,000cd/m^{2}의 휘도를 발광하는 초박막 이중층 구조의 소자였다. 또한, 제조공정이 무기 EL에 비해 매우 간단하고 대면적이 가능하다는 등의 특징을 가지기 때문에 상품화로의 박차를 가하기 시작하였다.

표 3-3 ▶ 무기 ELD의 주요 개발사

연도	개발 내용
1907년	• 영국의 Round가 탄화규소로 EL 현상 관찰.
1920년	• 독일의 Gudden 등이 황화아연으로 EL 현상 발견.
1936년	• 프랑스의 Destriau가 ZnS:Cu에 AC 구동으로 EL현상 관측.
1952년	• 미국의 Sylvania사가 분산형 AC 구동 EL 소자 개발.
1968년	• 미국의 Bell사가 박막형 AC 구동 ELD 개발.
1973년	• Vityuk와 Mikho가 진공 증착으로 박막 소자 제작.
1974년	• Inoguchi가 이중 절연막 구조의 교류 ACTEEL 소자 개발.
1984년	• Ballow 등이 청녹색 형광체 SrS:Ce 개발.
1988년	• Ballow 등이 full color ELD 개발.
1991년	• Tunge 등이 ZnS:Mn으로 고휘도 적색 ACTEEL 소자 개발.
1993년	• Cramer 등이 적·녹·황색을 이용한 multi color ELD 개발.
1994년	• Soininen 등이 다층구조의 백색 full color ELD 개발.
1995년	• King 등이 ZnS:Tb로 monochrome AMEL 개발.
1996년	• King 등이 다층구조 full color AMEL HMD 개발.
1997년	• Wu 등이 후막 절연체 EL 소자로 multi color ELD 개발.
1998년	• Sun 등이 다층 구조 백색발광 full color ELD 개발.
1999년	• Yun 등이 CaS:Pb로 고순도 청색 형광체 개발.

1990년대 중반부터 유기 EL에 대한 연구도 활발하게 전개되면서 무기 ELD에 비해 더 많은 투자도 이루어지게 되었다. 이와 같은 연구 개발의 결과로서, 유기 ELD의 수명은 10,000 시간 이상으로 향상되었으며, 응용 분야도 더욱 다양화되어 첨단 정보통신기기를 비롯하여 휴대폰, 디지털 카메라 및 자동차 디스플레이용 등으로 확대되어 갔다.

표 3-4 ▶ 유기 ELD의 주요 개발사

연도	개발 내용
1963년	• Pope 등이 안쓰라센 단결정으로 유기 EL소자 제작.
1969년	• Dresner가 고체 전해질 도입하여 유기 EL소자 개발.
1973년	• Vityuk와 Mikho가 진공 증착으로 박막 소자 제작.
1986년	• Kodak사의 Tang 등이 Alq3로 유기 EL소자 개발.
1990년	• Cambridge 대학이 PPV로 녹색발광 현상 발견.
1996년	• Pioneer사가 유기 단분자로 녹색 OLED 상품화.
1998년	• Kodak사가 full color AM-OLED 개발.
1999년	• Kodak사가 저온 poly-Si TFT를 적용한 OLED 개발.
2000년	• Sanyo-Kodak사가 5.5" 천연색 OLED 시현.
2001년	• Toshiba사가 color 고분자 OLED 개발.
	• Samsung SDI사가 15.1인치 OLED 개발.
2002년	• Samsung SDI사가 2.2인치 휴대폰용 AM-OLED 개발.
2003년	• Kodak사가 디지털 카메라에 OLED screen 적용.
	• Casio사가 a-Si TFT로 구동하는 OLED 개발.
2004년	• LG-Philips사가 20" OLED 개발.
2005년	• 삼성전자가 40" a-Si OLED 개발.
2006년	• Samsung SDI사가 17" AM-OLED 개발.

3.3 ELD의 종류

ELD는 형광체에 전계를 걸어주면 빛이 발생하는 전계발광 현상을 이용한 표시소자이다. ELD는 형광체의 소재나 형태, 소자의 구동 방식 및 배열방식, 응용 분야 등에 따라 여러 가지로 분류하는데, 여기서는 몇 가지 기본적인 종류를 나열한다. 먼저, ELD를 대분류하여 보면, 발광층에 사용되는 재료에 따라 크게 무기 ELD(inorganic ELD; IELD)와 유기 ELD(OLED)로 분류하고, IELD는 구조와 사용방법에 의해 박막형 IELD와 분산형 IELD(혹은 후막형)으로 나뉘며, 다시 인가되는 전원 및 구동 방식에 따라 교류 구동형과 직류 구동형으로 각각 분류한다. 그리고 OLED는 발광층에 사용되는 유기물질의 종류에 의해 저분자 OLED(small molecule OLED)과 고분자 OLED(polymer OLED)로 구분하며, 또한 구동 방식에 관련하여 능동형 OLED(active matrix OLED; AM-OLED)와 수동형 OLED(passive matrix OLED; PM-OLED)로 나눈다.

박막형 IELD는 구조가 간단하고 제조가 용이하며 얇고 가볍지만, 청색 휘도가 낮고 구동 전압이 높아 소비전력이 커지는 단점으로 인하여 응용 면에서 매우 제한적이다. 후막형 IELD는 청색의 구현이 가능하여 full color를 만들 수 있고, 구조가 간단하며 플라스틱 기판 상에 제작이 용이하다는 장점을 가진 반면에 휘도가 낮은 편이고 수분으로 인하여 형광체가 분해되어 화학적으로 불안정하기 때문에 소자의 수명이 약 2,000 시간 정도이며, 매트릭스 구동이 어렵다는 등의 단점이 있다. 따라서 장식용 조명이나 back-light와 같이 일부에만 응용되고 있다.

형광체를 유기물질로 사용하는 OLED 중에서 저분자 OLED는 저분자 재료의 고효율, 높은 휘도 및 수명이 길다는 장점이 있는 반면에 증착방식에 있어 승화법을 사용하기 때문에 고진공 증착기 및 pixel를 구성하기 위한 metal shadow mask가 필요하여 대면적의 화상을 구현하기 어렵고 투자비용이 다소 높은 편이다. 한편, 고분자 OLED는 발광물질을 용해하여 spin coating이나 ink-jet 방식으로 박막을 형성하기 때문에 대면적의 디스플레이를 비교적 쉽게 제작할 수 있다는 장점을 가지지만, 재료의 효율이 떨어지고 수명이 짧아 구현하기 어렵다. 1990년대 중반부터 OLED에 대한 다각도의 연구 및 기술 개발이 진행되면서, 각종 OLED의 결함을 보완하여 응용 분야의 기능에 따라 많은 진보를 거듭하고 있는데, 표 6-5에 나열되지 않은 몇 가지 종류의 새로운 OLED에 대해 살펴보면 다음과 같다. 즉, 투명 OLED(transparent OLED; TOLED), 유연성 OLED(flexible OLED; FOLED), 적층형 OLED(stacked OLED; SOLED), 미세공동형 OLED (microcavity OLED; MOLED), 아이콘형 OLED(icon type OLED) 및 역구조 OLED (inverted OLED; IOLED) 등의 새로운 OLED가 개발되어 실용화로 접근하고 있다.

표 3-5 ▶ ELD의 분류

무기 EL	박막형 EL	교류구동형
		직류구동형
	분산형 EL	교류구동형
		직류구동형
유기 EL	재료 구분	저분자 OLED(small molecule OLED)
		고분자 OLED(polymer OLED)
	구동 방식	PM OLED(passive matrix OLED)
		AM OLED(active matrix OLED)

표 3-6 ► ELD의 종류에 따른 특성 비교

구분	장점	단점
저분자 OLED	· 고효율, 고휘도, 장수명 · 고순도 재료 · 용이한 다층 제조공정	· 대면적화 부적합 · 비교적 높은 구동전압
고분자 OLED	· 열적 및 기계적 안정성 · 낮은 구동전압 · 낮은 비용 · 용이한 제조공정 · 빠른 응답속도	· 재료의 신뢰성 문제 · 청색 형광체의 짧은 수명 · 낮은 휘도 · 미숙한 patterning 기술
PM-OLED	· 간단한 구조 · 단순한 제조공정 · 낮은 비용	· 높은 전압과 소비전력 · 낮은 발광 효율 · 대면적화 부적합 · row line 증가로 휘도저하
AM-OLED	· 낮은 전류 구동 · 간단한 pixel 공정 · 대면적 고해상도 가능 · 낮은 소비전력	· 복잡한 제조공정 · 높은 비용
IELD	· 내충격성 · 내구성 · 내환경성 · 간단한 구조	· 높은 구동전압 · 청색 형광체 미흡 · 높은 비용

3.4 ELD의 구조 및 동작

이번 절에서는 IELD와 OLED로 구분하여 각각의 구조와 동작을 살펴
보기로 한다. 그러나 ELD 분야에서 현재 많은 각광을 받고 있는 OLED에
대한 내용을 주로 다룰 것이다.

3.4.1 IELD의 구조와 동작

[그림 3-5]는 박막형 IELD의 기본 구조를 보여준다. 그림에서와 같이 발광층의 상부와 하부에 절연층을 형성하고 있으며, 하부는 투명전도막인 ITO와 유리 기판으로 구성되어 화면의 역할을 한다. 그리고 상부에는 알루미늄(Al) 전극이 연결되어 교류 전압이 인가된다. 이때, 화면색은 발광층의 소재와 첨가되는 첨가물에 따라 결정된다.

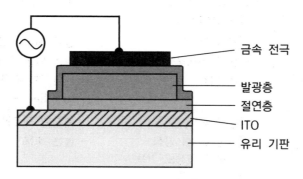

금속 전극
발광층
절연층
ITO
유리 기판

그림 3-5 ▶ 박막 IELD의 기본 구조

동작원리를 살펴보면, IELD의 상하 두 개의 전극에 외부에서 교류 전압을 인가하여 절연층 사이에 수 MV/cm 이상의 강한 전계가 걸리면 절연층과 발광층 사이의 계면준위에 포획되어 있던 전자들이 방출되어 발광층의 전도대로 tunneling 현상이 일어난다. 이와 같이 방출된 전자들은 외부 전계에 의해 가속되어 발광 중심을 여기시키기에 충분한 에너지를 얻어 발광 중심의 최외각 전자를 직접 충돌하여 여기시킨다. 여기 상태의 전자들이 다시 기저 상태로 완화되면서 에너지 차이만큼의 빛을 방출하게 된다. 이때, 높은 에너지를 가진 전자의 일부는 발광 모체와 충돌하여 이온화시켜 2차 전자를 방출하기도 하며, 발광 중심과의 충돌과정에서 에너지를 잃은 전자들과 충돌하지 않은 일부 1차 전자 및 2차 전자들은 다시 높은 에너지를 갖게 되어 발광 중심을 여기시키고, 결국 양극의 계면 주위로 포획된다. 다시 외부의 전압이 반대로 극성이 바뀌면 같은 과정을 되풀이한다.

IELD의 발광체로는 발광 모체에 인위적으로 첨가한 발광 중심으로부터 발광이 가능하고, 높은 전계를 견딜 수 있어야 한다. 표 3-7은 IELD용 발광모체와 발광 중심으로 사용되는 대표적인 재료와 특성을 나타낸다. 이와 같이 IELD의 발광층은 발광 모체와 발광 중심 재료의 결합으로 이루어진다. 즉, 발광 중심으로 첨가되는 천이 금속이나 희토류 원소들은 모체의 양이온 자리를 치환하여 들어가는 것이다. 발광 모체의 내부에 효과적으로 첨가되기 위해서는 모체의 양이온과 발광 중심 이온의 화학적 특성이나 이온 반경의 정합이 중요하다.

표 3-7 ▶ IELD용 발광체 및 발광 특성

발광체	색상	휘도 (cd/m^2)	효율 (lm/W)
ZnS:Mn	황색	300	3~6
ZnS:Mn/filter	적색	65	0.8
CaS:Eu	적색	12	0.2
ZnS:Tb	녹색	100	0.6~1.3
SrS:Ce	청녹색	30	0.8~1.6
$SrGa_2S_4$:Ce	청색	5	0.02
$CaGa_2S_4$:Ce	청색	10	0.03
SrS:Pr,K	백색	30	0.1~0.2
SrS:Ce,K,Eu	백색	30	0.1~0.2

발광 휘도를 개선하기 위해서는 발광층의 역할을 세분화하여 발광층과 전자 주입층 및 수송층 등으로 구분하여야 하는 방안이 모색 중이며, 발광 재료로서 고효율의 발광이 가능한 산화물이나 할로겐 화합물 등에 대한 연구가 요구된다. 또한, 발광층에서 생성된 빛의 일부는 발광층 내부나 절연층과 계면에서 전반사 등으로 소실되므로, 이를 유효하게 외부로 방출하게 되면 발광 휘도를 개선할 수 있을 것이다.

3.4.2 OLED의 구조와 동작

1) 초기 OLED의 구조

　[그림 3-6]은 OLED에 대한 연구의 획기적인 역할을 담당하였던 1986년에 Eastman Kodak사가 제작한 OLED의 기본 구조이다. 박막의 전체 두께가 약 100 nm 정도이고, 전자 주입 전극은 MgAg 합금을 사용하였다. 이와 같은 소자를 개발하여 저전압에서도 효율적으로 전자와 정공의 주입이 가능하게 되었고, 안정적인 발광을 얻을 수 있었다.

　[그림 3-7]은 1990년 Cambridge 대학에서 제조한 OLED로서, 발광층을 폴리파라페닐렌비닐렌(PPV)의 단층 박막으로 제작한 구조이다. PPV는 도전성 고분자 재료 및 비선형 광학재료로 널리 알려져 있었고, 강한 형광 특성을 가진다는 것을 알게 되었다.

　이후, 폴리페닐렌 혹은 폴리티오펜이나 이들이 공중합 고분자를 이용한 유기 EL에 대해 많은 연구가 활발하게 전개되었으며, 새로운 소자의 구조, 발광 재료 및 발광 기구 등에 관한 결과가 증가하였다. 한편, 1988년에는 그림 3-3에서 나타났듯이 전자 수송층과 정공 수송층을 끼워 만든 3층 구조가 제시되었으며, 여러 종류의 발광 재료를 사용하여 다양한 색을 구현하게 되었다.

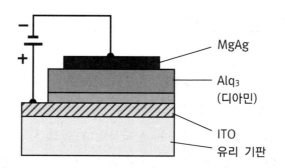

그림 3-6 ▶ 기본적인 OLED의 구조(1986년 Kodak사)

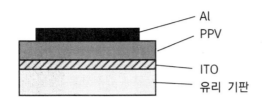

그림 3-7 ► PPV를 사용한 OLED 소자(1990년 Cambridge 대학)

　OLED의 발광 효율을 향상하기 위해서는 적층 구조를 취하여야 한다는 연구 결과가 나오고 있는데, 이는 적층 구조를 가짐으로서 발광층으로 전자와 정공의 전달을 균형 있게 유지할 수 있으며, 또한 발광층에서 전자나 정공, 그리고 여기자를 잘 가두어 두어야 한다는 것이다. 특히, 소자의 내구성을 개선하기 위해 소자의 구조는 발광 재료의 안정성과 함께 매우 중요한 요소라는 것이다.

2) 단분자 및 저분자 OLED의 구조

　OLED 중에서 가장 먼저 연구되어온 소자가 단분자 OLED이며, 단일층이나 2중층의 구조로 빛을 발광할 수 있지만, 발광 효율, 밝기 및 안정성 등을 개선하기 위해 적층 구조가 바람직하다. 유기 단분자의 막 형성은 고진공($10^{-6} \sim 10^{-7}$ torr)에서 저항 가열방식의 열증착으로 연속적인 증착방식으로 만들어진다. 그러나 여러 종류의 유기물을 동일 진공챔버에서 사용할 경우, 오염의 문제가 발생할 수 있다.

　단분자 혹은 저분자 OLED의 구조와 에너지대에 의한 동작을 [그림 3-8]에서 보여준다. 그림 (a)에서는 양극과 음극 사이에 정공 주입층, 정공 수송층, 발광층, 정공 저지층, 전자수송층 및 전자 주입층으로 구성한다.

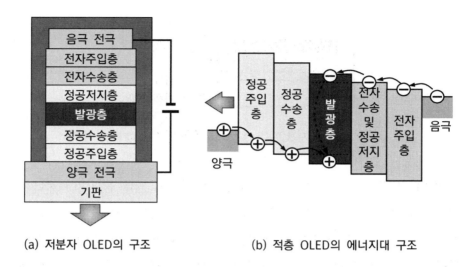

(a) 저분자 OLED의 구조   (b) 적층 OLED의 에너지대 구조

그림 3-8► 저분자 OLED의 구조와 동작

　양극에서 정공 주입층(hole injection layer; HIL)의 가전자대(혹은 HOMO)로 주입된 정공은 유기물 사이를 이동하여 정공 수송층(HTL)을 통과한 후, 발광층(EML)으로 진행하고, 동시에 전자는 음극에서 전자 주입층(electron injection layer: EIL)으로 주입하여 전자 수송층(ETL)을 통과한 후에 발광층의 전도대(LUMO)로 전자가 이동한다. 따라서 발광층에서는 전자와 정공이 만나 결합하게 되는데, 이를 재결합(recombination)이라 하며, 재결합한 전자와 정공쌍(E-H pair)은 정전기력에 의해 재배열하여 여기자가 된다. 이러한 여기자는 안정된 상태로 되돌아오면서 방출되는 에너지가 빛으로 바뀌어 발광하게 된다.

　양극 전극은 일반적으로 투명전도막인 ITO나 IZO(indium zinc oxide) 등의 금속산화물을 사용하는데, 이유는 일함수가 커서 정공주입을 용이하게 하며, 또한 투명하기 때문에 가시광선이 방출하게 된다. 그리고 음극 전극으로는 일함수가 낮은 세슘(Cs), 리튬(Li) 및 칼슘(Ca) 등과 같은 금속을 사용하며, 혹은 알루미늄(Al), 구리(Cu) 및 은(Ag) 등과 같이 일함수가 약간 높으나, 안정하고 증착이 용이한 금속을 사용하기도 한다.

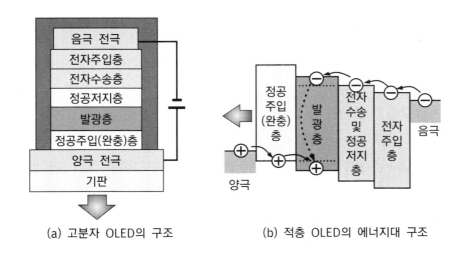

(a) 고분자 OLED의 구조   (b) 적층 OLED의 에너지대 구조

그림 3-9 ▶ 고분자 OLED의 구조와 동작

3) 고분자 OLED의 구조

[그림 3-9]는 고분자 OLED의 구조와 에너지대에 의한 발광과정을 보여
준다. 초기의 고분자 OLED는 발광층이 단층 구조로 투명 전극으로 코팅
된 기판 위에 spin coating법으로 소자를 제조하였지만, 동작전압, 발광 효
율이나 휘도를 최적화하기 위해 3층 이상의 구조로 향상하였다.

그림에서 완충층(buffer layer; BL)은 양극 전극과 발광층 사이의 접착력
을 개선하고, 정공 주입층(HIL)의 역할을 하게 된다. 일반적으로 고분자는
단분자가 공유결합하여 수백 개가 서로 연결된 구조를 하기 때문에 단분
자에 비해 박막 형성이 쉽고, 내충격성이 크다는 장점을 가진다. 따라서
초박막 형성을 이용하는 전자소자나 광학소자로서 가장 적합한 소재이다.
그러나 완충층 위에 형성되는 발광층은 발광 고분자를 담은 용액으로 코
팅하게 되는데, 이러한 과정에서 완충층이 녹거나 미세하게 부풀어 오르
는 경우가 발생할 수 있다. 이와 같은 현상을 방지하기 위해서는 완충층을
녹이지 않는 용매를 사용하여야 한다. 또한, 완충층의 성분이 가교결합에
의한 불용성 소재를 사용하지 않을 경우, 손상이 우려되기 때문에 OLED
의 상용화에 있어 완충층의 선택은 매우 중요하다.

4) OLED의 적층구조

OLED의 특성 중에 높은 발광 효율과 낮은 구동 전압을 갖도록 개선하기 위해서 적층 구조를 형성하게 되는데, 전자와 정공을 효율적으로 수송하여 발광층(EML)에서 재결합시키기 위해 전자 수송층과 정공 수송층을 구성하게 된다. 그러나 OLED의 성능을 더욱 높이기 위해서는 더 많은 전하의 주입과 수송층을 구성한다. 즉, 양극 쪽에는 정공 주입층(HIL)과 정공 수송층(HTL)을 만들게 되는데, 이는 양극에서의 에너지 장벽을 낮추어 정공 주입을 용이하게 하며, 따라서 양극 전극인 ITO의 일함수와 HIL의 에너지 준위 차이는 작아야 한다.

그리고 HTL은 발광층과 바로 접하기 때문에 HIL과는 다른 조건을 가져야 한다. 즉, HTL은 발광층과의 사이에 전하이동 화합물(charge transfer complex)이나 여기 화합물(exciplex) 등과 같은 분자 간에 상호작용을 하지 말아야 한다.

[그림 3-8과 3-9(b)]에서 보여주었듯이, 음극 전극과 발광층 사이에도 전자 주입층(EIL)과 전자 수송층(ETL)의 2층 구조가 삽입된다. 이와 같은 구조는 음극에서 발광층으로 전자의 주입을 원활하게 하기 위해 에너지 장벽을 완화하고, 동시에 발광층에서의 여기자를 가두어 두는 효과를 하게 된다.

전하의 수송/주입층과 발광층 사이에 역할의 차이가 있는데, 전하의 수송층이나 주입층은 전자 혹은 정공 중에 하나만을 수송하는 단극성(unipolar)인 반면에 발광층은 기본적으로 재결합하기 위해 전자와 정공이 모두 이동하는 양극성(bipolar)을 가지며, 강한 발광 기능을 가지게 된다. 이와 같은 전하의 주입 및 수송층을 도입함으로서 OLED의 발광 효율은 매우 개선되었다.

최근에는 소재에 대한 개발뿐만 아니라, 내구성을 갖춘 새로운 소자 구조로서 전하의 수송 재료와 발광 재료를 혼합한 구조가 제시되고 있다. OLED는 형광 재료를 사용하여 최대 5% 정도의 외부 양자 효율을 얻을 뿐이다. 그러므로 하나의 OLED 소자로는 양자 효율을 개선하기 어려우며, 적층 구조를 취함으로서 양자 효율을 높일 수 있다. 예를 들어, OLED 소자를 직렬로 구성하면 각 소자로 흐르는 전류는 동일하여 각 소자에는 일정한 값의 양자 효율을 발광하게 된다. [그림 3-10]은 적층형으로 구성된 OLED의 구조를 나타내는데, HTL, EML 및 ETL의 기본 구조를 발광 unit로 하여 여러 층을 직렬로 구성한다. 따라서 적층 수의 증가에 의해 방출하는 빛의 강도를 높이는 효과를 얻을 수 있다. 이러한 구조는 적층 수에 비례하여 구동 전압은 커지지만, 각 소자에 전류는 일정하기 때문에 기본 적층의 구조의 증가에 의해 발광 효율도 증가한다. 그림에서와 같이 구조는 양극/HTL_1/EML_1/ETL_1/CGL/HTL_2·····/CGL/HTL_n/EML_n/ETL_n/음극으로 구성된다. 여기서, CGL (carrier generation layer)은 전자 주입이나 정공 주입의 양쪽 기능을 모두 갖춘다. 이러한 구조는 외형적으로 여러 개의 발광 unit에 의해 발광 효율을 증가시키며, 또한 개별적으로 각 소자는 전류를 흘리면 빛을 얻을 수 있다. 이와 같은 소자의 특징으로는 고효율 발광이며, 내구성을 개선할 수 있다.

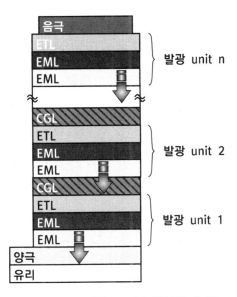

그림 3-10▶ 여러 개의 발광 unit로 구성된 OLED

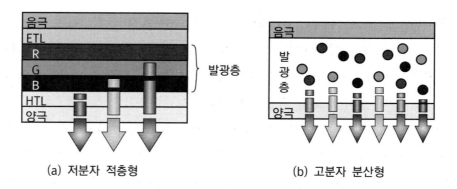

그림 3-11 ► 백색 OLED의 구조

5) OLED의 백색 발광 구조

[그림 3-11]은 저분자 적층형과 고분자 분산형 백색 OLED의 구조를 나타낸다. 고분자 분산형 OLED의 경우, 폴리비닐카르바졸(PVK)을 모체(host) 재료로 사용하며, R·G·B 형광 재료를 소량으로 분산하여 백색을 구현하게 된다. 색소 분산형은 전하가 선택적으로 HOMO나 LUMO 준위가 낮은 적색 guest에 의해 trap되기도 한다. 따라서 적색 dopant의 양을 청색이나 녹색의 dopant보다 적게 첨가하여 전하의 trap를 맞추게 된다. 전하의 trap에 의한 효과와 더불어 R·G·B 색소 간에 에너지 이동의 균형도 고려하여야 한다. 이와 같이 고분자 분산형 OLED는 색소의 dopant를 조절하여 비교적 용이하게 백색 발광을 구현할 수 있다.

한편 저분자 적층형의 OLED는 그림 (a)에서와 같이 발광층을 서로 보색 관계로 형성하여 백색 발광을 실현하게 된다. 즉, 여러 층을 서로 균일하게 발광시키기 위해 전자나 정공의 이동도를 조절하여 여기자를 생성하도록 하는 것이 바람직하다. 백색 OLED는 LCD용 back-light나 조명용 등으로 응용되며, R·G·B 발광을 얻기 위해 color filter가 필요하고, 이로 인하여 발광 효율이 떨어지는 단점을 가진다.

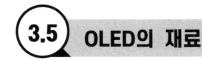

3.5 OLED의 재료

ELD 소자를 이용하여 full color를 구현하기 위해서는 빛의 3원색인 적색, 녹색 및 청색의 발광 형광체가 필요하다. IELD의 경우, 형광체는 10^6 V/cm 이상의 고전계를 견디어야 하기 때문에 에너지 갭이 큰 II-VI족의 화합물 반도체인 ZnS, CaS 및 SrS 등을 발광 모체로 하고 발광 중심을 희토류계의 원자를 첨가하여 사용한다. IELD의 형광체에 대해서는 이미 표 3-7에서 기술하였기에, 본 절에서는 주로 OLED의 재료에 대해 다루기로 한다. OLED의 재료는 넓은 관점에서는 동일하겠지만, 유기 재료의 종류에 따라 저분자 OLED와 고분자 OLED로 나눌 수 있다.

3.5.1 저분자 OLED의 재료

1) HIL 재료

HIL 재료로는 CuPc가 현재 널리 알려져 있고, 사실 가장 많이 사용하고 있다. 이는 유리전이온도가 매우 높아 열적인 안정성이 우수하고, 투명전도막인 ITO와의 사이에 계면 특성이 좋아 정공 흡수성이 우수하기 때문에 많이 사용한다. 그러나 진공 증착과정에서 다른 소재에 비해 균일한 막을 얻기 어렵고, 청색 영역의 빛을 흡수하기 때문에 박막의 두께를 매우 얇게 형성하여야 하는 결점이 있다. 이를 개선하기 위해 청색 영역의 흡수가 없는 starburst형의 아민계 재료가 최근 많이 개발되어 사용된다. 이러한 재료로는 m-MTDAPB, m-TDATA, TCTA, 1-TNATA 및 p-DPA-TDAB 등이 있으며, 이들은 유리전이온도가 약 100℃ 이상으로 안정한 물질인 것으로 알려져 있다. [그림 3-12]는 대표적인 HIL 재료를 보여준다.

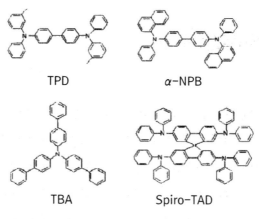

CuPc　　　　　TCTA

m-MTDATA　　　　m-MTDAPB

그림 3-12 ▶ 정공 주입 재료

TPD　　　　α-NPB

TBA　　　　Spiro-TAD

그림 3-13 ▶ 정공 수송 재료

2) HTL 재료

초기의 HTL 재료로는 TPD가 주로 사용되었으나 유리전이온도가 약 60℃ 정도로 불안정하기 때문에 95℃ 정도에서도 안정한 NPD 계열이나 TPD의 이합체인 Spiro-TAD 등이 현재 주로 사용되고 있다. 특히, HTL 저분자 유기물은 정공의 이동도가 빨라야 하고, 발광층과 바로 인접하여 있기 때문에 HTL과 EML의 계면에서 여기자의 발생을 억제하기 위해 이 온화 포텐셜이 두 층 사이에서 적절한 값을 유지하는 것이 매우 중요하다. 또한, 발광층에서 이동해오는 전자에 대해 적절히 조절하는 능력도 필요하여, 가능한 전자 친화도가 작을수록 특성이 좋다. [그림 3-13]은 대표적인 HTL 재료를 나타낸다.

3) EML 재료

EML용 유기 재료는 기능적인 면에서 크게 host용과 guest용으로 구분하는 [그림 3-14]는 대표적인 host용 EML 재료이고, [그림 3-15]는 guest용 EML 재료이다. 대체로 이러한 유기 물질들은 자체만으로도 빛을 낼 수 있지만, 효율이나 휘도가 매우 낮고 각기 분자들끼리 self-packing 현상이 일어나 각 분자의 고유한 특성이 아닌 excimer 특성을 동반하거나 농도소광 현상 등이 나타나기 때문에 바람직하지 않다. 따라서 가장 이상적인 구조라고 할 수 있는 구조로서, host EML에 guest를 doping하여 발광층을 만들게 된다. 현재 가장 널리 사용하고 있는 host용 EML로는 Alq$_3$, CBP 혹은 CBP 유도체, DPA(diphenyl anthracene) 유도체 등이 있으며, 에너지 전달기구 및 물질의 LUMO 에너지 준위에 따라 host 물질에 요구되는 특성들이 달라진다.

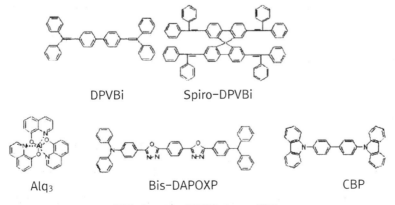

DPVBi   Spiro-DPVBi

Alq$_3$ Bis-DAPOXP   CBP

그림 3-14 ▶ 발광층 host 재료

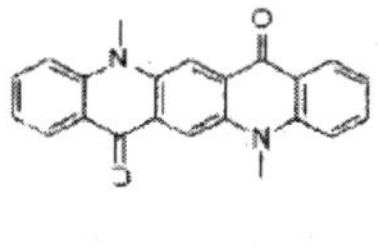

Qd-2

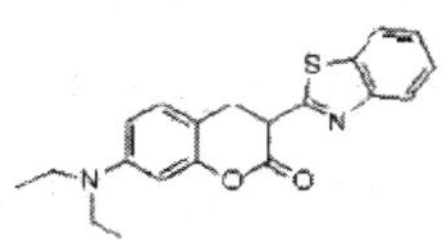

C540

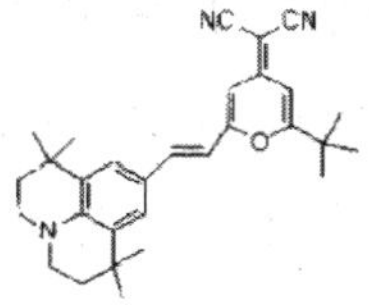

DCJTB

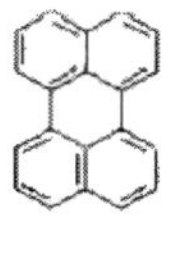

Perylene

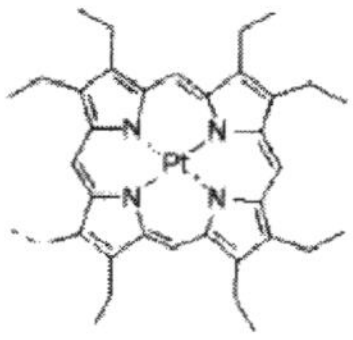

PtOEP

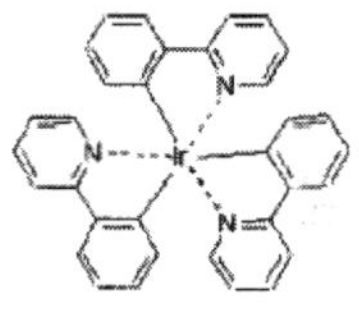

$Ir(ppy)_3$

그림 3-15► 발광층 dopant 재료

형광 ELD의 경우, 현재 널리 사용되는 host 재료는 Alq_3로서, 에너지 준위가 청색 발광에는 맞지 않기 때문에 녹색과 적색 소자에 많이 사용된다. 따라서 청색 소자용의 host 재료로는 DPVBi나 DPA 유도체가 널리 사용된다. 한편, 인광 청색 소자용 host 재료에 대한 연구개발이 계속되고 있지만, 아직도 우수한 재료가 만들어지지 않고 있는 실정이다. 적색 형광 dopant의 경우, DCM 유도체인 DCJTB가 널리 사용되며, 녹색 형광 dopant의 경우에는 coumarine 유도체나 quinacridone 유도체들이 많이 사용되고 있다. 또한, 청색의 경우는 DPA 유도체의 양 끝단에 diphenylamine기를 붙인 DSA 같은 재료들이 우수한 것으로 알려져 있다. 인광 dopant의 경우, 적색은 PtOEP 계통의 물질과 Ir 착체 물질들이 사용되며, 녹색의 경우는 $Ir(ppy)_3$가 주로 사용된다.

4) HBL 재료

[그림 3-16]은 HBL(hole buffer layer) 유기 물질을 나타낸다. HBL 분자는 발광층에서 넘어오는 정공이 ETL로 이동하지 못하도록 조절하는 기능을 가져야 하기 때문에 이온화 포텐셜이 EML 보다 최소한 0.5eV 정도

큰 것이 바람직하다. 한편, ETL에서부터 전자를 받아서 EML로 전달하는 역할도 수행하여야 하므로 전자 친화도가 EML과 ETL의 중간값을 가져야 바람직하다.

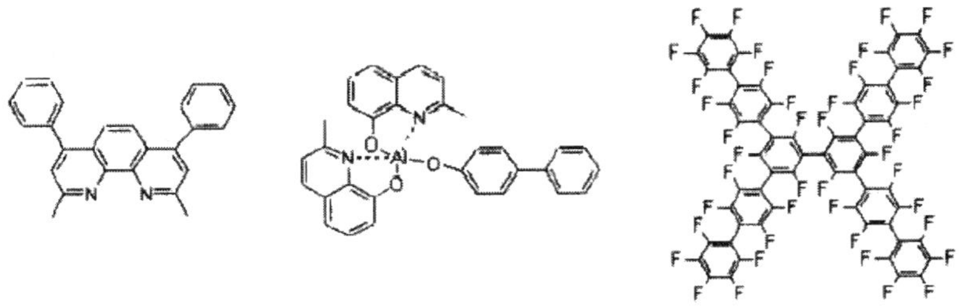

BCP   Balq   CF-X

그림 3-16 ▶ 정공 저지기능 재료

5) 이외 재료

ETL 재료로는 oxadiazole 유도체들이나 Alq_3가 널리 사용되고 있으며, 특히 Alq_3은 특성이 매우 우수한 재료로 알려져 있다. EIL용 유기 물질로는 특별한 소재가 없으며, ETL이나 음극용 금속을 혼합하여 사용하는 방법과 LiF 등과 같은 무기물이 사용되기도 한다.

마지막으로 음극용 전극 재료로는 일함수가 낮은 Al, Ca, MgAg 등이 사용되고 있으며, 전자 주입특성을 향상하기 위해 음극 재료를 증착하기 전에 Li, Cs, Ba, Mg 혹은 halide 물질 등을 얇게 형성하기도 한다. 또한, 양극 전극으로는 ITO가 주로 사용되며, 이는 일함수가 커서 정공 주입을 용이하게 하며, 투명전도막의 특성인 가시광선 영역에서 투명하다는 이점 때문에 주로 사용한다.

3.5.2 고분자 OLED의 재료

공액 고분자는 반도체의 전기 광학적 특성과 일반 고분자의 높은 가공성을 동시에 가지고 있는 재료이며, [그림 3-17]은 대표적인 고분자 EML

재료를 나타내고 있다. 이들은 대부분 단단한 막대형의 분자이며, 특히 PPP나 PPV와 같은 물질은 일반적인 유기 용매에 용해되지 않는다. 그러나 이러한 기본 고분자에 유연성을 가지는 곁가지 chain을 결합시키면, 기능성이 우수해지면서 유기 용매에 녹기 시작하여 용액 상태에서 균일하고 대면적의 광기능성 박막을 제작할 수 있다. 이러한 특성을 지닌 대표적인 소재로는 MEH-PPV가 있으며, PPV 기본 구조에 가용성 유도체이다.

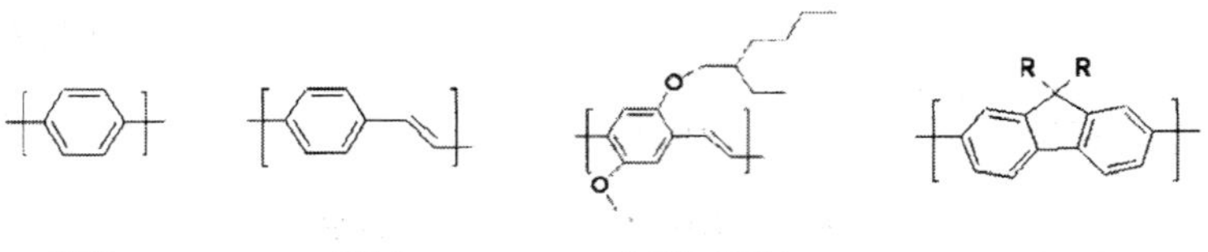

PPP   PPV   MEH-PPV   PFO

그림 3-17 ▶ 대표적인 고분자 EML의 초기 재료

발광색별로 고분자 EML를 살펴보면, 청색의 경우에는 PPP, PF, PFV 등이 있으나, 최적의 재료라고는 할 수 없다. 특히, 청색은 녹색이나 적색과는 달리 넓은 밴드 갭이 유지되어야 하므로 저분자뿐만 아니라 고분자의 경우도 매우 어려운 실정이다. 녹색 고분자 EML의 경우, 가장 먼저 개발된 재료가 PPV이지만, PPV는 수용성 전구체를 사용하여 박막을 제조한 뒤에 열제거 반응으로 PPV를 만드는 방법을 사용하는데, 이러한 수용성 전구체는 저온에서 보관하더라도 서서히 반응이 진행되어 안정성이 없으며, 조건에 따라 특성이 많이 변하기 때문에 부적합한 재료이다. 따라서 이 같은 단점을 보완하여 불용성인 PPV의 용해성을 높이기 위해 지방족 측쇄기를 도입한 다양한 유도체가 합성되었다. 그리고 적색 고분자 EML의 경우, 삼색 중에서 가장 미진한 상태이다.

표 3-8에서는 지금까지 기술한 OLED의 구성 재료에 대해 간결하게 정리한 것이다.

표 3-8 ▶ OLED의 구성 재료

구분	저분자	고분자	금속재료	세라믹 재료
발광 host	IDE 120 Alq₃ CBP DPVBi	PPV 유도체 PFO 유도체	–	–
발광 guest	IDE 102 C545t DCJTB Ir(ppy)₃ PtOEP	–	–	–
HIL	CuPc 2-TNATA TCTA	PEDOT PANI	–	–
HTL	NPB TPD Spiro-TAD	–	–	–
ETL	Alq₃ AlPOP	–	–	–
HBL	BCP Balq CF-X	–	–	–
EIL &음극	Li complex	–	Li, LiF, Mg Al, MgAg	–
Passivation 재료	–	Acryl Imide 등	–	SiO₂ SiN 등
봉지 재료	–	–	Metal can Getter	Cap glass
기판	–	–	–	Glass

자료: 전자부품연구원, 유기 EL 부품소재 산업동향(2002)

3.6 OLED의 특성

오랜 기간 동안 디스플레이 시장을 주도해온 CRT가 부피가 크고 무겁다는 단점 때문에 최근 새로운 FPD로 대체되었으며, 이러한 단점을 보완하여 얇고 가벼운 TFT-LCD와 PDP 등이 집중적인 각광을 받았다. 특히, TFT-LCD는 현재 컴퓨터 모니터로 주류를 이루고 있으며, 40인치 이상의 대화면 디스플레이로서는 TFT-LCD와 PDP가 많이 보급되었다. 그러나 TFT-LCD는 자체 발광형이 아니라, 별도의 광원이 요구되며, 시야각과 응답속도 등의 측면에서 한계를 나타내어 왔다. 한편 PDP는 시야각과 응답속도가 TFT-LCD에 비해 우수한 특성을 가지지만, 소형 디스플레이로는 제한되고 있으며, 소비전력이 크다는 단점을 가진다. 또한, FED는 아직도 기술적인 측면에서 해결하여야 할 과제가 남아 있다. 표 3-9는 다양한 평판 디스플레이의 특성을 항목별로 비교하고 있다. OLED는 자체 발광형이라는 장점 때문에 back-light unit를 사용하지 않아 LCD 두께에 약 1/3 수준이고, 외부의 빛이 입사하더라도 시인성이 우수하다는 특징이 있으며, 표에서 알 수 있듯이 응답속도, 시야각, 저소비전력, 두께, 무게 및 가격 등 여러 항목에서 다른 평판 디스플레이와 비교하여 매우 우수한 장점을 지니고 있다는 것을 알 수 있다.

OLED의 특성을 다시 정리하여 요약하면, TFT-LCD 등의 평판 디스플레이와 비교할 경우에 다음과 같은 특성을 지닌다.

❶ 자발광형 소자로 빛을 낸다.
❷ 시야각 의존성이 없어 시인성이 우수하다.
❸ 응답속도가 빠르므로 동화상 표시에 적합하다.
❹ 구조가 간단하므로 가볍고 얇다.

❺ 제조 공정이 간단하여 저가격화가 가능하다.

❻ 고체 구조로서 견고하다.

❼ 플라스틱 필름을 사용할 경우에 유연성을 가진 디스플레이가 가능하다.

표 3-9 ▶ OLED와 다른 평판 디스플레이의 특성 비교

구분	CRT	LCD	PDP	FED	OLED
응답속도	△	×	△	△	○
시야각	○	×	○	○	○
Back-light	×	○	×	×	×
소비전력	×	△	×	×	○
두 께	×	△	○	○	○
무 게	×	△	○	○	○
저가격화	○	△	×	×	○

이와 같이 OLED는 외부에서 전압을 인가하면, 전자와 정공이 주입되어 유기 재료의 여기 상태를 발생시킨다. 이때, 여기된 전자가 원래의 안정한 에너지 상태로 돌아와 정공과 재결합하면서 여분의 에너지가 고유의 빛을 방출하게 된다. 이와 같은 발광 현상은 매우 빠르게 발생하며, LCD와 비교하여 자발광이면서 빠른 응답속도를 가진다.

▌참고문헌

- 김현후 외, "평판 디스플레이 공학", 내하출판사, 2015.
- 김억수 외, "디스플레이 공학개론", 텍스트북스, 2014.
- 박대희 외, "디스플레이 공학", 인터비젼, 2005.
- 권오경 외, "디스플레이공학 개론",청범, 2006.
- 김종렬 외, "평판 디스플레이 공학", 씨아이알, 2016.
- 이준신 외, "평판 디스플레이 공학", 홍릉과학, 2005.
- 이준신 외, "디스플레이 공학개론", 홍릉과학, 2016.
- 문창범, "전자 디스플레이원론", 청문각, 2009.
- 김상수 외, "디스플레이 공학 I", 청범, 2000.
- 이종근, "OLED 기술 개발 및 공정 기술 동향과 시장 전망", 한국전자공학회지, Vol. 42, No. 1, 2015.
- 천민승 외, "OLED의 응용과 개발 방향", 인포메이션 디스플레이, Vol. 10, No. 4, 2009.
- 이충훈, "OLED 산업과 시장 동향", 인포메이션 디스플레이, Vol. 120, No. 4, 2011.
- 이창희, "OLED 디스플레이 기술동향", 광학과 기술, Vol. 8, No. 1, 2004.
- 김형선 외, "고분자 OLED 재료의 개발현황", 물리학과 첨단기술, 2005.
- 진성호, "고분자 발광 소자", 부산과학, 제 10호, 2005.
- 노준서 외, "OLED 증착장비의 기초 기술", 물리학과 첨단기술, 2005.

TFT (thin film transistor)

04

4.1 스위치 소자와 TFT

4.1.1 스위치 소자의 역할

LCD의 화상에서 하나의 점인 화소(pixel)를 구현하기 위해 [그림 4-1]에서 보여주듯이 각 화소에 x축과 y축으로 전극이 분포하게 되며, 이러한 축들이 수직으로 교차하는 위치에서 화소를 표시하는 것이 가능하다. 화면의 무수한 점인 화소는 매트릭스(matrix)로 패턴화된 구성으로 나타나게 된다.

매트릭스 전극의 구성을 살펴보면, 한쪽 유리 기판에 띠 모양의 행전극(row electrode; 혹은 주사전극)이 놓이고, 다른 쪽 기판에 열전극(column electrode; 혹은 신호전극)이 수직으로 배열한다. 행전극과 열전극이 교차하는 임의의 화소에 선택적으로 전압이 인가함에 따라 문자나 도형 등이 표시된다. 이와 같은 구동방식은 이미 2.5절에서 기술한 바와 같이 가장 일반적으로 사용되어온 방식인 수동 행렬형(PM)-LCD이다.

능동 행렬형(AM)-LCD에서는 행전극과 신호전극의 매트릭스가 교차하는 각 화소에 스위치 소자와 필요에 따라 커패시터를 설치하면 화상의 콘트래스트와 응답속도 등의 성능 개선을 추구할 수 있다. 즉, 각 화소에 위치한 스위치 소자와 커패시터는 비선택 기간에는 화소를 격리하지만, 선택기간에는 화소에 인가된 전압을 유지하게 되며, 화소의 신호전압을 쉽게 제어함으로서 천연색을 구현할 수 있을 뿐만 아니라, 프레임 응답(frame response)이 거의 없기 때문에 점도가 낮은 액정을 사용하여 동화상을 용이하게 실현할 수 있다. 하지만 AM-LCD는 화소마다 스위치 소자를 구성하기 위한 집적화 공정이 요구되며, 이를 위한 설비가 추가되기 때문에 PM-LCD보다 비용이 높다는 단점을 가진다.

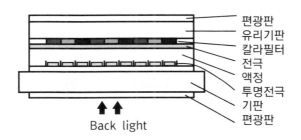

(a) LCD의 단면 구조

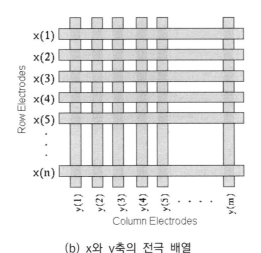

(b) x와 y축의 전극 배열

그림 4-1 ▶ PM-LCD의 단면과 전극 구조

이러한 스위치 소자의 선정에 의해 여러 종류로 분류하며, 2단자 소자로
는 MIM과 다이오드가 사용되고, 3단자 소자로는 전계효과 트랜지스터
(FET)가 사용된다. [그림 4-2]는 스위치 소자로 FET를 사용한 AM-LCD의
구조와 구동회로를 보여준다. 그림 (b)의 동작원리는 스캔회로에서 게이트
전극에 차례로 주사하면 FET가 도통하고, 드레인 전극이 주사되면 FET에
연결된 커패시터에 신호전하가 공급되며, 신호전하는 다음 프레임 주사까
지 액정을 여기시킨다.

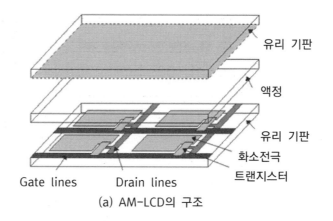

유리 기판

액정

유리 기판

화소전극

트랜지스터

Gate lines   Drain lines

(a) AM-LCD의 구조

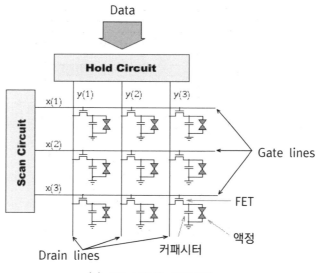

(b) AM-LCD의 구동회로

그림 4-2 ▶ FET를 사용한 AM-LCD

    스위치 소자로서 3단자 소자인 FET를 구동하는 방식에 따라 분류하면, 먼저 단결정의 Si 기판 위에 집적된 MOSFET(metal oxide semiconductor field effect transistor)형과 유리 기판 위에 구성된 a-Si, poly-Si이나 CdSe 등의 박막층에 형성된 박막 트랜지스터(TFT; thin film transistor)형으로 나뉜다. [그림 4-2(a)]는 TFT를 사용한 AM-LCD의 기본 구조를 나타내고 있다.

4.1.2 TFT

3단자 스위치 소자로서, MOSFET와 TFT의 공통점은 기본적으로 MOS 구조를 가진다는 것이다. 그러나 제조공정에서 여러 차이점 외에 두 소자 사이에 가장 중요한 차이는 동작 모드가 다르다는 점이다. TFT는 MOS의 4가지 동작 모드 중에 축적 모드(accumulation mode)에서 동작하는데, 이는 게이트 전압이 인가되면, 캐리어 밀도가 증가하게 된다. 이와 같은 TFT 동작은 캐리어의 전도를 조절할 수 있는 박막을 사용해야 한다. 반면에 MOSFET는 축적 모드에서 채널에 높은 전류가 흐르기 때문에 제어하기 어렵지만, 반전(inversion) 모드에서는 스위칭 동작이 가능하다.

TFT는 유리와 같은 절연 기판 상에 증착된 반도체 박막층을 이용하여 트랜지스터를 구성하게 되며, [그림 4-3]은 a-Si TFT의 기본적인 구조를 나타낸다. 그림에서와 같이 TFT도 소스(source), 드레인(drain) 및 게이트(gate)를 가진 3단자 소자로서 스위칭 동작을 한다. MOSFET와 마찬가지로 TFT의 동작은 소스와 드레인 사이에 전류를 게이트에 인가되는 전압으로 제어함으로서 on/off 상태를 수행하는 스위치 소자이다. 이러한 TFT는 센서나 광소자 등에 응용될 뿐만 아니라, 능동 행렬형의 디스플레이에서는 화소표시를 조절하는 스위치로 사용한다.

일반적으로 액정을 사용한 평판 디스플레이는 상판과 하판의 유리 사이에 약 5 μm 정도의 간격으로 액정을 채우게 되는데, 각 상판과 하판에는 띠 모양의 전극이 교차하여 화소를 구성한다. 최근에는 TFT를 사용하여 구동 전압을 제어함으로써 화소를 동작시키는 AM-LCD가 정보 디스플레이에 주류를 이루고 있다. 특히, [그림 4-3]에서 나타났듯이 비정질 실리콘 (a-Si; amorphous Si) 박막은 350℃ 이하의 저온에서 증착이 가능하기 때문에 저가의 대화면용 디스플레이 패널로 사용할 수 있다는 이점이 있다. 이후, AM-LCD는 디스플레이 기술, 반도체 기술 및 액정소재 기술 등이 융합되어 개선을 거듭하면서 대면적 유리 기판으로의 적용이 가능하였다.

특히, TFT를 poly-Si 기판에 구성할 경우에는 주변 구동회로를 TFT와 동일 기판 상에 일체화하는 것이 가능하기 때문에 구동회로부와 화소표시부 사이에 접속이 용이해진다. 또한, TFT를 적용하면 투과형 LCD를 적용하기 쉬우며, 이로 인하여 자연색을 구현하기가 더욱 쉽다.

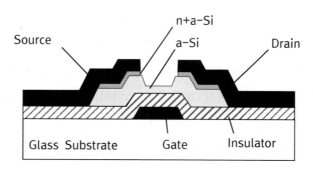

그림 4-3 ► 기본적인 TFT의 단면도

4.1.3 TFT의 동작

TFT의 기본 동작은 MOSFET와 같이 선형 영역(linear region)과 포화 영역(saturation region)으로 구분한다. [그림 4-4]는 TFT의 단면도와 전류-전압 특성을 나타낸다.

1) 선형 영역

드레인 전압(V_D)이 작을 경우에는 그림에서 나타나듯이 드레인과 소스 사이에 특성이 ohmic 저항성분을 가진다. 따라서 드레인 전류(I_D)는 드레인 전압에 비례하여 나타나는데, 선형 영역에 해당하며, 이는 V_D의 증가에 따라 서서히 I_D가 증가한다. V_D가 매우 작은 선형 영역에서 전류-전압 특성을 분석하기 위해 선형 채널 근사법을 적용하면 x축의 전계는 V_G에 영향을 받아 채널을 형성하며, y축의 전계는 I_D를 흐르게 하는 역할을 한다. 따라서 I_D를 표현하면,

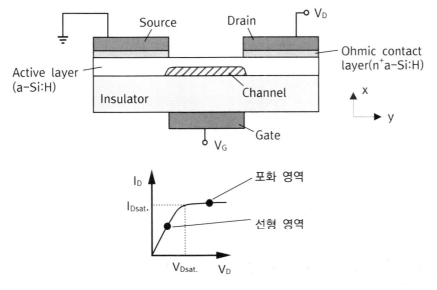

그림 4-4 ► TFT의 단면도와 동작

$$I_D = C_{SiNx}\ \mu_n \frac{W}{L}\left(V_G - V_T\right)V_D \tag{4-1}$$

로 나타난다.

식에서 V_T는 문턱 전압이고, μ_n은 전자의 이동도이다. 식 (4-1)로부터 전류-전압 특성에 영향을 주는 요소는 절연체(SiNx)의 정전용량, 전자의 이동도(μ_n), 채널의 길이와 폭(W/L), 게이트 전압(V_G) 및 TFT의 문턱 전압 등이다.

2) 포화 영역

드레인 전압이 높아질 경우에는 드레인 전류가 포화되면서 드레인 전압에 관계없이 일정한 특성을 나타내며, 포화 영역에 해당한다. 이때, 게이트 전압 하에 채널은 드레인 쪽에서부터 사라지는 핀치오프(pinch off)가 일어나며, 드레인 전류는 더 이상 증가하지 않고 일정하게 포화된다. 이러한 포화 영역에서의 드레인 전류는 다음과 같다.

$$I_D = C_{SiNx}\ \mu_n \frac{W}{2L}\ (V_G - V_T)^2 \tag{4-2}$$

따라서 TFT의 특성은 비정질 실리콘의 특성, 박막층의 접촉 특성 및 소자의 구조와 크기 등에 의해 영향을 받게 된다.

4.2 a-Si TFT의 구조와 공정

LCD는 중소형의 경우에 TN/STN LCD가 주류를 이루며, 노트북이나 각종 컴퓨터의 모니터와 TV 등의 대형의 경우에는 여러 종류의 TFT-LCD가 많이 적용되고 있다. 이제, 이번 절에서부터는 비정질 실리콘 (a-Si) TFT-LCD와 다결정 실리콘(poly-Si) TFT- LCD의 구조와 동작에 대해 기술하도록 한다.

4.2.1 a-Si TFT의 개요

비정질 실리콘(amorphous silicon)은 구조적으로 결정의 원자 배열과 같이 규칙적이지 않으며, 일명 무형질이라고도 부른다. 결정인 경우에 실리콘 원자는 이웃하는 4개의 다른 실리콘과 공유결합하여 규칙적인 배열을 하게 되며, 실리콘의 격자 상수는 5.431 Å 이다. 반면에 비정질 실리콘은 결합각이나 결합 길이가 결정질과 유사하지만, 규칙적인 배열을 하지 않는다. 즉, 비정질의 실리콘은 이웃하는 실리콘 원자와 결합을 모두 채우지 못하고 끊어진 모양을 하며, 이를 미결합 상태(dangling bond)로 존재한다. 이러한 미완의 **dangling bond**에 수소원자를 연결하여 수소화된 비정질 실리콘(a-Si:H)을 만들게 되면 에너지 갭 내에서의 국재상태밀도(density of localized states)를 줄여준다.

[그림 4-5]는 결정질 실리콘과 비정질 실리콘의 원자결합 모양을 나타내고 있고, 그림 (c)는 dangling bond에 수소원자가 결합하여 수소화된 비정질 실리콘의 구조를 나타낸다. 실제 Si와 수소(H)의 결합의 형태는 **a-Si:H** 박막 성장에 중요한 역할을 한다. 여러 형태의 결합 중에 Si-H 경우가 상대적으로 높은 결합 에너지(3.2eV)를 가지며, Si-H$_2$ 보다 안정적이다. 비정질 실리콘 박막을 형성함에 있어 300℃ 이하에서는 열에너지에 의해 Si-H$_2$ 결합의 양이 증가하며, Si-H$_2$ 결합은 일반적으로 반도체의 특성을 저하시키는 것으로 알려져 있다.

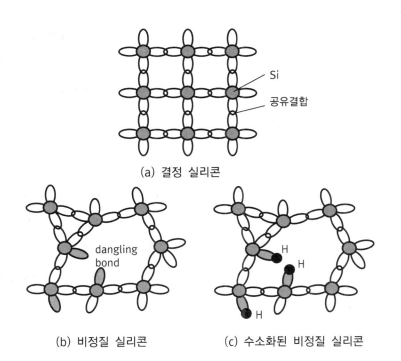

(a) 결정 실리콘

(b) 비정질 실리콘   (c) 수소화된 비정질 실리콘

그림 4-5 ► 결정질 실리콘과 비정질 실리콘의 원자결합

a-Si:H는 에너지 대역이 1.72eV 정도인 직접 반도체(direct semiconductor) 이며, 결정질의 실리콘 보다 광흡수계수가 높다. 또한, a-Si:H 박막은 p-n 다이오드나 FET와 같은 소자를 용이하게 제조할 수 있고, 다음과 같은 장점을 가지는데, 첫째 대면적 증착이 용이하고, 둘째로는 저온에서의 증착이 가능하며, 마지막으로 비정질의 재료로서 다른 물질과 좋은 경계 성질을 유지하면서 TFT 공정을 유연하게 제조할 수 있다는 점이다.

비정질 실리콘 TFT-LCD는 on/off 동작상태의 전류비가 크고, 공정온도가 350℃ 정도로 유리의 융점보다 낮기 때문에 유리 기판 상에 용이하게 공정을 할 수 있다는 장점을 가진다. TFT-LCD는 TFT의 구조에 따라 소스와 게이트가 평면상에 놓이는 coplanar type과 다른 평면상에 놓이는 staggered type으로 크게 나눌 수 있다. 여기에서 a-Si TFT-LCD의 경우는 대부분 staggered type이 사용되며, poly-Si TFT-LCD의 경우는 coplanar type이 주로 사용된다.

[그림 4-6]은 a-Si TFT-LCD에서 사용하는 staggered type의 TFT 구조를 나타낸다. 그림에서는 게이트가 소스와 드레인 위에 배치된 top gate형을 나타내며, 만일 반대로 게이트가 아래에 배치되면 inverted staggered type(bottom gate)라고 한다.

[그림 4-7]은 inverted staggered type TFT의 구조를 보여준다. 현재 비정질 실리콘 TFT에서 가장 널리 사용하고 있는 구조로서, inverted staggered type은 크게 두 종류로 구분되는데, 그림 (a)는 BCE(back channel etch)형 TFT를 나타내고, 그림 (b)는 ES(etch stopper)형 TFT이다. BCE형 TFT는 공정수가 적고 간단하다는 장점을 갖지만, n^+층을 over etching하여야 하기 때문에 두께 조절이 용이하지 않다. 그리고 ES형 TFT는 n^+층 식각이 용이하고 비정질 실리콘의 두께를 얇게 제조할 수 있지만, BCE형에 비해 공정수가 많아진다는 단점을 가진다.

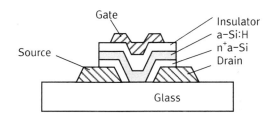

그림 4-6 ► Staggered type TFT의 구조

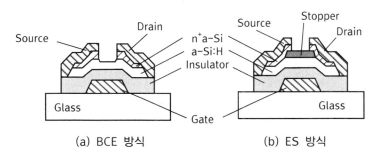

(a) BCE 방식   (b) ES 방식

그림 4-7 ► Inverted staggered type TFT의 구조

4.2.2 TFT-LCD 화소의 구성

LCD 화면에서 기본 단위는 화소(pixel)이다. [그림 4-8]은 TFT- LCD의 화소와 등가회로를 나타내고 있다. 물론 그림에서는 3개의 화소를 나타내며, 각 구성요소를 기술하고 있다. 단위 화소의 등가회로에서 구성은 TFT를 비롯하여 액정층과 storage capacitor가 병렬로 연결된 구조이다.

표 4-1에서는 TFT-LCD 화소의 구성요소를 기술한다. 우수한 화질을 가진 TFT-LCD 패널을 만들기 위해서는 TFT와 액정의 특성을 고려하여야 하고, 또한 구동회로의 특성도 맞추어야 한다.

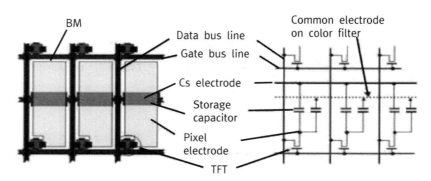

그림 4-8 ► TFT-LCD 화소구조와 등가회로

표 4-1 ► 화소의 구성요소

구성 요소	기능
Common electrode	• 액정층에 전압 인가(화소전극과 공통전극 사이에 전압 차가 액정층에 인가되는 전압)
Data bus line	• 신호선
Gate bus line	• 게이트선, 주사선
Cs electrode	• storage capacitor 전극
Storage capacitor	• level shift 전압을 낮춰주며, 비선택기간에 화소정보를 유지함
Pixel electrode	• 화소전극
TFT	• 화소전극에 전압을 주거나 차단하는 스위치
BM(black matrix)	• 빛 차광막(액정배열을 조절하지 못하는 부분의 빛 차단 역할)

4.3 poly-Si TFT의 구조

다결정 실리콘 박막은 1970년대 개발되어 MOS VLSI에 적용되면서 실리콘 집적회로기술의 중추적인 역할을 수행해왔다. 즉, 다결정 실리콘은 불순물을 첨가하여 반도체 소자의 일부인 게이트 전극으로 사용하였는데, 이는 다결정 실리콘이 낮은 비저항을 가진 전도성 소재로 적합하기 때문이었다. 이후, 다결정 실리콘은 FET 소자로서 기존의 실리콘 웨이퍼, 절연체 및 유리 등의 기판 위에 제조할 수 있도록 사용범위가 확대되었다. 그리고 LCD의 유리 기판에 TFT 소자로 처음 적용한 것은 1979년 영국의 P. G. LeComber 등이 비정질 실리콘에 TFT 동작을 실험하여 입증하였고, 다결정 실리콘 TFT는 1982년 Seiko-Epson사가 처음으로 LCD에 응용하여 3인치 패널을 제작하였다.

4.3.1 비정질과 다결정 TFT의 특성

이미 앞 절에서 기술한 것처럼 비정질 실리콘 TFT는 공정온도가 350℃ 이하의 저온에서 유리 기판 상에 용이하게 제조할 수 있으나, 이동도가 낮기 때문에 고속 동작회로용으로는 적합하지 않다는 단점을 가진다. 그러나 다결정 실리콘은 비정질에 비해 이동도가 높아 고해상도 패널의 스위치 소자로 적합하다. 다결정 실리콘은 공정온도에 의해 저온공정과 고온공정으로 구분하는데, 저온공정은 공정온도가 450℃로 유리 기판을 사용하며, 고온공정의 경우에는 1,000℃ 정도로 공정온도가 높아 유리 기판 대신에 quartz(석영)기판을 사용한다. 따라서 고온 다결정 실리콘 TFT는 기존의 반도체 제조공정기술을 그대로 사용할 수 있어 구동회로도 동일기판 상에 내장할 수 있고, 안정적인 소자 특성을 얻을 수 있지만, 비싼 석영을 사용해야 한다는 단점을 가진다.

표 4-2는 a-Si TFT와 저온 및 고온 poly-Si TFT의 특성을 비교하여 나타내고 있다. 이미 기술한 바와 같이 비정질 실리콘보다 다결정 실리콘의 전자이동도가 월등히 높기 때문에 트랜지스터의 채널을 작게 만들 수 있으며, 따라서 화면의 개구율을 크게 할 수 있다는 장점이 있다. 다결정 실리콘 TFT-LCD에 대한 활발한 연구개발이 진행되어온 결과, 비정질 실리

콘 TFT와 비교하여 다결정 실리콘 TFT에 유리한 driver IC의 가격은 중소형에서 비중이 높아지는 반면에, 대형화될수록 불리하다. 즉, 중소형의 패널에서는 다결정 실리콘이 절대적으로 우수하다.

표 4-2 ► a-Si과 poly-Si TFT의 특성 비교

비교 항목	a-Si TFT	poly-Si TFT (저온)	poly-Si TFT (고온)
공정온도(℃)	350	≤ 450	≥ 1,000
기판	유리	유리	석영
대형화	≤ 50인치	≤ 15인치	≤ 2인치
전자이동도(cm^2/Vs)	0.5~1	10~500	30~100
Driver 내장	×	○	○
Photo mask	4~7	6~11	7~11
Device 구조	bottom gate	top gate	top gate
TFT 특성 안정도	○	△	○
개구율	small	large	large

4.3.2 저온 다결정 실리콘(LTPS) TFT

[그림 4-9]는 두 종류의 저온 poly-Si TFT의 단면도를 보여준다. 그림에서와 같이, 저온 poly-Si TFT는 top gate 방식과 bottom gate 방식으로 구분한다. Top gate 방식의 저온 poly-Si TFT는 기존의 MOSFET 소자의 구조와 매우 흡사하며, 따라서 일반적인 반도체 Si의 집적기술을 이용할 수 있다는 장점을 가진다. 그러나 대면적의 유리 기판에서는 균일성(uniformity)과 많은 mask를 사용한다는 것이 문제이다. Bottom gate 방식은 이미 기술한 a-Si TFT와 같은 구조로 다결정 Si층이 게이트 절연층 위에 배열되기 때문에 유리 기판의 불순물이 침투하는 것을 방지할 수 있다.

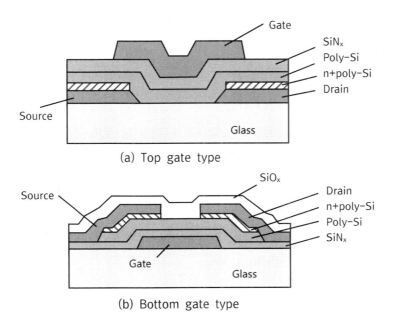

(a) Top gate type

(b) Bottom gate type

그림 4-9 ► 저온 poly-Si TFT의 구조

4.3.3 고온 다결정 실리콘(HTPS) TFT

고온 poly-Si TFT의 공정은 quartz를 기판으로 사용하여 실리콘 웨이퍼와 같이 가공하기 때문에 일반 반도체 공정설비를 사용해 poly-Si를 만든다. 즉, quartz 기판 상에 비정질 실리콘을 CVD로 증착하고, 600℃로 열처리하여 비정질 실리콘을 결정화한다. 결정성을 높이기 위해서는 결정화하기 전에 실리콘 이온을 주입하기도 하며, 다음 공정인 열산화 과정에서 보다 고상결정화를 얻을 수 있다. 게이트의 절연막 처리는 실리콘에 열을 가하면서 산화시켜 산화막을 형성하게 되는데, 이러한 과정을 열산화 공정이라 한다. 실리콘의 일부가 산화층으로 변하기 때문에 실리콘층의 두께는 작아지게 되며, 산화층의 두께는 약 1,000 Å 정도이고, 열산화 온도는 1,000℃이다.

a-Si TFT는 외부에 구성된 구동회로를 TAB(tape automated bonding)로

연결하여야 하는 반면에, 고온 poly-Si TFT는 동일기판 상에 구동회로부를 만들 수 있다는 것이 가장 큰 장점일 것이다. 즉, 화소에 연결되는 gate와 data 구동회로를 기판에 집적하여 내장한다.

고온 poly-Si TFT-LCD를 주로 응용하는 액정 프로젝터에서는 고휘도를 요구하며, 이를 위해서는 고개구율 기술이 필요하다. 따라서 표시 화면의 휘도는 광원의 휘도를 증가함으로서 얻을 수 있는데, 광원의 휘도를 높이면 LCD에 고내광성을 가져야 한다. 광원의 빛이 증가하면 TFT의 트랜지스터에서 광에 의한 누설이 발생할 수 있으므로 TFT의 상하로 차광막을 형성하여 광 차단 구조를 만들어 준다. 배향막이나 액정 소재도 고내광성의 재료를 사용하여야만 한다.

▌참고문헌

- 김현후 외, "평판 디스플레이 공학", 내하출판사, 2015.
- 김억수 외, "디스플레이 공학개론", 텍스트북스, 2014.
- 박대희 외, "디스플레이 공학", 인터비젼, 2005.
- 권오경 외, "디스플레이공학 개론",청범, 2006.
- 김종렬 외, "평판 디스플레이 공학", 씨아이알, 2016.
- 이준신 외, "평판 디스플레이 공학", 홍릉과학, 2005.
- 이준신 외, "디스플레이 공학개론", 홍릉과학, 2016.
- 문창범, "전자 디스플레이원론", 청문각, 2009.
- 김상수 외, "디스플레이 공학 I", 청범, 2000.
- 노봉규 외, "LCD 공학", 성안당, 2000.
- 권오경, "TFT-LCD 산업 및 기술 전망", 광학세계, Vol. 108, No. 108, 2007.
- 유병곤 외, "디스플레이용 박막 트랜지스터 기술의 이노베이션", 전자통신동향분석, Vol. 27, No. 5, 2012.

제조 공정

05

5.1 LCD 제조 공정

액정을 이용하여 처음으로 제품이 양산된 것은 1962년에 RCA사에 의해서 시작되었으며, 이후 Sharp사가 TN-LCD를 이용하여 액정 손목시계를 만들게 되었다. 그리고 TFT-LCD의 본격적인 상품화는 1990년대 초반부터 시작되면서 정보화 추세에 맞추어 시각출력장치로서의 평판 디스플레이에 대한 중요성이 더욱 가속되었다. 더욱이 전자제품의 경·박·단·소화 경향에 따라 저소비전력화, 경량화, 고화질화, 휴대성 등이 한층 더 강조되었으며, 뿐만 아니라 대형화로의 추세도 강조되면서 TFT-LCD에 대한 개발이 전개되어 왔다.

TFT-LCD의 제조공정은 크게 TFT 공정, CF 공정, 액정 공정, 모듈 공정 및 검사 공정으로 분류할 수 있다. 이번 절에서는 이러한 각 공정들에 대해 자세히 기술하도록 한다.

5.1.1 TFT 공정

TFT 제조 공정에 대해서는 이미 앞 장에서 a-Si TFT와 poly-Si TFT를 공부하면서 TFT를 다루었다.

[그림 5-1]은 TFT의 공정 순서를 나타내며, 이러한 공정과정을 반복하여 TFT를 제조하게 된다. 사실, TFT 공정은 실리콘 반도체 공정과정과 매우 흡사하며, 박막증착(thin film deposition), 세정공정(cleaning), 노광공정(exposure), 현상공정(developing), 식각공정(etching) 및 검사(inspection) 등의 단위 공정과정이 비슷하다. 다만, 반도체 공정은 wafer를 기판으로 사용하여 이루어지는 반면에 TFT 공정은 유리 기판을 사용하게 되며, 공정 중에 사용하는 온도가 반도체 공정보다 낮다는 점이다. 이러한 단위 공

정에 대해서는 이미 4.2절에서 기술한 바 있으며, TFT array 패널은 이와 같은 단위 공정기술을 사용하여 여러 종류의 박막을 증착하고 가공하는 과정이 여러 차례 반복되어 이루어진다.

추가로 표 5-1에서는 TFT 공정 중에 이용되는 세정기술을 분류하여 특징을 간결하게 비교하였다. TFT 제조 시에 수율은 청정도에 직결하기 때문에 세정 공정은 기판의 오염을 제거하기 위한 중요한 공정이다. 오염물질은 유기성 오염, 이온성 오염 및 공정 중에 잔여 입자성 오염 등으로 나누어진다. 세정 공정은 매우 중요하기 때문에 두 가지 이상의 과정이 사용되기도 하며, 세정 설비로는 batch 방식과 in-line 방식(매엽식)으로 분류된다.

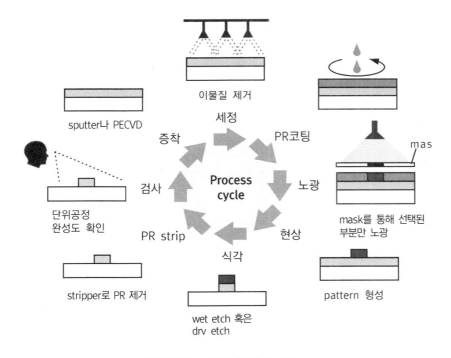

그림 5-1 ▶ TFT 공정 순서도

표 5-1► TFT 공정 중에 사용되는 세정기술

분류	세정방식	특징
물리적 세정	Brush 식	• 초기 세정이나 마무리공정에 견고한 표면에 사용 • 입자성 오염제거에 효과적임
	Water jet 식	• 친수성 표면 • 세정력은 수압에 비례
	초음파 식	• 입자성 오염제거에 효과적임 • 화학적 세정과 병행하면 효과 증대
화학적 세정	유기 용제	• 감광막 제거나 유기물 오염 제거 • PR stripper나 IPA 등을 사용
	희석 HF	• CVD 박막 표면 식각이나 오염원 등을 동시에 제거
	DI water	• 세정 공정의 최종 단계에서 사용 • air knife나 고속 spin dry로 건조
Dry 세정	자외선, 오존	• 감광막 도포 전처리 공정 • 흡착성 유기물 제거 • 감광막의 도포성 및 접착력 개선
	Plasma 처리	• 산화성 유기물 제거 • Dry etching 후에 감광막 제거

식각 공정에는 dry etching(건식 식각)과 화학용액을 사용하는 wet etching(습식 식각)으로 분류되며, 식각 공정 이후에는 PR strip 공정과 세정 공정이 이어진다. 표 5-2는 이러한 식각의 특징을 비교하고 있다.

[그림 5-1]에서 보여주었듯이 TFT 제조공정의 마무리 과정으로 검사 공정은 단위공정의 완성도를 확인하기 위한 필수 과정이라 할 수 있으며, 이러한 과정을 거치면서 불량 파악이나 결함에 대한 수리와 같은 재작업을 조정하게 된다. 표 5-3은 TFT 공정에서 사용되는 주요 검사기술을 나타내며, 공정 주기를 마무리함에 있어 박막형성 후에 박막의 두께와 특성검사를 비롯하여 식각에 대한 pattern 검사, TFT와 신호배선의 전기적인 특성 평가 등을 포함한다.

표 5-2 ▶ Dry etching과 wet etching의 특징 비교

항목	Dry etch	Wet etch
공정기술	Plasma etch나 reactive ion etch	화학 반응
Etching 속도	slow	fast
기판 균일도	보통	양호
적용 박막	a-Si, SiN, Ta	Al, Mo, Cr, ITO
Etchant	HCl, SF_6, CF_4	H_3PO_4+HNO_3+CH_3COOH(Al 경우) HF+HNO_3(Cr 경우) HCl+HNO_3+$FeCl_3$(ITO 경우)
Etch profile	non-isotropic	isotropic
Taper etch	비교적 용이	어려움
선택비	상대적으로 작음	비교적 높음

표 5-3 ▶ TFT 공정의 주요 검사기술

분류	평가항목	검사 기술
박막 평가	비저항	• I-V 측정 • 4-point probe
	증착두께 유전율	• Ellipsometer, nanospec. • 4-point probe
Pattern 형성 기술	Pattern 크기와 단면	• 광학 현미경, CD 측정기 • SEM
	Pattern 단차	• α-step
	Pattern 형성 결함	• AOI(자동 pattern 비교검사기)
전기적 특성평가	TFT 특성 축적용량(CS) 신호배선 저항	• DC tester system • Open-short test

특히, 금속배선의 접속은 각 신호배선의 test pad에 multi-probe system를 연결하여 I-V 특성을 측정함으로써 불량여부를 판단하기도 하지만, AOI(automatic optical inspection)와 같은 광학 카메라를 이용하여 기본 pattern를 인식한 후에 반복되는 pattern를 비교하여 신호배선의 불량을 확인할 수 있으며, AOI로는 TFT나 pixel 전극 등에 형성되는 결함을 자동적으로 검사하기도 한다.

Pattern의 크기에 대한 검사방법으로는 CD(critical dimension) 측정기나 광학 현미경에 의해 정확한 크기를 측정하거나 pattern의 형성 여부 등을 분석하는 ADI(after development inspection)와 식각 후에 만들어진 pattern를 검사하는 ACI(after cleaning inspection) 등으로 구분하기도 한다.

TFT의 신호배선에서 사용하는 금속박막은 가능하다면 비저항값이 작은 것을 사용하는 것이 좋다. 표 5-4에서는 배선재료로 사용하는 금속의 전기화학적인 특성을 나타내고 있다. 표에서 Cu(구리)가 가장 낮은 비저항을 나타내지만, 실제로 배선재료로서 사용하는 금속은 Al(알루미늄)이며, 이는 박막형성과 식각이 용이하기 때문이다.

Al의 경우에 gate 전극으로 사용하면, 신호배선 형성 후에 300℃ 이상의 CVD 공정에 의해 Al hillock 현상이 일어나고 이로 인하여 gate 절연막이 파괴되어 data 신호배선이나 TFT 전극에서 불량이 발생하며, 혹은 ITO 식각공정에서 Al 침식으로 gate 신호배선의 단선이 야기될 수 있다. 이를 개선하기 위한 방책으로는 Al 배선을 형성한 이후에 상온에서 전기화학 반응을 이용한 Al 양극산화법(anodization)으로 산화처리하여 표면을 더욱 치밀하게 Al_2O_3 절연 보호막으로 덮어 Al gate 신호배선을 보호하게 된다.

표 5-4 ▶ 배선재료로 사용되는 금속박막의 특성

금속	Etch 공정	비저항 ($\mu\Omega\cdot$cm)	화학적 안정도		열적 안정도
			Al etchant	ITO etchant	
MoTa	dry	36	○	○	○
Cr	wet	25	○	○	○
a-Ta	dry	25	○	○	○
MoW	dry	15	○	○	○
Mo	wet/dry	12	×	×	○
Al	wet/dry	3.5	–	×	×
Cu	wet	2.1	×	×	△

참고 ○: good, ×: bad, △: acceptable

5.1.2 CF 공정

TFT-LCD의 색구현은 LCD 패널 후면에 위치한 back-light의 백색광이 액정 cell을 통과하면서 투과율을 조절에 의해 패널 전면부에 놓인 CF층의 R·G·B를 투과하여 나온 3원색의 빛이 가법혼색에 의해 표현되는 것이다. [그림 5-2]는 CF 공정의 과정을 나타내고 있으며, CF 기판에서 색상을 나타내는 R·G·B pattern과 각 sub-pixel의 광을 차단하기 위해 배치되는 black matrix(BM) 및 액정 cell에 전압을 인가하기 위한 공통 pixel 전극인 ITO 박막이 각 cell 위에 배치하게 된다.

BM의 재료로는 Cr 등의 금속 박막이나 탄소 계통의 유기 재료가 주로 사용되며, Cr/CrO$_x$와 같은 이중막 구조의 BM은 LCD 화면의 낮은 반사를 목적으로 많이 사용한다. 대체로 안료 입자는 빛을 산란시켜 불투명하지만, 입자의 크기가 빛의 파장보다 작으면, 빛을 투과시켜 투명해지며 입자의 크기가 작을 수록 투명도가 높고 우수한 분산 특성을 나타낸다. 저반사 특성을 가진 CF 기판의 제조 공정은 이미 기술한 Cr/CrO$_x$를 이용한 BM에 의한 형성 이외에, 안료분산법에 의한 CF 형성과 공통 전극의 형성으로 이룰 수 있다.

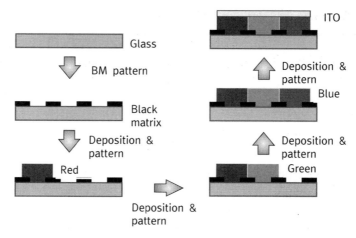

그림 5-2 ▶ CF 공정 과정도

BM의 증착을 위해서는 TFT 공정과 유사하게 유리 기판을 세정한 후에 BM 소재인 Cr/CrO$_x$를 반응성 sputter법으로 형성한다. BM pattern의 형성은 화면의 개구율에 직접적으로 영향을 주기 때문에 구조적 margin, 반사광에 의한 광 누설전류의 방지, TFT 기판에서의 형성부 및 data 배선부를 제외하고 나머지는 열어둔다. BM를 형성하고 난 뒤에 color를 구현하기 위한 R·G·B pattern은 사진공정기술(photolithography)과 유사하며, PR 대신에 color resist를 이용하여 만든다는 것이다. 일반적으로 R·G·B pattern은 동일한 mask를 이동시키면서 사용하게 되고, color resist는 negative PR의 특성을 갖기 때문에 노광되지 않은 부분만이 제거된다. 그리고 공통 전극은 투과성과 도전성이 우수하고 화학적 및 열적으로 안정된 투명전도막 ITO를 sputter법으로 증착한다.

[그림 5-3]은 CF의 제조방법에 대한 분류를 보여주는데, 사용하는 재료에 따라 안료 방식(pigment)과 염료 방식(dye)으로 나누어지며, 이에 대한 제작방법에 의해 분산법, 인쇄법, 전착법 및 염색법 등으로 다시 분류된다. TFT-LCD에서 CF를 제조하는 방식으로 가장 많이 이용하는 것은 사진공정기술인 안료분산법이다.

그림 5-3 ► CF 제조방법의 종류

표 5-5 ► CF 제조방법에 따른 특성

항목	염색법	안료분산법	전착법	인쇄법
두께(μm)	1.0~2.5	1.0~2.0	1.0~2.5	2.0~3.5
해상도	10~20	10~20	10~20	70~100
내열성	180℃/hr	260℃/hr	250℃/hr	250℃/hr
색소	염료	안료	안료	안료
분광특성	◎	○	○	○
평탄성	○	○	◎	△
내광성	△	○	○	○
내약품성	△	○	○	○
가격	△	○	○	◎
장점	정교성 분광특성	내광성 내열성	내광성 내열성 평탄성	내광성 내열성
단점	내열성 내광성	산화방지막 필요	패턴형성 양산성	정교성 평활성

5.1.3 액정 공정

액정 cell 공정은 개별적으로 TFT 공정과 CF 공정을 통하여 구성된 TFT 기판과 CF 기판을 합착하고, 그 사이에 액정을 주입하는 일련의 공정을 의미한다. 이와 같은 액정 공정의 흐름도를 [그림 5-4]에서 순서대로 보여주며, 이미 2.5절의 [그림 2-14]에서 TFT-LCD 패널의 단면도를 나타내고 있다. 단면도에서 하판은 전기 신호전달과 제어를 위한 TFT 기판이고, 상판은 색과 영상 표현을 위한 CF 기판이며, 인가전압에 의해 빛의 투과를 조절하는 액정이 중간에 놓이게 된다.

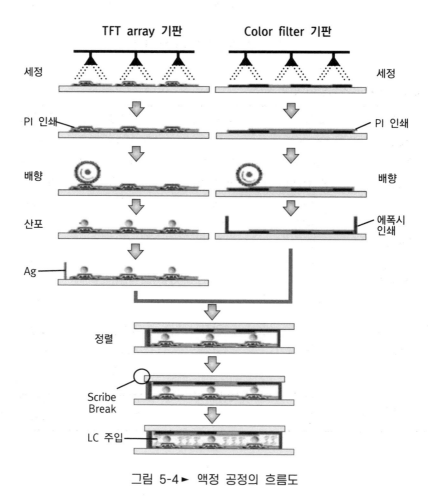

그림 5-4 ▶ 액정 공정의 흐름도

　액정 공정의 전체 흐름을 살펴보면, 먼저 상판과 하판을 깨끗하게 세정한 후, 액정분자가 일정한 방향으로 배열할 수 있도록 두 기판에 배향막을 인쇄하고 rubbing 공정을 진행한다. 그리고 액정 주입을 위하여 seal 인쇄를 실시하고, 균일한 간격으로 액정 셀을 형성하기 위해 산포기(spacer)를 뿌린다.

　두 기판이 마주보고 잘 정렬할 수 있도록 합착하여 가공한 다음에 각 패널로 절단한다. 분리된 패널은 액정을 주입한 뒤에 주입구를 봉합하고, 액정 cell에 대한 검사를 통하여 불량여부를 확인함으로써 액정 공정을 마무리하게 된다. 이상에서 기술한 액정 공정의 각 단위 공정기술을 다룰 것이다.

1) 배향막 공정

　LCD 제조 공정 중에서 액정 분자의 방향을 조절하기 위해 상판과 하판에 배향막의 소재로는 안정성, 내구성 및 생산성 등을 고려하여 polyimide 계열의 고분자 화합물을 주로 사용한다. 화소(pixel) 전극과 공통 전극의 표면에 인쇄되어 액정 전압이 가해지기 때문에 두께를 최소화하여야 하고, 액정의 전기적인 동작 특성에 미치는 영향을 가능한 한 없애주어야 한다.

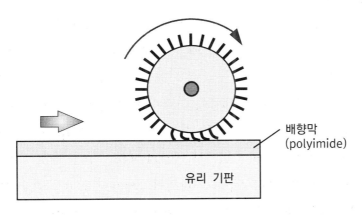

배향막
(polyimide)

유리 기판

그림 5-5 ▶ Rubbing 공정의 단면

따라서 배향막의 두께는 1,000 Å 이하로 도포하여야 한다. [그림 5-5]는 rubbing 공정의 단면을 보여주는데, 원통형의 roller에 부드러운 천을 부착하고, 배향막을 일정한 방향으로 문질러 홈을 만들어주는 작업을 rubbing 공정이라 한다. rubbing 포는 면이나 나일론계의 섬유가 심어진 천의 일종을 주로 사용한다.

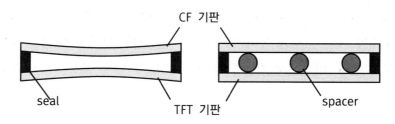

그림 5-6 ▶ Spacer를 이용한 cell 간격 유지

2) Spacer 공정

TFT-LCD 동작을 최적으로 유지하기 위해서는 상판과 하판 사이에 간격을 균일하게 만들어야 하며, [그림 5-6]은 LCD 패널 전체를 통해 균일한 간격을 유지하기 위해 spacer를 사용한 일례이다. spacer는 공모양의 구로 직경이 4~5 μm 정도이다. 산포 방식은 용액에 spacer를 혼합하여 분사하는 습식법과 공기나 질소가스를 이용한 건식법이 있다.

spacer 공정에서 중요한 요소로서 산포의 밀도는 화면의 크기에 따라 100~200개/cm^2 정도로 조정하며, 패널 전체를 통해 spacer가 뭉침 없이 고르게 분포하도록 하여야 한다. 실제로 액정 cell 내에서 spacer는 액정의 배열을 방해하는 불순물이기 때문에 산포 밀도가 높아서는 안 되며, 어느 정도 이하를 유지하여야 한다. 만일, 산포 밀도가 높으면 spacer로 인한 빛의 산란뿐만 아니라 spacer 주변에서 액정의 배향이 흐트러지는 현상으로 인하여 black 화면의 표시성능이 저하하여 contrast ratio가 감소한다.

spacer의 재료는 재질에 따라 plastic spacer와 glass spacer로 구분하는

데, plastic spacer는 하중의 여부에 따라 크기가 변하는 탄성체로서 미세한 cell 두께가 조절될 필요가 있을 경우에 적합한 재료이며, 액정의 열팽창계수와 가까운 성질을 가지기 때문에 온도의 변화에 따른 spacer의 이동이나 공동발생을 방지할 수 있는 효과가 있다. plastic spacer는 내열성과 내약품성이 우수하고, 넓은 온도범위에서 탄성체로 거동하는 구형의 미립자이다. glass spacer는 무알카리 glass를 방사하여 제조하며, 만일 알카리 성분을 가진다면 액정 중에 노출되어 있기 때문에 액정의 노화를 촉진하게 된다. glass spacer는 외부에서 하중을 가하더라도 거의 변형이 발생하지 않지만, 막대 모양(봉상)의 spacer이기 때문에 cell 내에서 배향막에 손상을 줄 수도 있다. 따라서 spacer를 분산하는 과정에서 세심한 주의가 요구된다.

3) 액정 주입

상판과 하판을 합착하여 LCD 패널을 구성하면, spacer의 크기에 의해 약 5 μm의 간격을 가지므로 효과적으로 액정을 주입하기 위해서는 seal pattern를 형성하여 LCD 패널의 cell 내부를 진공처리하고, 모세관 현상과 압력차를 이용하여 액정을 주입하는 진공주입법이 주로 사용되어 왔다. 즉, cell 내부를 10^{-3} Torr 정도의 진공으로 유지하고, 액정이 담긴 용기에 넣으면 액정이 모세관 원리에 의해 cell 내부로 빨려 들어가며, 약 80%의 액정이 채워질 때, 진공 내로 질소가스를 넣어주면 cell 내부와 주위의 압력차에 의해 빈 공간으로 액정이 채워지게 된다. 이와 같은 액정 주입 공정이 끝나면 주입구를 봉합하여 LCD 패널을 완성하게 된다. 그러나 이와 같은 진공주입법에 의한 액정 주입 과정이 모두 완료되기까지의 소요시간은 약 2일 정도가 소모되며, 시간을 단축하기 위해 rubbing, spacer 공정 및 seal 인쇄 이후에 액정을 미리 균일하게 떨어뜨리는 ODF(one drop filling)기술로 상판과 하판을 합착하는 방식이 이용되고 있다.

5.2 OLED 제조 공정

5.2.1 기본적인 OLED의 제조 공정

기본적인 구조를 가진 OLED의 제조공정은 순서에 따라 pattern 형성공정, 박막 증착 공정, 봉지 공정 및 모듈 조립 공정 등으로 크게 분류할 수 있다. [그림 5-7]은 전형적인 기본 OLED 소자의 제조과정을 나타낸다.

그림에서 제조공정과 같이 기판 위에 양극 전극인 ITO를 증착한 후에 photo 공정을 이용하여 patterning을 하게 된다. 기판의 표면에 돌기나 이물질 등은 소자의 단락고장을 초래할 수 있기 때문에 반드시 제거되어야 한다. 보통 ITO의 면저항은 약 10 $\Omega/\square$ 정도이며, 일함수는 대략 5.0 eV 정도이다. 이후, 세정된 ITO/glass 기판은 약 100℃로 열처리하여 진공 증착을 하게 되는데, 이는 기판 상에 존재할 수 있는 수분을 제거하기 위한 것이다. 수분은 전극의 부식시키거나 화면의 흑점을 야기할 수 있기 때문에 반드시 없애야 한다.

다음 공정부터는 진공이나 질소 등의 기체 분위기 하에서 진행하게 되는데, 유기 발광층을 형성한 후에 음극 전극을 증착하고, matrix를 구성하기 위해 다시 전극을 patterning하게 된다. 일반적으로 유기물 증착은 다층으로 doping이 필요하기 때문에 여러 개의 증착원이 필요하며, 동일한 증착장비에서 다른 증착원에 의한 오염의 문제를 방지하기 위해 분리판 (shutter)을 반드시 설치하여야 한다. 음극 재료로는 MgAg 합금이 가장 많이 사용되는데, 이는 Li, Ca, Cs 등과 같은 알칼리 금속의 전극보다 재현성이 우수하고, 부착력이 미흡한 Mg를 Ag가 첨가되어 개선할 수 있기 때문이다.

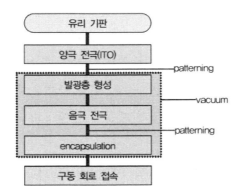

그림 5-7 ► 기본적인 OLED 제조 공정

그리고 소자의 봉지공정으로는 cover glass, 금속 케이스나 보호막을 이용하여 소자를 감싸게 되며, 미량의 수분이라도 침투하지 않도록 건조제로서 산화바륨(BaO$_2$)을 함께 봉입하게 된다. 다음 단계로 외부 구동 회로부와 접속하여 모듈조립 공정으로 마무리한다. 이상과 같이 제조공정은 매우 간단하며, 제조 온도가 낮아 생산성 등에서 많은 장점을 가진다.

5.2.2 칼라 OLED의 제조 기술

OLED의 궁극적인 목적은 full color를 표현하는 디스플레이로 적용하는 것이라 할 수 있다. [그림 5-8]은 full color를 구현할 수 있도록 OLED의 기본 화소를 제조하기 위해 대표적인 4가지 기술을 보여준다.

[그림 5-8(a)]에서는 3가지 R·G·B의 sub-pixel를 나란히 배열하는 side-by-side 방식이다. 이와 같은 제조방식은 3가지 R·G·B sub-pixel를 동일한 기판 상에 모두 형성하여야 하는 제조공정 기술의 어려움이 있다. 즉, 발광층에 각 R·G·B 형광체를 순서에 따라 3번의 공정과정을 반복하여야 한다는 것이다. 또한, 발광층이나 수송층으로 사용하는 유기물이 유기 용매에 약하기 때문에 유기막을 미세하게 pattern화하는 과정이 쉽지 않다.

다음은 그림 (b)에서 보여주는 CCM(color changing medium; 색 변환층)

방식으로, 청색 형광체에서 발광하는 빛을 색 변환층을 이용하여 R·G·B 화소를 구현하는 것이다. 즉, 청색 발광 소자에 의해 높은 휘도로 발광하는 빛을 광 발광 효율이 매우 우수한 R·G·B의 색 변환층을 이용하여 full color를 형성하는 방법이다. 이와 같은 제조 방법은 유기 용매에 약한 유기막을 가공하는 과정이 줄어들기 때문에 미세 pattern으로 가공할 수 있다는 장점을 가진다.

세 번째 방법인 color filter(CF) 방식은 그림 (c)에서 보여주며, 이는 color LCD 패널에서 제조하는 기술과 흡사한 것으로, R·G·B를 포함하여 백색광을 방출하는 OLED에 color filter를 이용하여 R·G·B pixel를 구현하는 방법이다. LCD에서와 같이 TFT와 active matrix 구동 방식을 이용하여 고해상도의 패널을 실현할 수 있다. 단점으로는 발광하는 백색광으로부터 R·G·B pixel를 얻기 위해 color filter를 사용하여야 하기 때문에 광원의 밝기가 다소 저하하는 경향이 있다.

그림 (d)에서 나타나는 마지막 제조기술은 백색광 OLED 소자로부터 나오는 빛을 미세 공진 구조(microcavity)를 이용하여 R·G·B pixel로 구현하는 방식이다. 제조 기술의 방법은 color filter를 이용하는 방식과 거의 유사한데, color filter 대신에 microcavity를 사용하여 R·G·B pixel를 형성한다는 점이 다를 뿐이다.

OLED에서 발광하는 백색광은 spacer의 두께와 dielectric mirror(DM)를 이용하여 microcavity의 길이를 조절하도록 하여 R·G·B pixel를 분리하게 된다. 이와 같은 방법을 사용하면, 발광 파장이 좁은 R·G·B를 얻을 수 있다는 장점을 가지며, 단점으로는 발광 효율이 낮고 방출되는 R·G·B가 방향성을 가지기 때문에 시야각이 좁아진다는 것이다. 따라서 이러한 제조 방식은 작은 크기의 화면을 갖는 개인용 디스플레이에 많이 응용하게 된다.

이상과 같이 기술한 4가지 pixel 제조방식의 특징을 비교하면, 표 5-6과 같다.

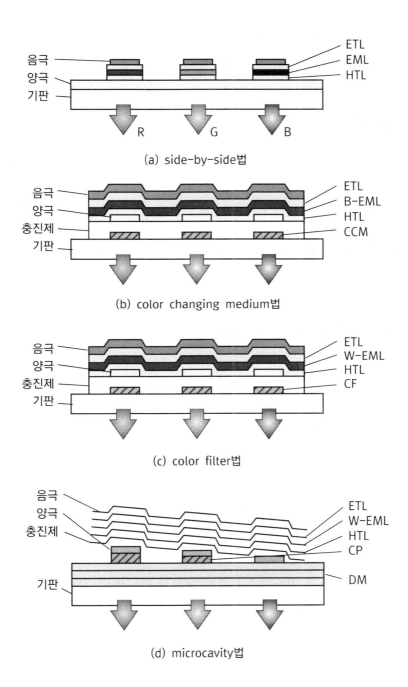

(a) side-by-side법

(b) color changing medium법

(c) color filter법

(d) microcavity법

그림 5-8 ► OLED의 color화 제조기술

표 5-6 ▶ OLED의 4가지 pixel 제조기술에 대한 특징 비교

구분	side-by-side법	CCM법	color filter법	microcavity법
색순도	활성층에 의존	○	○	◎
출력효율	△	×	○	◎
제조기술	매우 어려움	용이	용이	용이
가격	높음	낮음	낮음	중간
결점	RGB 열화차이	낮은 효율	–	좁은 시야각
응용	대면적 FPD	저가 display	중간 크기	개인용 display

참고: ◎: 매우 우수, ○: 우수, △: 보통, ×: 나쁨

5.2.3 OLED의 증착 기술

OLED는 이미 기술한 바와 같이 발광 재료, 적층 방법 및 구동 방식 등에 따라 여러 종류로 분류할 수 있다. 따라서 증착장비도 매우 다양하지만, 저분자 OLED의 제조장비는 진공 열증착 장비(thermal evaporation system)를 주로 사용한다. 증발 증착으로 박막을 형성하는 방법은 1857년 Faraday가 처음 개발하였는데, 불활성 기체 내에서 금속 wire를 폭발시키는 방식으로 박막을 증착하였다. 이후, 1887년 Nahrwold는 백금 wire를 Joule heating시키는 방법으로 박막을 형성하였다.

유기 재료는 무기 재료와는 달리 높은 증기압을 가진 물질이 많고, 증발이 가능한 온도도 100~500℃까지 폭넓게 분포한다. OLED에서 사용하는 재료는 다음과 같은 특성을 갖는데,

❶ 높은 증기압을 가지며,
❷ 고온에서 분해 및 변성이 용이하지 않고,
❸ 분말 상태에서 열전이도가 낮다.

또한, full color를 위해 host 재료에 비해 첨가되는 dopant 재료의 비율은 0.5~2 mol% 정도로 조절이 가능하여야 한다.

박막 증착의 원리는 진공 중에 금속이나 합금 등을 가열하여 증발하는 입자들이 기판의 표면에 박막을 형성하는 방법으로, 이를 진공 증착 박막법이라 한다. 증착되는 재료의 형성 단계를 살펴보면, 고체나 액체 상태의 재료가 기상(vapor)으로 천이하여 source로부터 기판으로 이동하고, 기판에 도달한 기상의 재료가 응축하면서 박막을 형성한다. 이러한 증착법은 장치의 구성이 비교적 간단하고, 다양한 물질을 적용할 수 있으며, 박막의 형성 원리가 용이하기 때문에 박막 성장이나 핵 생성이론 및 박막의 물성에 대한 분석이 쉽다는 등의 특징이 있다.

박막을 증착하기 위해 증착 물질은 충분히 기상이 되어 증발하도록 가열하여야 하며, 이를 위해 증발원(evaporation source)이 필요하다. 이때, 증발원이 갖추어야 할 요건으로는 먼저 증착 물질과 반응이 없어야 하고, 가열하였을 때에 자체 증기압이 낮아야 하며, 산소나 질소 등의 분해가스가 발생하지 말아야 하고, 가공성 및 열적인 순응성이 우수하여야 한다. 만일, 증착 물질과 증발원의 재료가 화학적으로 반응을 일으키게 되면, 오염 물질을 방출하거나 녹는점이 변할 수 있다. 증발원의 소재로 가장 적합한 재료로는 녹는점이 높은 내화성 금속, 산화물, BN(boron nitride) 및 carbon 등이 있으며, 저분자용 OLED에서는 텅스텐(W) wire를 열선으로 사용한다.

일반적으로 OLED의 증착 물질인 유기물은 저항 가열식 증발원에 crucible을 사용하여 가열하는 방법, BN 등의 재료로 만들어진 boat에 증착 재료를 넣어 가열시키는 방법 및 전자빔(electron beam)을 이용하여 증발을 형성하는 방법 등으로 박막을 형성한다. 특히, 전자를 가속시키는 장치인 electron gun를 사용하기도 하는데, 전자의 이동 경로가 직선이기 때문에 gun과 기판이 동일 선상에 장치하여야 하지만, 기판에 박막을 형성하여야 함으로 공정의 특성을 고려하여 자기장을 이용한다. 이러한 자기장은 gun으로부터 발생한 전자의 이동 경로를 휘어지게 하여 gun이 기판과 동일 선상에 놓이지 않아도 된다. 그러나 전자빔과 증착 물질이 충돌하여 발생하는 2차 전자의 영향으로 박막의 균일도가 떨어지고 박막의 질이 좋지 못하며, 장비의 가격이 높아지는 단점을 가진다.

기존에는 텅스텐 재질의 boat가 장착된 저저항 가열방식의 증발원을 이용하여 유기 재료를 증착시켰지만, 가열 시에 발생하는 열분포의 불균형으로 인하여 유기 재료와 금속 증발원의 접촉부분에 변성이 일어날 가능성이 있어 큰 문제가 될 수 있다. 따라서 열전도가 양호하고 증발속도에 대해 조절이 용이한 구조를 가진 증발원의 개발이 매우 중요하다. OLED에는 여러 종류의 재료가 적층 구조로 박막을 구성되어 만일 동일한 진공 chamber 내에서 증착할 경우, 유기 증발원 상호 간의 영향이 불가피하며, 더욱이 dopant를 사용하게 되면 상호 오염의 정도가 한층 심각하게 소자에 영향을 미칠 것이다. 따라서 제품의 생산을 위해서는 정공층, 발광층, 전자 수송층 사이의 영향을 방지하고, 공정 시간을 단축하여 생산성을 향상시킬 수 있는 방안이 필요하다. 그러므로 full color 소자를 제작하기 위해 기판 상의 고정세화 증착 pattern을 형성할 수 있는 metal shadow mask에 관련한 기술도 갖추어야 할 것이다.

OLED 소자는 일반적으로 투명 전도성의 양극과 음극 전극 사이에 여러 층의 유기층을 포함하여 구성하는데, 즉 ITO, 절연층, HIL, HTL, EML, ETL, HBL 및 음극을 차례로 적층한 구조이다. 먼저, HIL은 소자 내에 정공 주입이 원활하도록 조성하기 위해 사용하며, 대개 CuPc 혹은 m-MTDATA와 같은 물질을 사용하여 1×10^{-6} torr 이상의 진공에서 증착한다. 그리고 HTL은 양극으로부터 들어온 정공을 발광층으로 수송할 목적으로 사용하며, 일반적으로 α-NPD나 TPD 등의 물질을 사용한다. 발광층인 EML은 음극과 양극으로부터 공급된 전자와 정공이 재결합하여 발광이 일어나는 영역으로 발광층의 유기 물질에서 발생하는 고유의 파장에 따라 다양한 발광색이 구현된다. 즉, 발광 물질의 host와 dopant의 구성

비에 따라 요구하는 발광 특성을 얻을 수 있다. 다음으로 ETL은 음극으로부터 공급되는 전자를 원활하게 수송하는 목적으로 사용한다. ETL의 물질은 Alq_3 혹은 TAZ 등이 사용되지만, 일반적으로 발광층에 dopant를 사용하는 경우에 발광층의 host로 사용하는 Alq_3가 ETL의 역할을 하기 때문에 널리 사용되고 있다. 발광 효율을 향상시키고 금속 전극과 유기층 사이에 계면 특성을 향상하기 위해 완충층이 추가되며, 주로 LiF와 같은 무기 물질을 사용하여 5~10Å 정도로 증착한다.

　음극 전극은 유기 박막을 형성한 이후에 진행하게 되며, 저온에서 플라즈마에 의한 막의 손상이 발생하지 않도록 하여야 하고, 낮은 일함수를 가진 활성 금속 물질을 사용하기 때문에 가능한 잔류 불순물에 의한 오염을 배제하여야 할 것이다. 금속 재료로는 Mg, Ag, MgAg-Li, LiAl 및 LiF-Al 등이 많이 사용되고 있으며, 단일막이나 혹은 다른 종류의 재료를 복층으로 증착하기도 한다.

　이상에서 기술한 OLED의 각 공정은 순차적으로 수행하게 되는데, 다음과 같은 특성을 잘 고려하여야 한다.

❶ 대화면 기판에 균일한 표면 특성을 가진 박막의 증착이 가능하여야 한다.

❷ 봉지공정에서 지연되는 TACT time(약 4분)이 단축되어 일광공정에서 생산 효율이 극대화되어야 한다.

❸ full color 소자의 생산이 가능한 미세 alignment 기술을 확보하여야 하고,

❹ 재료의 안정적인 공급과 관련된 주변 기술의 개선이 필요하며,

❺ shadow mask에 의한 유기막의 오염을 방지하여야 한다.

이와 같은 OLED의 특징을 고려하여 지속적인 개선이 이루어져야 할 것이다.

▌참고문헌

- 김현후 외, "평판 디스플레이 공학", 내하출판사, 2015.
- 김억수 외, "디스플레이 공학개론", 텍스트북스, 2014.
- 강정원 외, "정보디스플레이 공학", 청문각, 2013.
- 박대희 외, "디스플레이 공학", 인터비젼, 2005.
- 박상희 외, "유기 EL디스플레이 개론", 한티미디어, 2013.
- 권오경 외, "디스플레이공학 개론",청범, 2006.
- 김종렬 외, "평판 디스플레이 공학", 씨아이알, 2016.
- 이준신 외, "평판 디스플레이 공학", 홍릉과학, 2005.
- 이준신 외, "디스플레이 공학개론", 홍릉과학, 2016.
- 문창범, "전자 디스플레이원론", 청문각, 2009.
- 김상수 외, "디스플레이 공학 I", 청범, 2005.
- 노봉규 외, "LCD 공학", 성안당, 2000.
- 이창희, "OLED 디스플레이 기술동향", 광학과 기술, Vol. 8, No. 1, 2004.
- 이창희, "유기발광 다이오드 디스플레이 기술 동향", 전기의 세계, Vol. 54, No. 10, 2005.
- 이충훈, "OLED 산업과 시장 동향", 인퍼메이션 디스플레이, Vol. 12, No. 4, 2011.
- 조남성, "OLED의 현황과 전망", 고분자 과학과 기술, Vol. 24, No. 2, 2013.

포토리소그래피
(Photolithography)

06

6.1 포토리소그래피 개요

포토리소그래피 공정은 반도체 제조 공정 중에 가장 핵심적인 단계이며, 기판 위에 박막 트랜지스터를 제조하기 위해 적층식으로 회로를 형성한다. 각각의 적층하는 과정을 마스크(mask) 공정이라 칭하고, 각 마스크별로 필요한 패턴을 형성시켜야 하는데, 이때 필요한 패턴을 미리 그려 넣은 판을 마스크(1:1) 또는 레티클(reticle, n:1)이라 한다. 마스크 위의 패턴을 실제 기판으로 도포(coating), 노광(photolithography), 현상(developing) 공정을 통하여 모양을 만드는 작업을 통해 액정 디스플레이를 위한 박막 트랜지스터가 완성된다.

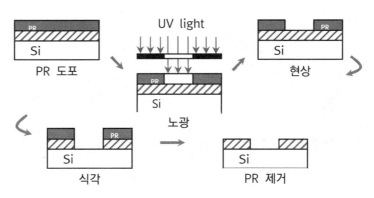

그림 6-1 ▶ 포토 공정의 개념도

6.1.1 PR 도포

스핀 코팅(spin coating)을 이용한 PR(photo-resistor; 감광제) 도포는 감광막을 요구하는 두께로 기판에 일정하게 도포하는 공정이며, 사용하는 감광제에 따라 다르지만 몇 백 나노미터(10^{-9} m)에서 수십 마이크로(10^{-6} m) 정도까지 조절할 수 있다. 회전 도포의 목적은 기판 유리에 필요한 두께의 감광제 박막을 균일하게 형성하는 것이다.

회전 도포 시에 영향을 미치는 요인들로는 점성계수, 다중체(polymer) 함량, 최종 회전 속도와 가속도 등이 있다. 점성 계수는 감광제 박막의 두께를 결정하는 중요한 역할을 하는데, 대부분의 감광제의 점성 계수는 16~60 cps(1 cps = 0.001 Pa·s = 1 mPa·s) 사이의 값을 갖도록 한다. 부분적으로 다중체 함량이 최후의 막 두께를 결정하게 되며, 회전 도포 공정에서 다중체 함량을 여러 번 조절함으로써 감광막 두께의 균일성을 얻을 수 있다.

감광막을 도포하기 전에 먼저 감광제의 접착도를 증가시키기 위해 표면 처리를 해주어야 하며, 보통 HMDS(hexamethyldisilane)를 2% 정도로 묽게 해서 기판에 도포하면 감광막의 접착력을 크게 향상시킬 수 있다. 표면 처리를 통해 접착력을 향상시키지 않을 경우, 감광막이 쉽게 박리되어 후속 공정에 문제를 발생시킬 수 있다. 회전 도포의 회전 속도도 막 두께를 결정하는 요인이 된다. 기판이 회전하면 감광제가 계속 퍼져 나가서 균일하게 되며, 액체 감광제와 섞여있는 용제가 회전을 통해 막 표면에서 증발하게 되고 막을 더욱 얇게 만든다.

그림 6-2 ▶ 회전 도포 과정

여분의 감광제는 원심력에 의해 기판의 가장자리로 밀리고 표면장력으로 인해 가장자리에 쌓이게 된다. 이러한 가장 자리 쌓임은 느린 회전 속도의 경우에 두께가 후속 공정에 나쁜 영향을 주게 된다. 따라서 가장자리 쌓임을 최소로 하려면, 특히 미세 패턴을 하려는 경우에는 최적의 회전 속도를 유지해야 한다. 가속도도 막 두께와 균일성에 영향을 미친다. 높은 가속일수록 균일한 막을 얻을 수 있으며 가장자리의 쌓임도 줄일 수 있다. 또한 감광제가 충분히 얇아지도록 하기 위해서는 마지막 단계에서 회전 시간을 적당하게 유지해 주어야 한다.

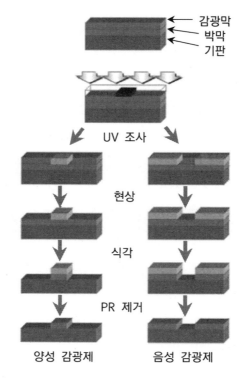

그림 6-3 ▶ 양성 감광제와 음성 감광제의 공정 비교

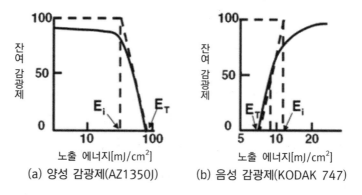

그림 6-4 ▶ 양성 감광제와 음성 감광제의 식각

표 6-1 ► 양성 감광제와 음성 감광제 비교

항목	양성 감광제	음성 감광제
금속층 식각	단순 용제	클로린 용제 화합물
산화막 식각	산	산
현상액	수성	용제
가격	높다	저렴
단차 특성(Step Coverage)	우수	-
공정 상태	-	민감하다
핀홀 갯수	적다	많다
노출 속도	-	빠르다
접착성	-	좋다
분해능	높다	-

　감광제는 크게 두 가지로 나뉘는데, 빛을 조사받은 부분이 현상할 때 녹는 양성(positive) 감광막과 반대로 빛을 조사받은 부분이 남는 음성(negative) 감광막으로 나뉜다. 감광제의 성분을 보면 크게 용제(solvent)를 제외하고 2 성분과 3 성분으로 구성되는데, 최근에 단파장 쪽으로 기술이 발전함에 따라 3 성분계를 많이 사용하고 있다. 감광제는 크게 용제(solvent), 다중체(polymer), 감응제(photoactive compound)로 구성되며, 이 중 용제는 감광제를 액체 상태로 유지시켜 기판에 도포하기 쉽게 만들고, 다중체는 고분자 물질로서 막의 기계적인 성질을 결정하며 감응제는 빛에 의한 광화학 반응을 일으킨다. 양성 감응제의 경우 감응제는 고분자가 용매에 녹는 것을 억제하는 용해 억제(dissolution inhibitor) 역할을 하는데, 빛에 노출되지 않으면 감광제가 용매에 녹는 것을 억제해 주다가 자외선에 조사되면 구조가 깨지면서 더 이상 용매 억제기능을 하지 못해 결국 빛에 조사된 부분이 선택적으로 녹아가게 된다. 이러한 감응제를 용해억제형이라고 한다. 화학 증폭형은 촉매작용을 하는 광산 발생제(PAG: photo acid generator)가 들어 있어 약간의 빛으로도 사슬 반응을 일으키고, 궁극적으

로 아주 적은 양의 빛으로도 고감도를 유지할 수 있도록 만들어졌다. 이는 최근의 단파장 빛들이 흡수가 잘 되어 적은 양의 빛으로도 해상도를 유지하여야 하기 때문이다. 노광 공정은 원하는 패턴 크기를 얻는 공정이므로 얼마나 작은 패턴을 정교하게 얻을 수 있는 가를 결정하는 해상도가 중요하다.

양성 감광제의 구성은 감광약(sensitizer), 레신(resin), 용제(solvent)로 되어 있으며, 기본 합성 물질은 노보락(novolak), 리소울(resole), 페놀(phenol formaldehyde) 등이 있다. 노보락이 가장 널리 사용되며, 물이나 알칼리 용액에 잘 녹는 물질이다(150 Å/sec). 노보락에 디아조키논(DQ, diazoquinone) 혹은 diazonaphthaquinone를 15% 함유한 디아조키논이 노보락에 용해하는 것을 억제하는 작용을 한다(10~20 Å/sec). 디아조키논은 365, 405와 436 nm 파장의 빛을 흡수하여 물이나 알칼리 용액에 잘 용해된다.

음성 감광제의 구성 역시 감광약(sensitizer), 레신(resin), 용제(solvent)로 되어 있으며 기본 합성 물질은 아지드화물(azide), 질소 분자 등이 있다. 아지드화물이 노광 과정에 의해 질소 기체(N_2)와 니트레닌(nitrene)이 생성된다. N_3-R-N_3 (아지드화물) → N-R-N : + $2N_2$ (니트레닌, nitrene). 니트레닌이 기본 합성수지로 사용된 폴리아이소플렌 연결되면서 현상액에 녹지 않는 중합체 생성된다. 감응제가 노출된 빛으로부터 에너지를 받는 경우, 서로 이웃하는 다른 탄소와 교차 결합(crosslink)되어 현상액에 녹지 않게 된다.

6.1.2 저온 건조(soft bake)

저온 건조는 감광막 도포 후, 잔여 용매를 제거하고 막의 응력 제거 및 기판과의 접착력을 증가시키고자 한다. 공정 조건은 70~95℃ 사이에 4~30 min. 정도이며, 충분하지 못하면 막이 분리되고 과도할 경우에는 막이 변성되어 나중에 제거하기 어렵게 된다.

6.1.3 정렬과 노출

박막 트랜지스터 제조 공정에서 회로를 만들기 위해 패턴(pattern)을 전사하는데, 마스크를 기판에 올려놓을 때 원하는 위치에 배치하는 정렬 기술이 필수적이다. 마스크에는 모서리 부분에 정렬을 위한 표시 (marker)가 있으며, 보통 레이저를 이러한 표시지점에 조사하고 바닥에서 반사되는 빛의 양을 파악하여 최적의 위치를 판단하게 된다. 노광 작업은 자외선을 원하는 세기로 적당한 시간만큼 조사하여 기판에 있는 감광막에 전달시킨다. 만일, 빛을 적게 조사하면 감광막이 제거되기 힘들어지고(underdevelopment), 또한 빛을 많이 조사하면 원하지 않는 부분까지 제거되기(overdevelopment) 때문에 적당히 노출되어야 한다. I-line(365nm), KrF (248nm), ArF(193nm)의 자외선을 사용하며 점차적으로 미세한 패턴을 얻기 위해 파장이 작은 빛을 이용한다. 정렬과 노광을 위해 스텝퍼(stepper)를 많이 사용한다.

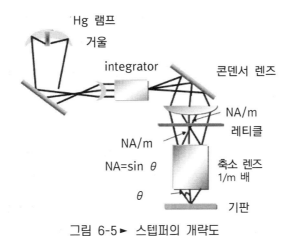

그림 6-5 ▶ 스텝퍼의 개략도

렌즈의 특성에 따라 결정되는 개구수(NA)는 스펩퍼의 해상력(resolution) 및 촛점 심도(depth of focus)를 결정하는 중요한 인자로 이로 인해 제품의 최소 회로 선폭과 생산 마진 영역이 결정된다. 해상도와 초점 심도는 다음의 식으로 표현된다.

해상도, $R = K1 \times \lambda / NA$

초점 심도, $DOF = K2 \times \lambda / 2(NA)^2$

여기서, λ 는 노광 파장, NA는 렌즈의 개구수, K1 및 K2는 감광막 공정에 의한 비례상수이다. 개구수는 렌즈의 지름에 비례하고 초점 거리에 반비례하는 값이다. 그리고 초점 심도는 기판의 울퉁불퉁한 정도를 보정할 수 있는 초점 거리이며 해상도가 작아지면 같이 작아지는 것을 알 수 있다. 위 식에서 알 수 있듯이 파장이 짧아짐에 따라 얻을 수 있는 해상도도 커지고, 또 렌즈가 커질수록 해상도가 좋아진다. 하지만 파장이 점점 짧아지면서 회절과 같은 기술적인 문제가 생기고, 렌즈가 커지면 공정 가격 상승 및 렌즈 가공에 문제점이 생긴다.

6.1.4 현상

현상은 노광으로 변성된 부분의 감광막을 제거하는 과정으로서 주어진 감광막에 적합한 용제를 사용하여 선택적인 감광막 패턴을 형성한다. 현상하는 방법은 분무 방식(spray)을 이용하거나 현상액과 세척액에 차례로 담는 담금 방식 등이 있으나 안정적인 현상을 위해 후자의 방법을 주로 사용한다.

분무 방식은 돌림판(spinner) 위에 기판을 올려놓고 회전시키면서 현상액과 세척액을 기판에 분사한다. 감광막에 가해지는 분사에 의한 물리적 힘 때문에 작은 패턴의 현상이 가능하고 부분적으로 용해된 감광막 성분은 분사에 의해 쓸려간다. 반면에 담금 방식은 기판을 현상액과 세척액이 담긴 용기에 차례로 담가서 현상한다. 현상을 간단하고 빠르게 할 수 있지만, 액체의 표면장력으로 인해 작은 크기 패턴의 현상이 어렵고, 부분적으로 용해된 감광막이 기판에 남아 그 뒤의 현상을 방해하기 때문에 이를 방지해야 한다.

표 6-2 ▶ 양성 감광제와 음성 감광제의 현상액 및 세척액

감광제 종류	양성 감광제	음성 감광제
현상액	알칼리 용액 (KOH, NaOH, TMAH (teramethyl ammonium hydroside))	유기 용제(Xylene)
세척액	H_2O	N-butylacetate

6.1.5 고온 건조(hard bake)

현상 후에 감광막과 기판과의 접착력을 보다 우수하게 유지하기 위해 다시 한 번 열처리 작업을 수행한다. 이때 감광막에 남아 있을 수 있는 여분의 용매가 제거되며 접착력이 월등하게 증가한다. 공정 조건은 저온 건조(soft bake)에 비해 약간 가혹한 조건으로서 100~150℃의 온도에 10~20 min. 정도이다. 지나치게 오래 열처리를 하면 찌꺼기(scum)가 생기며 감광막 제거가 어렵게 된다.

6.2 노광 장비

반도체 공정에서 미세회로 패턴의 형성은 노광공정으로부터 시작한다. 노광공정은 UV 영역 이상의 단파 또는 초단파의 빛을 웨이퍼 상에 도포된 포토레지스트(PR)에 조사하여 원하는 회로 패턴을 얻는 과정이다. 빛에 조사된 PR은 빛을 받지 않은 부분과 현상액에 대한 용해 성질이 달라진다. 따라서 노광 후에 웨이퍼를 현상액에 용해 처리하면 원하는 PR 미세회로 패턴을 얻게 된다. [그림 6-1]에서 나타낸 바와 같이 PR 미세회로 패턴을 이용하여 식각공정에서 하부의 웨이퍼를 패턴대로 깎아 낸다. 노광

공정의 가장 큰 특징 중 하나는 PR이 UV이상의 파장의 빛에 반응하므로 백색등을 노란색 램프를 감아 yellow light의 bay에서 공정이 이루어진다. 노광공정은 반도체 미세화의 세대(CD)를 결정짓는 매우 중요한 공정으로 반도체가 복잡하고 미세할수록 사용하는 빛의 파장이 짧아지고 반도체가 완성되기까지 전체 노광공정 횟수는 증가한다.

6.2.1 노광 장비의 구성

노광 장비는 광원에서 발생하는 빛을 이용하여 사진을 찍는 방식으로 wafer 상에 반도체 회로 패턴을 찍는 장비이다. 따라서 노광장비는 기본적으로 광원과 렌즈, 조리개 등으로 이루어진 illumination optics와 projection optics로 이루어진 조명계가 있고, 반도체 회로 패턴이 형성되어 있는 마스크를 장착하는 reticle handler와 stage부, wafer를 loading/unloading하는 wafer handler와 stage부, wafer를 정확한 위치에 정렬시키기 위한 wafer 측정부, 운영 program 및 장비 작동을 위한 user interface가 있다.

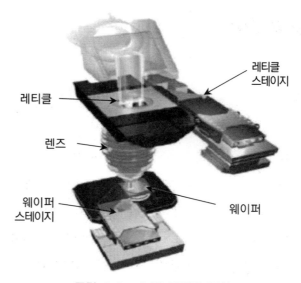

레티클 스테이지

레티클

렌즈

웨이퍼 스테이지

웨이퍼

그림 6-6 ▶ 노광 장비의 구성

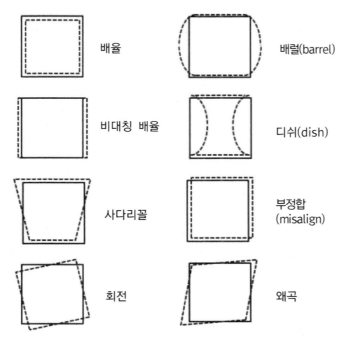

배율

배럴(barrel)

비대칭 배율

디쉬(dish)

사다리꼴

부정합
(misalign)

회전

왜곡

그림 6-7 ▶ 노광 공정의 정렬 불량

1) 조명계(illumination system)

노광 장치의 핵심은 조명계이며, 광원에서 빛이 조사되는 경로상의 장치와 구성을 [그림 6-6]에서 보여준다. 노광 장비의 구성은 광원, 렌즈 및 조명 변형장치 등이 있으며, 의도하는 패턴이 정확히 구현되기 위해서는 균일한 조도가 레티클의 면에 구현되어야하므로 미스크에 따라 최적의 노광조건을 얻기 위한 여러 가지 조명계 구성과 관리, 공정 파라메타 제어가 필요하다.

조명계는 노광기의 가장 복잡하고 민감한 부분으로서 노광기의 성능을 좌우한다. 즉, 노광은 초미세 패턴을 웨이퍼에 사진을 찍는 작업으로 사각형의 칩이 정확하게 포토마스크가 제공하는 패턴의 모양대로 구현되어야 한다. 하지만 여러 가지 왜곡되고 일그러진 형태의 상이 만들어질 수가 있어 이러한 왜곡이 규정된 범위를 벗어나지 않도록 관리하는 것이 매우 중요하다. 또한 반도체 칩의 완성을 위해서는 한 층 한 층 패턴을 찍어야 하며, 이 패턴은 반도체 회로와 디바이스의 구조를 형성하며 각 층에 형성되는 패턴과 구조가 오차 범위를 서로 벗어나지 않도록 정확한 위치에 노광된 패턴을 형성하도록 해야 한다. 다시 말해 패턴과 칩의 모양과 상호 정렬이 매우 정확하게 노광될 수 있도록 장비를 유지 관리하여야 한다.

2) 스테이지(stage)

노광 장치는 웨이퍼가 놓이는 부위와 레티클이 장착되는 부위로 구분한다. 반도체칩 내의 미세 패턴을 왜곡 없이 구현하기 위해서는 웨이퍼 상의 수많은 반도체 칩을 신속하고 정확히 노광하여야 하며, 온도, 수평, 진동, 편평도, 이동 등을 정밀하게 제어되어야 한다.

3) 마스크(mask)

노광 공정에서 사용하는 마스크는 미세한 회로 패턴을 전달하거나 형성하는 데 사용되는 핵심 요소이며, 미세한 회로 설계를 포함하여 반도체 칩의 다양한 층을 정확하게 패턴화하는 역할을 수행한다. 마스크는 UV(자외선) 노광 기술을 통해 미세한 패턴을 반도체 웨이퍼 위에 전달하는 데 사용한다.

4) 스캐너(scanner)

노광 장치에서 반도체 칩 내에 미세패턴의 정확한 구현을 위해 레티클의 한쪽부터 빛을 조사해 나가는 장치이다.

5) 스테퍼(stepper)

스태퍼는 노광 장치에서 웨이퍼 상에 놓인 칩을 사진 찍기 위한 장치이다. 웨이퍼 상의 특정 위치부터 레티클 단위로 사진을 한 장씩 찍고, 순차적으로 다음 영역으로 이동해가면서 노광하는 방식이다. 초미세 회로 패턴 구현은 레티클 스캔하고 스텝하는 방식으로 노광한다.

스테퍼의 핵심 구성 요소는 렌즈 시스템이며, 렌즈는 레티클의 패턴을 미세하게 웨이퍼 위로 전송하는 역할을 수행한다. 렌즈 시스템은 광학적으로 정교하게 설계되어야 하며, 렌즈의 크기, 형태 및 초점 거리 등을 조절하여 정확한 패턴 복제가 가능하게 한다. 스테퍼는 레티클과 웨이퍼 사이의 거리와 위치를 정확하게 제어하여 미세한 패턴을 형성하며, 이러한 과정에서 렌즈 시스템을 사용하여 빛을 웨이퍼 위로 전송하고, 레티클의 패턴을 복사하는 방식을 사용한다.

레티클은 웨이퍼 위로 전송될 패턴을 포함하는 투명한 기판으로 스테퍼에서 사용되는 레티클은 반도체 설계에서 원하는 회로 패턴을 포함하고 있다.

6) 정렬계(alignment system)

노광 장치에서 웨이퍼와 레티클의 상호 위치를 정렬한다. 즉 전후좌우, 상하, 회전, 기울어짐 등을 보정하여 정확한 패턴으로 노광될 수 있도록 정렬하기 위해 광학적인 감지를 통한 연산과 제어하는 장치이다.

6.2.2 노광의 종류

노광 공정은 미세한 회로 패턴을 반도체 웨이퍼나 다른 기판 위에 형성하기 위한 공정이다. 노광기는 빛을 이용하여 마스크의 패턴을 웨이퍼로 복사하고 정확하게 반복 전송하여 반도체 칩의 다양한 층을 형성하는 데 사용한다. 다양한 유형의 노광기가 있으며, 각각의 노광기는 다른 방식으로 마스크의 패턴을 웨이퍼 위에 전송한다. 몇 가지 주요한 노광의 종류를 살펴본다.

1) 접촉 프린팅(contact printing) 방식

접촉 프린팅은 반도체 제조나 마이크로전자 제조 공정에서 사용되는 포토리소그래피 방식 중 하나이다. 이와 같은 방식은 반도체 웨이퍼 위에 마스크를 직접 접촉시켜 패턴을 형성하는 방식이다. 접촉 프린팅은 마스크의 상이 1:1 비율로 투영하며, 구조가 매우 간단하고, 작은 생산량이나 연구용으로 사용한다.

접촉 프린팅 공정의 과정은 반도체 웨이퍼를 세정한 후, 마스크를 웨이퍼 위에 정확하게 배치한다. 마스크는 웨이퍼에 바로 접촉시키며, 레티클과 웨이퍼 간의 압력을 조절하여 정확한 접촉을 유지한다. 접촉된 마스크는 노광기에서 빛을 적용하여 웨이퍼 위로 패턴을 형성한다. 빛은 마스크 상에 패턴을 웨이퍼로 복사한다. 빛에 노출된 웨이퍼 위에 감광제는 빛에 반응하여 화학적 변화를 일으킨다. 결과로 인해 감광제의 특정 부분이 노광에 의해 경화되거나 용해되어 웨이퍼 위에 패턴이 형성된다. 노광 후, 감광제의 노출되지 않은 부분을 화학적으로 제거하거나 보호한 부분을 유지하는 화학적인 현상 과정을 거쳐 패턴 위에 증착된 물질을 식각하여 반도체 웨이퍼의 다양한 층을 형성하게 된다. 그러나 마스크를 탈부착하는 과정에서 오염이나 손상 등의 문제가 야기될 수 있다.

2) 프록시미티 프린팅(proximity printing) 방식

프록시미티 프린팅 방식은 마스크와 웨이퍼 사이의 거리를 근접한 상태로 마스크 상이 1:1 비율로 투영하면서 패턴을 형성하는 방법이다.

프록시미티 프린팅은 오래 전부터 사용해온 비교적 간단한 방식이다. 그러나 고해상도 패턴을 형성하는 데는 제약 사항이 있다. 프록시미티 프린팅 과정은 반도체 웨이퍼를 세정한 후, 마스크를 웨이퍼 위에 배치한다. 프록시미티 프린팅에서는 레티클과 웨이퍼 사이의 거리가 상대적으로 가깝게 유지하면서 마스크의 패턴을 웨이퍼에 전송한다. 이러한 과정에서 마스크와 웨이퍼 간의 근접한 거리는 빛의 강도와 패턴 복제의 정확도에 영향을 준다. 빛에 노출된 웨이퍼 상에 감광제는 빛에 반응하여 화학적 변화를 일으켜 감광제의 특정 부분이 노광에 의해 경화되거나 용해된다. 노광으로 감광제의 노출되지 않은 부분을 화학적으로 제거하거나 보호한 부분을 유지하는 화학적인 현상 공정을 수행한다. 패턴 위에 증착된 물질을 식각하여 반도체 웨이퍼의 다양한 층을 형성한다. 기판과 마스크 사이에 갭이 존재하여 빛의 회절에 의해 해상도에 제한이 있다.

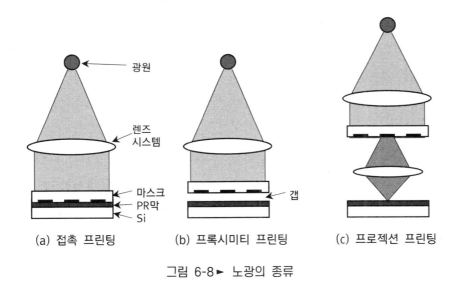

(a) 접촉 프린팅　　(b) 프록시미티 프린팅　　(c) 프로젝션 프린팅

그림 6-8 ▶ 노광의 종류

3) 프로젝션 프린팅(projection printing) 방식

프로젝션 프린팅은 마스크의 패턴을 형성하기 위해 축소 렌즈를 사용하여 웨이퍼 위에 투영하는 방식이다. 프로젝션 프린팅은 미세 패터닝을 구현하는 것이 가능하여 고해상도와 빠른 노광 속도를 가지며, 다양한 크기의 웨이퍼를 사용할 수 있어 제품 생산에 유용하고 대량 생산에 적합하다. 또한 렌즈의 크기와 거리를 조절하여 패턴의 크기를 변환할 수 있어 다양한 크기의 제품을 제조하는 것이 유용하다.

프로젝션 프린팅 과정은 마스크의 패턴을 형성하기 위해 프로젝터 시스템으로 렌즈를 사용하여 웨이퍼로 전사한다. 이러한 과정에서 마스크의 패턴이 웨이퍼 전체에 투영한다.

6.2.3 해상도

노광 공정에서 해상도와 초점심도는 미세한 회로 패턴을 정확하게 형성하기 위해 매우 중요한 역할을 하는 광학적인 요소이다. 고해상도를 얻게 되면 미세한 패턴을 형성할 수 있지만, 초점심도가 작을 경우에는 패턴 형성에 민감하게 영향을 미칠 수 있다. 따라서 노광 과정 설계에서는 이러한 요소들을 고려하여 균형 있는 결과를 얻을 수 있도록 설계하여야 한다.

1) 해상도(resolution)

해상도는 노광 공정에서 형성되는 가장 작은 패턴의 크기를 나타내는 매개변수이다. 해상도가 높을수록 더 작은 크기의 패턴을 형성할 수 있으며, 해상도는 일반적으로 노광 공정의 성능을 나타내는 중요한 지표 중 하나이다. 해상도에서 고려하여야 할 요소로는 다음과 같다.

❶ 광 파장 : 노광에서 사용되는 빛의 파장은 패턴의 크기와 해상도에 직접적인 영향을 미친다. 더 짧은 파장의 빛을 사용하면 더 미세한 패턴을 형성할 수 있다.

❷ 렌즈 시스템 : 노광기의 렌즈 시스템은 마스크 패턴을 웨이퍼로 투영하면 해상도에 영향을 주며, 정교한 렌즈 시스템은 높은 해상도를 얻을 수 있다.

❸ 감광제 특성 : 사용되는 감광제의 특성과 노광 공정 과정에서도 해상도에 영향을 미치게 된다.

2) 초점심도(depth of focus)

초점심도는 노광 공정에서 마스크 패턴과 웨이퍼 사이의 거리가 조금만 변화하더라도 패턴이 정확하게 형성되는 범위를 나타내는 지표이다. 초점 심도가 크면 패턴 형성에 미치는 영향이 줄어들어 공정의 안정성을 향상시키게 된다. 초점심도에서 고려할 요소로는 다음과 같다.

❶ 광 파장 : 광 파장은 노광 공정에서 초점심도에 영향을 미친다.
❷ 렌즈 시스템 : 렌즈의 광학 특성과 렌즈 시스템의 설계가 초점심도에 영향을 미친다.
❸ 감광제 특성 : 감광제의 두께와 광학 특성은 초점심도에 영향을 줄 수 있다.

6.3 트랙 장비

포토리소그래픽 공정의 흐름을 파악하기 위해서는 트랙(track) 장비에 따른 각 트랙 공정의 세부 흐름을 이해하여야 한다. [그림 6-9]는 트랙 공정의 흐름을 간략하게 나타내고 있다.

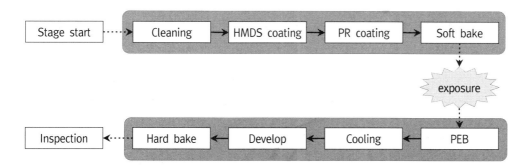

그림 6-9 ▶ 트랙 공정의 흐름

6.3.1 세정 공정

트랙 공정에서 유리 기판을 로딩하기에 앞서 반드시 세정을 거쳐야 한다. 이는 유리 기판 상에 박막을 증착하고 이송 과정에서 발생할 수 있는 불순물이나 입자를 제거하는 공정이다. 먼지나 굳어진 PR, 장비에서 떨어져 나온 물질, 반응성으로 발생한 물질, 증착 도중에 부착될 수 있는 물질 등은 입자 형태로 유리 기판 상에 존재할 수 있다. 이러한 입자들이 붙은 부위에는 패턴 불량이 발생하여 문제가 생기게 된다. 입자의 크기, 종류나 숫자에 대한 철저한 발생 방지가 필요하다. 또한 증착, 노광 및 현상 공정 중에도 파티클에 의한 패턴의 불량을 초래할 수 있기 때문에 초순수(DI water)를 이용하여 유리 기판에 존재하는 불순물을 제거하여야 한다. 더욱이 세정을 선택적으로 높이기 위해서는 다양한 방법이 적용되는 데, 브러쉬(brush)를 이용하거나 제트 노즐(jet nozzle)을 사용하기도 한다. 그리고 세정 후에는 유리 기판에 잔유할 수 있는 DI water를 없애기 위해 스핀 드라이(spin dry) 혹은 에어 나이프(air knife)를 이용하여 건조한다. DI water를 완전히 제거하기 위한 방법으로 유리 가판을 핫플레이트(hot plate) 위에 올려 가열하기도 하며, 이와 같은 건조 방법을 디하이드레이션 굽기(dehadration bake)라고 부른다.

6.3.2 HMDS 코팅 공정

HMDS(hexamethyldisilazane)는 포토 공정에서 사용되는 화학 물질이며, 트랙공정에서 감광제를 코팅하기 전에 감광막과 박막 사이의 접착력을 향상하기 위해 사용한다. 공정 중에 감광제가 벗겨져 일어날 수 있으며, 이어지는 식각 공정에서 심각한 언더컷(undercut)이 발생하는 것을 방지하기 위해 접착력을 강화하여야 한다. 특히 습식 식각(wet etch) 공정을 진행할 경우에 금속 박막에 코팅한 감광막의 패턴 테두리에 과도한 식각이 주로 발생하기도 하며, 이와 같은 심각한 언더컷은 미세 패턴을 표현하기 어렵다.

HMDS 코팅은 유리 기판을 깨끗하게 세정하여 불순물이나 오염물을 제거한 후에 건조 과정을 거쳐 진행한다. HMDS는 증기(vapor) 상태로 뿌려져 화학적 반응을 통해 유리 기판에 결합하며, 건조 과정을 거쳐 잘 달라붙도록 HMDS 층을 안정화시킨다. 특히, 감광제는 유기 용매를 많이 포함하기 있기 때문에 친수성 박막(hydrophilic film)과의 접착이 어려우며, 친수성 박막의 표면을 개선하기 위해 소수성(hydrophobic)으로 바꾸어야 한다. 따라서 HMDS를 뿌리면서 핫플레이트에서 건조하면 유리 기판과 결합하여 소수성으로 변화하게 되어 이어지는 감광제 코팅에서 접착력을 향상할 수 있다. 그러나 친수성과 소수성의 접촉각(contact angle)이 일정한 값 이상이 되면 접착이 증가하지 않고 오히려 표면에 입자를 발생시키는 문제를 야기할 수 있어 주의하여야 한다.

6.3.3 감광제 코팅 공정

감광제 코팅(photoresist coating)은 유리 기판 전체에 균일하게 도포하여야 하며, 기판의 크기에 따라 다양한 방법으로 코팅하게 된다. 일반적으로 반도체 웨이퍼 공정에서 감광제는 스핀 코팅(spin coating)을 주로 사용하였지만, 디스플레이 공정에서 유리 기판은 크기가 커져 회전하기 쉽지 않고 또한 파손의 위험이 매우 높은 편이기에 주의하여야 한다. 일반적으로 기판이 4세대 이하일 경우에는 스핀 코팅을 사용하고, 이상일 경우에는 스핀리스 코팅(spin-less coating)을 사용한다. [그림 6-10]에서는 소형 유리 기판을 사용할 경우에 적용되는 반도체 웨이퍼 공정과 유사한 스핀 코팅법을 보여주고 있으며, [그림 6-11]에서는 대형 유리 기판에서 주로 사용하는 스핀리스 코팅법을 보여준다.

감광제 코팅에 영향을 미치는 요소로는 시간, 속도, 두께, 균일도, 파티클, 결함 등이 있으며, 감광제의 점성, 고형분의 함유, 유기 용매의 휘발성 등이 포함된다.

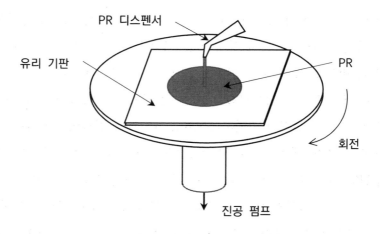

그림 6-10 ▶ 스핀 코팅법

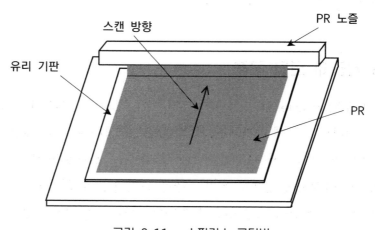

그림 6-11 ▶ 스핀리스 코팅법

수형 유리 기판에서 적용하는 스핀 코팅법의 경우에는 기판 중앙 상부에 PR 디스펜서(photoresist dispenser)에서 액상의 PR이 노즐을 통해 기판으로 공급되어 회전으로 기판에 균일하게 퍼진다. 감광제의 두께와 균일도는 회전 속도(RPM)와 시간으로 제어하게 된다. 일반적으로 스핀 코팅의 회전은 기판에 감광제를 고르게 분포시키기 위해 초기에는 저속 코팅(200~2,000 rpm)으로 회전시켜 퍼뜨린다. 그리고 연이어 고속 코팅

(3,000~8,000 rpm)으로 회전 속도를 증가시키는 스핀업(spin-up)으로 가속시켜 두께와 군일도를 조절하여 코팅을 수행하게 된다. 기판의 중심에서 공급된 감광제는 대부분 기판에 코팅되지만, 초과된 감광제는 원심력을 통해 기판 밖으로 떨어져 나가게 되고, 이러한 과정에 일부 감광제는 유리 기판의 가장자리와 심지어 뒷면에 남아 기판이나 장비의 오염에 문제를 발생시키기 때문에 EBR(edge bead removal) 공정을 이용하여 솔벤트(solvent)를 뿌리면서 감광제를 제거한다.

[그림 6-11]에서와 같이 대형 유리 기판의 경우에는 스핀 코팅을 이용하여 회전시킬 수 없기 때문에 변형된 방식의 스핀리스 코팅법을 이용하여 감광제를 고르게 도포하는 공정을 적용한다. 그림에서 보듯이 긴 슬릿(slit) 노즐을 통해 감광제를 살포하면서 아래에 유리 기판이 이동하여 감광제를 스캔하게 된다. 이때, 노즐의 크기, 살포되는 토출량과 이동하는 스캔 속도 등으로 감광제의 두께와 균일도를 제어한다. 스핀리스 코팅법은 대형 유리 기판을 회전운동 없이 빠르게 살포할 수 있고, 도포과정에서 버려지는 감광제가 없어 EBR 공정을 필요로 하지 않는다는 여러 가지의 이점을 가진다.

6.3.4 소프트 베이크(SOB; soft bake) 공정

소프트 베이크는 액상의 감광제를 유리 기판에 도포한 후에 감광제에 포함된 유기 용매를 제거하기 위해 적용하는 공정이다. 유리 기판을 핫플레이트에 올려 가열하면 잔류하는 유기 용매가 제거되며, 이와 같은 과정은 일반적으로 100℃에서 대략 30초 정도를 적용한다. 소프트 베이크를 통해 감광제와 유리 기판의 접착력을 향상할 수 있지만, 처리 온도와 시간이 적절하지 못할 경우에는 감광제가 벗겨지는 필링 오프(peeling-off) 현상이 발생하여 미세 패턴에 문제를 야기하기도 한다. 또한 처리 시간과 온도가 과도할 경우에는 감광제의 고분자 사이에 결합력이 강해져 노광 시

간이 증가하거나 경우에 따라 공정 이후에 감광제가 잔류할 수 있는 문제
발생할 수도 있어 주의를 기울여야 한다.

소프트 베이크 공정을 통해 감광제 내부에 유기 용매를 제거하게 되면
일반적으로 감광막의 체적이 감소하게 되며, 고상으로 변화되면서 기판과
의 접착력을 개선하게 된다. 또한 감광제 성분 중에 빛에 감응하는 역할을
수행하는 PAC(photoactive compound)를 초기화하게 된다.

6.3.5 PEB(post exposure bake) 공정

PEB 공정은 노광 공정 이후에 적용하는 베이크 공정으로 마스크를 이
용하여 패턴에 의해 노광 후에 발생한 화학적인 반응을 안정화하는 단계
이다. 노광 공정에서 자외선 저항에 필요한 100~110℃ 사이의 온도로 가
열하여 베이크하게 되면 감광제를 안정화시켜 유리 기판에 부착력을 개선
하며 노광과 비노광 부분 사이의 용해도 차이를 증폭할 수 있다.

이미 6.2절의 노광 공정에서 기술하였듯이, 노광기의 광원에서 단파장이
감광막에 입사하게 되면 입사한 빛과 하부막에서 반사하는 빛이 간섭
(interference)을 통해 정상파(standing wave)가 만들어질 수 있으며, 이는 현
상(develop) 공정에서 감광막에 정상파의 형상을 남기게 된다. 이와 같은 정
상파 효과를 방지하기 위해 노광 이후에 베이크하는 PEB 공정을 통해 감
광막 내에 광반응 성분(PAC)을 확산시켜 정상파 현상을 방지할 수 있고, 결
정화를 촉진할 수 있다. 즉, 베이크 공정을 이용하여 감광막을 안정화시키
면 현상 공정에서 사용하는 현상액에 대한 내구성을 향상시키게 되어 용해
도를 낮출 수 있고, 현상 이후에 패턴의 균일성을 증가시킬 수 있게 된다.

6.3.6 현상(develop) 공정

현상 공정은 마스크의 패턴에 의해 노광된 부분과 노광되지 않은 부분
의 용해도 차이를 이용하여 현상액(developer)을 통해 원하지 않는 부분을

선택적으로 제거하는 공정이며, 기판 표면의 감광막 패턴을 발생시키는 품질 측정의 척도이기도 하다. 현상 공정에서 적용하는 방법으로는 [그림 6-12]에서 나타내는 바와 같이 딥(dip) 방식, 스프레이(spray) 방식과 퍼들(puddle) 방식 등이 있다. 먼저 딥 방식은 현상액이 채워져 있는 배쓰(bath)에 유리 기판을 넣어 현상하거나 컨베이어(conveyer)로 이송하면서 현상하는 방법이다. 스프레이 방식은 유리 기판이 컨베이어 벨트를 통해 이송되는 과정에 노즐(nozzle)을 이용하여 현상액을 살포하는 방법이다.

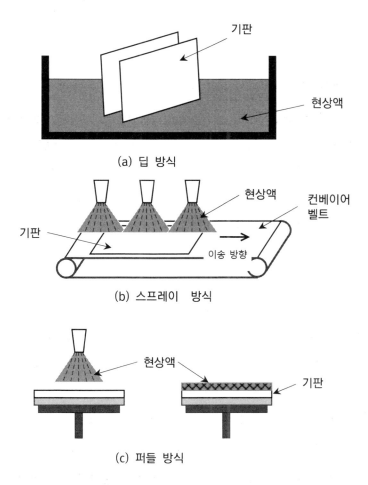

(a) 딥 방식

(b) 스프레이 방식

(c) 퍼들 방식

그림 6-12▶ 다양한 현상 방법

그리고 퍼들 방식은 유리 기판에 현상액을 분사하여 공급하고 표면 장력으로 일정 시간 유지하면서 현상하는 방법이다. 이와 같은 현상 결과는 노광 시간과 prebake 온도, 현상액 온도, 현상 온도, 현상 시간 등에 의해 결정된다.

현상 공정에서 사용되는 현상액은 다양한 종류가 있으며, 현상액은 노광 공정 이후에 발생한 화학적 반응을 안정화시키고 패턴을 형성하는 역할을 한다. 디스플레이 제조 공정에서 요구 사항에 따라 다양한 현상액이 개발되었으며, 아래에 일반적으로 사용되는 현상액의 주요 종류를 나열한다.

1) 양성 현상액(positive developer)

감광액은 빛의 반응에 따라 양성(positive) 방식과 음성(negative) 방식으로 분류하며, 양성 현상액은 주로 양성 사진방식에서 사용된다. 양성 방식은 노광된 부분을 제거하고 나머지 부분을 보존하여 원하는 패턴을 형성한다. 일반적으로 사용되는 현상액으로는 TMAH(tetramethylammonium hydroxide) 2.38%의 수용액을 사용한다.

2) 음성 현상액(negative developer)

음성 현상액은 음성 감광액 방식으로 개발되었으며, 빛이 노광되지 않은 부분을 제거하고, 나머지 부분을 보존하여 원하는 패턴을 형성한다. 음성 현상액으로는 Sodium Hydroxide(NaOH) 기반으로 구성된다.

3) 금속 이온 방지 현상액(metal ion-free developer)

금속 이온의 포화를 방지하기 위해 사용되며, 반도체 품질을 향상시키기 위해 사용된다. 반도체 소자에 금속 이온의 영향을 최소화함으로서 반도체 소자의 성능과 신뢰성을 향상시킨다.

6.3.7 하드 베이크(hard bake) 공정

현상 공정이 완료되면 하드 베이크 공정을 통해 기판 표면에 패턴화된 감광막의 부착력을 개선하고, 남아 있는 감광제의 용매를 완전히 제거하기 위한 공정이다. 또한 이어지는 식각 공정이나 이온주입 공정을 위해 감광막의 결합력을 강화시켜 패턴의 안정화와 내구성을 개선하는 중요한 공정이다.

6.3.8 트랙 장비의 구성

[그림 6-13]에서는 대표적인 포토 트랙 시스템 장비를 보여준다. 트랙 시스템 장비는 디스플레이 전공정에서 박막 트랜지스터(TFT)를 형성하기 위해 유리 기판을 로딩하여 세정, 코팅, 노광 및 현상 공정 등을 진행하기 위한 장비이다. 트랙 장비는 기판에 감광제를 코팅하는 기능과 노광이 완료된 기판을 현상하여 PR 패턴을 만들어내는 기능을 가진다.

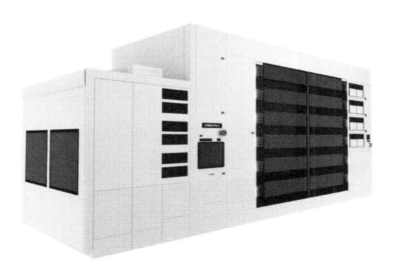

그림 6-13 ▶ 대표적인 트랙 장비

이러한 기능을 위해 기판의 표면 처리, 감광제, 현상액(developer), 제거제(remover), HMDS, 초순수(DI water) 및 기타 보조약액(BARC, TARC 등)을 분사하고 처리할 수 있도록 구성되어 있다. 이러한 트랙 장비의 구성은 기능적으로 구분하면 PR 코팅과 현상 처리가 가능한 스핀(spin)부, 열처리가 가능한 핫플레이트(hot plate)로 이루어진 베이크(bake)부, 약액과 초순수를 공급하는 필터와 노즐(nozzle)부, 기판을 이송하고 수납하는 로봇(robot) 및 색인(indexer)부로 나누어 구분한다.

트랙 시스템 장비의 동작은 원래 기판을 한 매씩 순서대로 처리할 수 있는 구조를 가지며, 공정 처리가 정해진 트랙을 따라 유리 기판이 한 매씩 이동하면서 진행되는 구조이다. 그러나 기판의 세대가 증가함에 따라 생산성 향상과 공간 활용의 극대화를 위해 로봇을 이용한 기판 배분으로 코팅하고, 현상 공정 처리가 가능한 장비로 구성된다.

트랙 시스템 장비를 통해 포토 공정이 완료되면 패턴의 정확성을 확인하기 위해 반드시 검사(inspection)가 진행된다.

▌참고문헌

- 김억수 외, "디스플레이 공학개론", 텍스트북스, 2014.
- 김학동, "반도체공정", 홍릉과학, 2008.
- 황호정, "반도체 공정 기술", 색능, 2003.
- 임상우, "반도체 공정의 이해", 청송, 2018.
- 김학동 외, "반도체 공정과 장비의 기초", 홍릉과학, 2012.
- 김학동, "반도체 공정", 홍릉과학, 2008.
- 최재성, "반도체 공정장비 공학", 북스힐, 2021.

CVD
(chemical vapor deposition)

07

7.1 CVD 개요

CVD(chemical vapor deposition)를 간략히 정의하면, 고체나 액체 물질을 기체 상태로 증착시키는 공정이라 하며, 화학적 증기 증착법이라 한다. CVD는 반도체, 디스플레이, 박막 코팅, 나노기술 등 다양한 분야에서 박막 증착을 위해 사용하는 매우 중요한 제조 공정 기술이다. 이 공정은 기체 물질을 화학적 반응을 통해 표면에 증착시키는 방식으로 박막을 형성할 수 있다.

CVD의 주요 특징과 과정은 다음과 같다.

❶ **화학적 반응 기반** : CVD는 기체 상태의 전구체가 화학적인 반응을 통해 고체나 박막으로 변화되는 공정이다. 이리한 반응은 전구체 분자들이 표면에 흡착되어 화학적으로 반응하고 증착하는 방식으로 이루어진다.

❷ **압력과 온도의 영향** : CVD는 일반적으로 고온 고압 환경에서 진행되는데, 압력과 온도는 반응 속도, 증착 속도와 박막 특성 등에 영향을 미치며, 이러한 요소를 조절하여 원하는 증착 결과를 얻을 수 있다.

❸ **전구체와 반응 매개체** : CVD에서는 전구체라 불리는 기체 혹은 액체 물질과 반응 매개체가 필요하다. 전구체는 증착하고자 하는 물질을 포함하며, 반응 매개체는 반응을 촉진하거나 조절하는 역할을 한다.

❹ **박막 형성** : CVD는 다양한 기체 혹은 액체 물질로부터 다양한 박막을 형성할 수 있다. 반도체 소자의 증착, 투명 박막의 형성이나 보호 코팅 등 다양한 응용에서 폭 넓게 적용된다.

CVD는 반도체 및 디스플레이 산업을 비롯하여 다양한 응용기술 분야의 제조 공정에서 중요한 역할을 수행하며, 나노기술과 미세 가공 분야에서도 널리 사용되는 공정 중 하나이다.

7.1.1 CVD 기본 원리

화학적 증기 증착법은 외부와 차단된 반응실 안에서 기판 위에 원하는 물질을 기체로 공급하여 열, 플라즈마(plasma), 자외선(UV), 레이저(laser), 또는 임의의 에너지에 의하여 열분해를 일으켜 박막을 증착하는 합성 공정이다.

화학적 기상증착 기본적인 과정을 살펴보면, 반응 물질(reagent)을 기판으로 이송되고, 진공조 내에서 기체가 반응하여 박막 재료 물질(precursor)과 부산물(by-product)이 생성되며, 박막 물질 재료는 기판 표면으로 이동한다. 이동된 재료는 기판 표면에 흡착(adsorption)되어 기판 위에서 확산(diffusion)하면서 박막 성장이 일어나는 곳으로 이동하고, 표면에 핵생성(nucleation)이 일어나면서 성장이 시작되고 부산물은 떨어져 나간다.

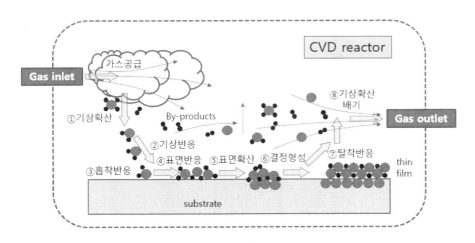

그림 7-1 ▶ CVD 증착과정

원료로 사용하고자 하는 기체는 최소한 밀폐된 용기 내에서 일정 기간 동안 보관할 수 있을 정도로 안정해야 한다. 바꿔 말하면, 제한된 조건(온도, 압력, 분위기 등) 하에서만 반응을 해야지 그렇지 않을 경우에는 설비 구석구석에 마치 때가 끼듯이 박막이나 분말로 덮여 버릴 것이다. 반대로 이러한 기체분자들은 코팅하고자 하는 기판 표면에 적절한 조건이 조성되지 않으면 원하는 화학반응을 일으키지 않을 것이고 결국 제대로 된 박막이 형성될 수 없다.

화학적 기상증착의 필수 구성 요소로는 원하는 박막을 형성하기 위한 반응 기체(gas), 반응에 필요한 에너지(energy), 조건에 맞는 구조를 갖는 반응실(chamber), 적절한 압력, 온도, 농도, 잔류 기체 및 부산물을 배출 기능을 할 수 있는 장치가 필요하다. 박막을 입힌 후에 확인해야 할 사항은 두께 및 성분의 균일성, 박막과 기판의 접착력(adhesion), 재현성, 불순물 정도, 단차(step coverage) 형성의 용이성 등이 있다.

화학적 증착을 많이 사용하는 이유는 거의 대부분 재료 위에 적용이 가능하고, 또한 기판 표면의 형태가 다양하더라도 균일하게 박막을 입힐 수 있기 때문에 박막을 증착하면서 구성 성분을 조절하기 쉽다. 미세한 구조를 갖는 구조에도 적용이 가능하며, 박막층이 성장하면서 치밀하게 증착되고 순도 역시 조절이 가능하다. 반면에, 화학적 반응을 이용하므로 기판의 안정성을 고려해야 하고, 기판과 증착 물질 간의 열팽창 계수가 다를 경우 응력을 받기 때문에 증착과정에서 이를 고려해야 한다. 증착 시에 부수적으로 발생하는 부산물이 대부분 화학 물질이어서 독하고, 부식성이 강하므로 이를 처리하는 비용이 비싸다.

화학적 기상증착의 적용분야를 살펴보면 다음과 같다.

❶ 반도체 산업 분야의 요소 생산에 우수한 화학적 기상증착법에 의해 산화막, 질화막, 금속 실리사이드(silicide) 및 다양한 박막 물질 증착

❷ 향상된 마모 저항성을 지닌 공구, 부싱(bushings) 등에 적용하여 내마모성 강화

❸ 음향 기기의 성능 향상을 위해 진동판을 다이아몬드 박막을 사용

❹ 이리듐을 로켓(rocket) 노즐(nozzle)로 얇게 박막을 입혀 고온에서 내부식성 향상

7.1.2 CVD의 구성

CVD 공정을 위한 장비의 구성은 매우 다양한 형태가 존재하게 되며, 동작 원리나 환경의 차이에도 불구하고 일반적으로 [그림 7-2]와 같이 공통적인 구성요소를 갖는다. 실제로 화학반응이 일어나 박막 증착이 이루어지는 반응 반응실(chamber)을 중심으로 원료 기체를 공급하는 공급부(gas inlet), 반응이 일어난 기체 및 부산물을 외부로 배출하는 배기부(exhaust), 기판을 고정하고 기판의 위치를 조정하는 지지부(substrate holder), 반응에 필요한 에너지를 공급하는 전원인 에너지부(energy source) 등이 연결되어 있다. 공급부는 다시 기체를 저장용기에서 반응실로 밀어내는 압력을 조절하는 조정기(regulator), 반응실로 공급되는 각각의 기체의 유량을 조절하는 질량유량 제어기(MFC; mass flow controller) 및 길목마다 흐름을 제어하는 각종 밸브(valve) 등으로 구성되어 있으며, 배기부는 배기되는 양을 조절하는 배기 밸브(exhaust valve)와 진공펌프 등으로 구성된다. 기판 지지부는 진공흡입, 클램프, 전자기력 등의 방법으로 기판을 고정하며, 히터가 장착되어 기판의 온도를 조절하기도 하고, 플라즈마를 이용하는 경우 전극 역할을 수행하기도 한다.

(a) CVD 구성 요소

$$\alpha \,\text{[Gas]} + \beta \,\text{[Gas]} + \cdots \xrightarrow[\text{반응 Energy}]{} \text{A [Solid]} + \underbrace{\text{B [Gas]} + \cdots}_{\text{By-Product}}$$

반응 Energy
(열, 플라즈마, 빛 (UV or LASER), 또는 임의의 에너지)

(b) CVD의 반응식

그림 7-2 ▶ CVD의 구성

CVD 장치 내에서 박막이 형성되는 과정을 간략히 기술하면, 우선 원료로 사용하고자 하는 기체는 최소한 밀폐된 용기 내에서 일정 기간 동안 보관할 수 있을 정도로 안정되어야 한다. 다시 말하면, 온도, 압력, 분위기 등과 같은 제한된 조건 하에서만 반응을 하여야 하며, 그렇지 않을 경우에는 반응실 구석구석에 붙어서 박막이나 분말로 덮여 버릴 것이다. 반면에 기체 분자들은 증착하고자 하는 기판 표면에 적절한 조건이 조성되지 않으면 원하는 화학반응을 일으키지 않을 것이고, 결국 제대로 된 박막이 형성될 수 없다.

[그림 7-1]에서 보듯이, 외부로부터 장비 안으로 공급된 원료 기체는 가스 실린더에서 밀어내는 압력과 진공 펌프의 배기압력의 조합에 의해 기판 표면 바로 위에 공간을 흘러가게 된다. 열, 빛이나 전기장 등의 형태로 에너지를 공급하여 기체분자를 이온화하거나, 높은 에너지 상태로 여기(excite)시켜서 자발적으로 화학 반응을 일으킬 수 있는 상태로 활성화하는

데, 이와 같은 상태를 반응기(radical)라고 한다. 즉, 원래 안정한 중성 분자
들이 에너지를 받아 결합의 일부가 끊어지면서 불안정해지면, 다른 것들
과 빨리 반응해서 안정한 상태로 돌아가려는 경향을 갖게 되는 것이다.
CVD 증착 기술의 원리는 공정 조건에 따라 이러한 영역에서 radical들끼
리 기상 반응이 일어나기도 하고, 대류나 확산에 의해 기판 표면으로
radical들이 운반되어 표면 반응이 일어나기도 한다. 기판 표면으로 운송
된 radical들은 물리적으로 흡착되거나 기판 표면의 원자들과 화학결합을
형성하며, 경우에 따라 표면을 따라 이동하여 최적의 위치를 찾아 안정된
연속적인 그물 구조(network)를 형성한다. 이와 같은 과정에서 불완전하게
결합된 원자 또는 화학반응의 부산물(by-product)들은 다시 탈착되어 이미
언급한 기체의 흐름 속으로 들어가고 진공펌프에 의해 외부로 배기된다.

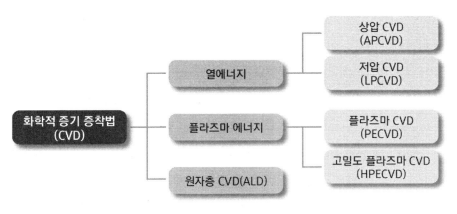

그림 7-3 ► CVD의 종류

7.1.3 CVD의 종류

CVD를 쉽게 표현하면, 기본적으로 유체에 의해 분자나 이온들이 운
반되어 와서 기판 위에 고체의 박막 층을 형성하는 것이다. 증기 혹은 기
상이란 말은 박막을 만드는 데 필요한 원소를 포함하는 유체는 기체상태
가 될 것이다. 화학적이란 의미는 화학적 반응을 통하여 원료 기체 내에

포함되어 있던 원소들이 화학반응을 거쳐 고체로 변하는 것을 뜻한다. 즉, 단순히 물리적 변화만을 일으키는 물리적 증기 증착법(PVD)과 대비되며, CVD에서는 원료 기체의 조성과 박막이 서로 다른 화학적 조성을 갖게 된다.

CVD에서 화학 반응이 바르게 일어나기 위해서는 여러 가지 공정 조건과 분위기가 정밀하게 조절되어야 하며, 원료 기체가 자발적으로 화학 반응을 일으킬 수 있도록 활성화시키는 에너지를 공급하여야 한다. 일반적으로 CVD라 부르는 박막 증착법은 이러한 조건들을 최적화하기 위해 장비를 설계하고 구성함에 따라 다양하게 세분화되며, 중요하다고 고려되는 요소를 일컬어 이름을 짓게 되고, CVD에 접두어로 붙은 단어들을 살펴보면 각각의 기술에 대한 원리나 특징 등을 파악할 수 있다. 예를 들어, 수~수백 mTorr의 낮은 압력을 이용하는 기술은 저압 CVD(LPCVD), 플라즈마를 이용하여 원료 기체를 활성화하는 증착 기술은 플라즈마 CVD(PECVD), 금속 원소에 유기물 반응기가 결합된 형태의 기체 분자를 원료로 사용하는 증착 기술은 metal-organic CVD(MOCVD) 등으로 부른다.

CVD의 종류를 분류하면, 열기상 증착법(Thermal CVD), 저압 CVD(Low Pressure CVD), 플라즈마 CVD(Plasma Enhanced CVD, PECVD) 등이 있으며, 이러한 종류에 따라 공정 파라미터와 결과가 달라진다. 화학적 기상증착에서 진공조 내의 반응 조건에 따라 (주로 진공도) 크게 3 가지로 구분할 수 있다. 이들 각 3 가지 기법에 따른 설비의 장치 구성도 많은 차이점을 가지고 있다.

❶ 상압 화학기상 증착법(APCVD: atmospherc pressure chemical vapor deposition)은 진공조의 진공도를 대기압 상태에서 실시하며, 주로 열(Heat)에 의한 에너지에 의존한다.

❷ 저압 화학기상 증착법(LPCVD: low pressure chemical vapor deposition)은 챔버의 진공도가 저압이며, 고열에 의한 에너지 반응을 유도한다.

표 7-1 ▶ 산화막 증착법과 용도

종류	증착법	공정온도℃	생성법	적용 분야
LTD (저온 산화막)	APCVD	400~450	$SiH_4+O_2 \rightarrow SiO_2+H_2O \uparrow$	층간절연층(dielectric) 측벽(sidewall)
		400	$Si(OC_2H_5)_4+O_2 \rightarrow SiO_2 +CO_2 \cdot H_2O$	
	LPCVD	400~450	$SiH_4+N_2O \rightarrow SiO_2+N_2 \uparrow +H_2O \uparrow$	절연층(dielectric)
	PECVD	380~400	$Si(OC_2H_5)_4+O_2/O_3 \rightarrow SiO_2+CO_2 \cdot H_2O \uparrow$	절연층(dielectric)
HLD (고온, 저압산화막)	LPCVD	680~720	$Si(OC2H5)4+O_2 \rightarrow SiO_2+ CO_2 \cdot H_2O \uparrow$	층간절연층(dielectric)
HTO (고온 산화막)	LPCVD	720~780	$SiH_4+N_2O \rightarrow SiO_2+N_2 \uparrow +H_2O \uparrow$	층간절연층(dielectric) 측벽(sidewall)
		860~940	$SiH_2+Cl_2+N_2O \rightarrow SiO_2 +N_2 \uparrow +HCl \uparrow$	층간절연층(dielectric) 측벽(sidewall)

❸ 플라즈마 화학기상 증착법(PECVD: plasma enhancement chemical vapor deposition)은 챔버의 진공도가 저압이며, 저열에 의한 에너지와 RF에 플라즈마로 반응을 유도한다.

화학적 기상 증착법으로 도포되는 박막의 종류는 산화막, 질화막, 폴리실리콘과 금속 박막으로 나누어진다. 표 7-1에서는 산화막 증착 조건과 사용되는 적용 분야가 주어져 있다. 다결정 실리콘(poly-si)은 특성 전극과 배선으로 사용 가능하지만, 자체 저항이 높기 때문에 도핑(doping)하여 저항값을 낮춘다. SRAM 제조과정에서 셀(cell) 저항으로 사용하기도 한다. 또한 pn 접합 다이오드 형성 시에도 이용되고, 단차 특성이 우수하기 때문에 저장 커패시터(storage capacitor)에도 쓰이고 있다.

7.2 상압 CVD(APCVD)

상압 화학기상 증착법(APCVD)은 대기압에서 증착이 이뤄지기 때문에 제작이 용이하며 박막 형성이 빠르다. 하지만 반응 기체에 의한 오염이 발생할 수 있고, 단차 특성이 좋지 않다. 상압 화학기상 증착법은 초기의 화학기상 증착법이며 주로 실리콘 산화막 증착에 사용되고 있다. 상압 화학기상 증착 장비들의 공통적인 요소들은 [그림 7-4]에서 보여준다.

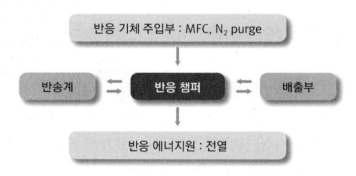

그림 7-4 ▶ 상압 화학적 기상 증착시스템의 기본 구조

일반적으로 박막이 빠르게 형성되면 결정이 비정질 상태에서 원자 배열이 충분한 시간을 갖지 못하므로 불완전하게 형성되는 경향이 있다. 빠른 성장에 따른 불완전성은 전자 소자의 특성에 악영향을 주지만 때로는 결정들의 불규칙성이 운반자(carrier)들의 농도를 늘리거나 투명 전도성 특성에 도움을 주기도 한다.

진공조 내의 압력은 전체 압력과 부분 압력으로 나누어 고려해야 하는데 화학 반응 속도에 기여하는 것은 반응에 관여하는 성분의 분압이다. 분압을 크게 하면 막 성장 속도를 크게 하지만 전체 압력은 거의 영향을 주지 않는다. 종종 분압이 크게 하더라도 성장 속도가 증가하지 않는 경우가 있는데, 이유는 반응 기체가 일정한 조건에서 입자 생성으로 인해 기판 근처의 분압이 실제적으로 증가하지 않았기 때문이다.

1) 고온벽(hot-wall) 상압 CVD

고온의 열에너지를 이용하여 챔버 내에 주입된 반응 기체의 화학적 분해 및 결합을 유도하여 화학 반응을 일으켜 기판 위에 박막을 증착시킨다. 일반적으로 반도체 단결정 성장에 많이 이용한다. 양질의 반도체 단결정을 생성하기 위해서는 고온 화학적 기상 증착법으로만 가능하다. 이러한 진공조는 고온벽과 저온벽 두 가지 종류로 분류한다.

고온벽은 일반적으로 관 모양으로 되어 있으며 반응기 주변에서 저항체로 기판뿐만 아니라 진공조 전체를 가열한다. 진공조 내는 소스(source) 영역과 반응 영역으로 나눈다. 박막의 형성되는 기판은 비교적 고온으로 유지ㄴ한다. 반응기의 주입되는 반응 기체의 유량, 온도를 조절하여 박막의 조성, 도핑 농도, 두께를 정밀하게 조절할 수 있으며 전자 소자 제작 시 다층 구조의 박막을 형성할 수 있다.

2) 저온벽(cold-wall) 상압 CVD

저온벽 진공조는 고온벽과 달리 전체적으로 가열하는 것이 아니라 기판만을 부분적으로 가열한다. 단결정 에피 성장에 많이 사용한다. 기판은 열전도가 높은 박막을 입힌 서셉터(susceptor)에 올려놓고 유도열이나 저항열로 가열한다.

3) 저온 상압 CVD

전자 소자 제조 시에 공정 온도가 높으면 소자의 성능에 좋지 않은 영향을 줄 수 있다. 또한 공정 높은 온도에서 공정을 진행하면 그에 따른 비용도 증가한다. 이를 개선하고자 낮은 온도에서 반응을 하는 물질을 이용하여 공정 온도를 600℃ 이하에서 증착하는 방법이다. 반도체 집적 회로에서 많이 쓰이는 물질인 실리콘 산화막, PSG(phosphosilicate), BPSG (boronphospho-silicate), 실리콘 질화막(Si_3N_4)을 증착하는데 많이 쓰인다. 일반적으로 산화막은 325℃에서 사용하고, 450℃에서는 사일렌 (SiH_4) 기체와 산소(O_2)기체 반응에 의해 증착한다. PH_3를 이용하여 PSG 를 제조할 수 있으며 PH_3와 B_2H_6를 이용하여 BPSG를 성장시킬 수 있다. 산화막을 만들기 위해서 낮은 온도에서 분해가 가능한 테오스(TEOS: tetraethylorthosilicate)와 오존(O_3)를 사용하기도 한다.

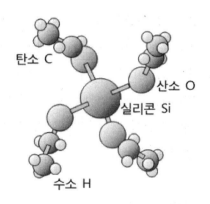

탄소 C
산소 O
실리콘 Si
수소 H

그림 7-5 ▶ TEOS 구조

4) 금속 유기 CVD

금속 유기 CVD(metal organic CVD; MOCVD)법은 여러 가지 무기물질의 박막 제조에 있어서 가장 널리 쓰이고 있는 방법이다. 금속 유기 화학기상 증착의 응용 범위는 반도체와 같은 마이크로 전자 소자의 제조에서 촉매 및 동위원소 운반체 제조에 이르기까지 매우 다양하다. 이러한 금속 유기 화학기상 증착 공정에 이용되는 전구체(precusor)는 휘발 온도가 낮고, 기화 특성이 우수하며, 박막을 증착할 때에 불순물이 남지 말아야 한다.

금속 유기 CVD의 장치는 크게 5 개의 부분으로 구분할 수 있다. 저장기(reservoir), 기체 이송과 혼합 장치, 증착 장치, 펌핑 장치, 화학물 배기 장치(scrubbing system)로 구성되어 있다. 저장기는 화학적 전구체와 운송 기체를 포함하는 장치이다. 저장기는 기체를 위한 압력통과 고체를 위한 용기 등이 있다. 기체 운송과 혼합 장치는 저장기로부터 화학 물질을 이송 하는데 필요하고 혼합시키는 장치이다. 반응물은 펌핑 작용으로 진공조 내로 유입된다. 펌핑 장치는 진공조 내의 압력을 조절하고 배기를 위한 장 치이다. 화학물 배기 장치는 기체를 밖으로 내보내기 전에 처리하는 장치 이다. 박막의 조성과 증착 속도는 여러 가지 전구체의 분압과 박막의 증착 되는 곳의 온도와 반응기를 통해서 기체의 흐름 방식에 의해 정해진다.

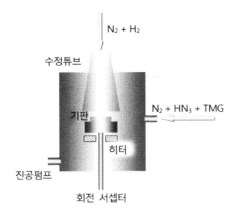

그림 7-6 ▶ 갈륨 나이트라이드(GaN) 증착을 위한 MOCVD

7.3 저압 CVD(LPCVD)

저압 CVD 장치에서 기체 흐름 장치와 기체 배기 장치는 대기압 화학기 상 증착 장치와 비슷하다. 진공조는 일반적으로 저항 가열로(furnace) 안에 놓여진다. 낮은 압력을 허용하기 위하여 장착시키는 진공 통로(port)를 가지고 있다. 반응 생성물과 사용되지 않은 기체들은 진공 펌프로 반응로 바깥으로 배출된다.

저압 화학기상 증착 장치에서의 증착 변수는 질량 전달에 직접적인 관계가 있는 온도와 진공이다. 저압 화학기상 증착 장치의 표면 반응에 온도와 진공의 질량 전달은 비례적이라 할 수 있다. 저압 화학기상 증착 장치의 전형적인 구성 개략도는 [그림 7-7]에 나타낸다.

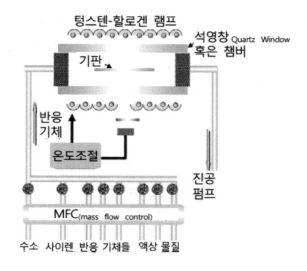

그림 7-7 ▶ 저압 CVD 장치의 개략도

저압 화학기상 증착은 저온, 정압 공정으로 반응로와 기판으로부터 자동 도핑을 감소시킬 수 있다. 저온 공정이 가능하며 미리 형성된 불순물(dopant) 분포의 유지가 가능하다. 넓은 면적을 균일하게 증착시킬 수 있으므로 값싼 공정이 가능하다. 동일 기판 또는 기판 간의 두께와 저항 균일도가 우수하다. 저압 화학기상 증착에서 진행되는 주요 박막들은 다음과 같이 표 7-2에서 보여준다.

표 7-2 ► 산화막 증착법과 용도

박막	반응기체	공정온도
에피 실리콘	SiH_2CL_2, H_2	1,000 ~ 1,075℃
폴리 실리콘	SiH_4	600℃
실리콘 질화막	SiH_4, H_2 SiH_2Cl_2, NH_3	600℃ 800℃
실리콘 산화막	SiH_4, O_2	450℃

7.4 플라즈마 CVD(PECVD)

플라즈마 CVD는 낮은 압력 하에 글로우 방전을 이용하여 화학 반응을 촉진시키고, 열적 반응만 있을 때보다 낮은 온도에서 플라즈마를 활용하여 저온에서 공정이 가능한 화학기상 증착법이다. 플라즈마 물리나 플라즈마 화학은 고압 영역으로부터 글로우 방전, 불꽃 방전, 태양 코로나 등에 이르는 광범위한 상태를 다루고 있다. 용기 내의 기체 분자에 전기장을 걸고 압력 0.01~1 torr 범위에서 발생한다. 플라즈마는 기체 분자가 기저 상태나 여기 상태에서 전자, 이온, 분자에 이르는 여러 종류의 반응성이 큰 물질들이 공존하는 상태이다.

분자들 자신은 주위 온도에 가까우나 유효 전자 온도는 1~2배 이상으로 높을 수 있으며, 더 높은 에너지를 갖는 전자들을 대개의 경우 높은 온도에서 쉽게 발생시킬 수 있기 때문에 고온에서 화학기상 증착법에 적용된다. 최근에는 높은 온도에서의 공정으로 박막이 형성되면 하부층의 박막들에 손상을 일으켜 소자에 이상을 초래할 수 있다는 단점 때문에 손상을 주지 않는 낮은 온도에서 층간 절연막 내지 보호막을 형성할 수 있는 플라즈마 화학적 증기 증착법이 각광받고 있다.

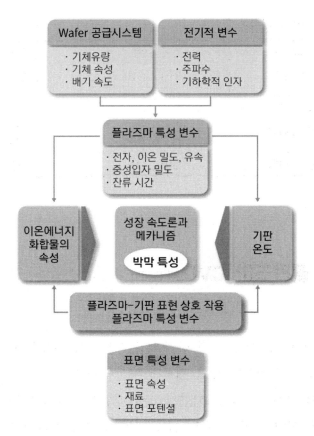

그림 7-8 ▶ 플라즈마 CVD에 영향을 주는 인자

증착 시 반응 진공조 내에서 전기적 변수, 속도론적 변수, 플라즈마 변수에 의해 특성이 결정된다. 플라즈마 화학기상 증착에서 플라즈마 형성에 따른 반응물들이 반응 속도론(kinetics)이 중요하다. 플라즈마 형성에 따라 일어나는 반응은 이온화(ionization), 여기(excitation), 해리(dissociation) 등이 있으며, 이로 인해 다양한 반응 물질들이 발생함으로 증착에 중요한 역할을 하는 반응 물질은 라디칼(radical)이다. 이에 따른 전자와 반응 기체의 충돌에 따른 반응 속도식은 다음과 같다.

$$\frac{d[A^*]}{dt} = K[A][n_e] \tag{7-1}$$

단, [A]는 반응 기체의 분자 농도, [n_e]는 전자의 농도이다. 속도 상수 K는 다음과 같이 주어진다.

$$K = \int_0^x (E/m)^{1/2} \delta(E) f_e(E) d(E) \tag{7-2}$$

단, E는 전자의 에너지, m은 전자의 질량, $\delta(E)$는 충돌 단면적, $f_e(E)$는 전자 분포 함수이다.

플라즈마 화학적 증기 증착(PECVD) 과정을 살펴보면, 다음과 같다.

❶ 진공조 내로 반응 기체가 유입된다.

❷ 강한 전기장을 인가하면 플라즈마가 형성되며 높은 에너지를 갖는 전자, 양이온, 라디칼을 생성한다.

❸ 기판 위로 반응 기체들의 확산이 일어난다.

❹ 양이온, 라디칼, 원자, 분자의 흡착이 일어난다.

❺ 기판 표면에서 반응 생성물의 축적되면서 박막의 성장하고 부산물이 탈착된다.

❻ 부산물과 반응 기체들의 배기된다. 이와 같은 반응들은 동시에 일어나며 이 과정 중에 가장 속도가 느린 과정에서 반응 속도가 결정된다.

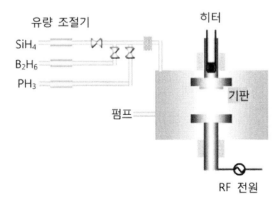

그림 7-9 ▶ 플라즈마 CVD 장치의 개략도

저온 플라즈마 화학기상 증착 시스템은 낮은 압력에서 직류나 RF(13.56 MHz), 마이크로파(2.54 GHz)의 전자파를 이용한다. 기본적인 구성은 플라즈마 발진부, 플라즈마 형성 영역, 진공 장치, 기체 공급 장치, 압력 및 온도 측정 부분으로 되어 있다.

7.5 원자층 CVD(ALD)

원자층 화학 증착법(atomic layer chemical deposition 혹은 원자층 증착)은 기판 표면에서 한 원자층의 화학적 흡착 및 탈착을 이용한 나노(10^{-9}m) 수준의 박막 증착 기술이다. 원자층 화학 증착법은 각 반응 물질들을 개별적으로 분리하여 펄스(pulse) 형태로 진공조에 공급하여 기판 표면에서 반응 물질의 자기 제어(self-limited) 반응에 의한 화학적 흡착 및 탈착을 이용한 새로운 개념의 박막 증착기술이다.

원자층 화학 증착법은 1973년 핀란드의 헬싱키 대학의 T. Suntola1 연구팀이 처음 제안을 하였으며, 박막층 내의 불순물이 포함되는 것을 방지하고 보다 정밀하게 박막 두께를 조절하여 박막 물질의 화학 성분을 정확하게 제어를 할 목적으로 연구를 시작하였다. 원자층 화학 증착법은 주로 화합물 반도체, 산화물, 질화물 등과 같은 화합물 박막을 제조하기 위해 개발되었지만 현재는 모든 박막 물질을 증착하는 기술로 연구가 확대되었다. 원자층 화학 증착법이 처음 적용된 분야는 발광(electroluminescence) 평판 디스플레이 소자를 위한 황화 아연(ZnS)의 다결정질 또는 비정질 구조의 박막 및 절연막을 갖는 소자에 적용되었고, 그 후 90년대에 반도체 소자의 고정세화, 고집적화에 따른 나노 수준 공정 기술 요구에 따라 실리콘 공정 분야에서 ALD에 대한 관심이 급속도로 모아지게 되었다.

원자층 화학 증착법의 특징으로는 먼저 반응 기체를 연속적으로 주입하는 것이 아니라 주기(pulse)를 주면서 주입하므로 박막 물질의 조성과 막 두께 조절이 용이하며, 정제(purge) 공정을 포함하고 있기 때문에 불순물이 적고, 화학 반응으로 형성될 수 있는 불순물 입자의 형성을 효과적으로 억제할 수 있다.

원자층 화학 증착법은 일반적으로 한 주기(cycle)에 4 단계 과정으로 진행하는데, 전구체 공급 → 정제 → 반응 기체(산화물) 공급 → 정제 순서이며, 공정 조건에 따라 평균 0.6~2 Å/주기(cycle) 정도의 박막을 증착한다.

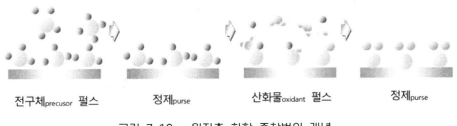

전구체precusor 펄스   정제purse   산화물oxidant 펄스   정제purse

그림 7-10 ▶ 원자층 화학 증착법의 개념

또한 표면 반응 제어가 우수하여 박막의 물리적 성질에 대한 재현성이 우수하고, 대면적에서도 균일한 두께의 박막 형성이 가능하며 우수한 단차 특성(step coverage)을 확보할 수 있다. 원자층 화학 증착법에 의한 박막 증착의 가장 일반적인 방법은 할로겐(halide) 계통 반응 물질을 이용한 열을 이용한 할로겐 증착 방법이 있다. 이와 같은 경우, 반응 물질이 저가이며 반응성이 좋은 장점이 있지만 대부분의 할로겐 계통 반응 물질은 고체 상태이기 때문에 증착 속도가 느려 생산성이 낮기 때문에 산업 현장에서는 적용하기가 힘들다는 단점을 가진다. 그리고 공정 부산물로 나오는 염화수소(HCl)가 장비를 부식시키기 때문에 유지관리에 많은 문제점을 나타난다.

이와 같은 문제점을 개선하기 위해 나타난 대안이 유기 금속(metal-organic)반응 물질을 사용한 유기 금속 원자층 증착법(OALD)이다. 유기 금속 원자층 증착법은 할로겐 반응 기체를 사용할 때와 달리 장비 부식의 문제점이 없고, 유기 금속 반응 물질이 액체 상태로 상온에서 존재하기 때문에 여러 가지 방법의 증착이 가능하며 저온 공정이 가능하다는 장점이 있다. 그러나 상대적으로 불순물인 탄소와 산소의 함유량이 많고, 비저항 값이 크며 박막의 밀도가 상대적으로 낮다는 단점이 있다.

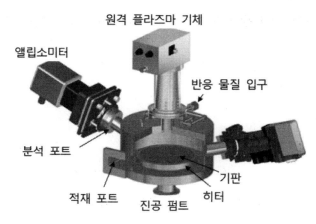

그림 7-11► ALD 장치의 개략도

이와 같은 단점을 개선하기 위해서 플라즈마를 이용한 원자층 증착법(plasma enhanced atomic layer deposition)이 개발되었다. 플라즈마는 반응 물질 사이의 반응성을 좋게 하여, 반응 물질의 선택의 폭이 넓어지게 하고, 박막의 성질을 좋게 하며, 생산성을 높일 수 있는 장점이 있다. 특히 플라즈마를 사용함으로서 박막 물질의 불순물 침입을 크게 개선할 수 있다.

그러나 플라즈마를 사용함으로써 플라즈마 내에 이온들에 의해 박막 증착 시 에 기판 및 박막에 손상을 입힐 수도 있어 박막의 특성을 열화(degradation)시킬 가능성이 있다. 따라서 플라즈마 발생 영역을 기판으로부터 멀리 떨어뜨린 원격 플라즈마 원자층 증착법(remote plasma atomic layer deposition)이 개발되었다. 원격 플라즈마 원자층 증착법은 플라즈마에 의한 이온들의 영향을 최소화하고 반응성이 좋은 라디칼과의 반응을 유도하여 향상된 막질을 얻을 수 있도록 하였다. 따라서 원격 플라즈마 원자층 증착법은 테라(Tera)급 나노 소자를 개발하기 위한 나노 박막 기술에 있어서 중요한 증착 방법 중의 하나로 응용이 될 것이다.

표 7-3은 다양한 종류의 원자층 화학 증착법에 적용되는 전구체와 적용 대상에 대해 기술하고 있다.

표 7-3 ▶ 원자층 화학 증착 박막의 종류와 적용

박막	전구체	공정 온도	적용
Al_2O_3	$Al(CH)_3$, H_2O, O_3		고 유전체 상수
Cu	CuCl, $Cu(thd)_2$ 혹은 $Cu(acac)_2$ + H_2, $Cu(acac)_2xH_2O$ + CH_3OH	175 – 300	전극
HfO_2	$HfCl_4$ 혹은 TEMAH, H_2O		고 유전체 상수
Mo	MoF_6, $MoCl_2$ 혹은 $Mo(CO)_6$ + H_2	200 – 600	
Ni	$Ni(acac)2$, 2단계 공정 NiO + O_3 → H_2		
SiO_2	$SiCl_4$, H_2O		절연체
Ta	$TaCl_5$		
TaN	TBTDET, NH_3	260	차단(barrier)막
Ti	$TiCl_4$, H_2		
TiN	$TiCl_4$, NH_3		차단(barrier)막
W	WF_6, B_2H_6 혹은 Si_2H_6	300 – 350	전극
WNxCy	WF_6, NH_3, TEB	300 – 350	
ZrO_2	$ZrCl_4$, H_2O		고유전체 상수

▌참고문헌

- 김억수 외, "디스플레이 공학개론", 텍스트북스, 2014.
- 김학동, "반도체공정", 홍릉과학, 2008.
- 황호정, "반도체 공정 기술", 색능, 2003.
- 임상우, "반도체 공정의 이해", 청송, 2018.
- 김학동 외, "반도체 공정과 장비의 기초", 홍릉과학, 2012.
- 김학동, "반도체 공정", 홍릉과학, 2008.
- 최재성, "반도체 공정장비 공학", 북스힐, 2021.

PVD
(physical vapor deposition)

08

8.1 PVD 개요

PVD(physical vapor deposition)를 간략히 정의하면, 얇은 박막(thin film)을 기체 상태의 원소나 화학물질을 물리적으로 이동시켜 기판 표면에 증착하는 공정으로 물리적 증기 증착법이라 부른다. PVD는 다양한 산업 분야에서 사용되며, 박막 코팅, 반도체 제조, 태양전지 생산 등 다양한 응용 분야에서 중요한 역할을 한다.

8.1.1 PVD 기본 원리

물리적 증기 증착법(PVD)은 [그림 8-1]에서 나타나듯이 진공조 내부를 고진공 분위기로 조성하고, 고체상태의 물질을 열 또는 운동에너지에 의해 기상으로 형성하여 기판에 박막을 증착하는 방법이다. 생성된 증기는 플라즈마를 이용하여 활성화하고, 반응성을 향상시키는 방법으로 박막의 특성을 개선한다.

이미 앞 장에서 기술하였듯이, CVD는 진공 또는 저압의 분위기에서 금속염이나 금속을 함유한 고분자 물질을 열이나 플라즈마 또는 빛 등의 에너지원으로 분해하여 원하는 성분을 기판에 성장하는 방법이다. CVD는 PVD와는 달리 혼합된 기체 상태에서 플라즈마를 활성화하여 분해 속도를 향상시키는 방법을 이용한다. PVD는 금속이나 합금 또는 조성을 조정한 화합물 박막을 형성하는 것이 가능하며, CVD의 경우는 주로 화합물 박막을 성장하여 제조하는 방법을 이용한다. [그림 8-2]에서는 PVD와 CVD의 박막 형성 원리를 비교하여 보여준다. PVD 증착법의 주요 특징과 증착과정의 단계는 다음과 같다.

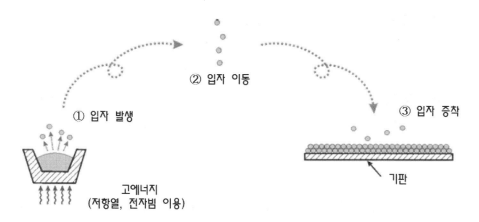

그림 8-1 ► PVD 증착과정

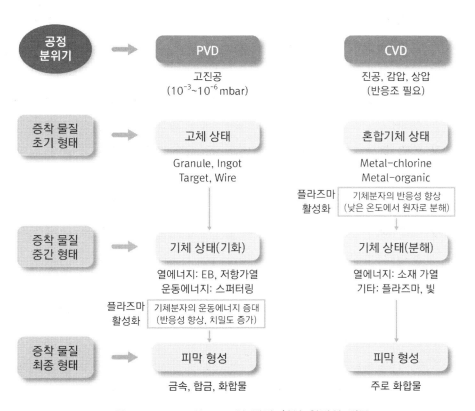

그림 8-2 ► PVD와 CVD의 박막 형성 원리의 비교

❶ 기체 상태의 원소 혹은 화학물질 준비 : PVD 증착법에서 사용되는 고체 물질은 기체 상태로 제공되며, 일반적으로 기체는 이온화되거나 가열되어 원자 혹은 이온의 형태로 존재한다.

❷ 증착 챔버(chamber) 조건 : PVD 공정은 고진공 분위기에서 진행되는데, 챔버 내에서 원료 기체를 공급하고, 기판 표면을 증착시키기 위해 필요한 모든 조건을 설정한다.

❸ 이온화 및 가속화 : 원료 기체를 이온화하고, 이온화된 기체를 가속화하여 이온 폭격(bombardment)을 통해 기판 표면에 에너지를 공급한다. 이와 같은 과정은 박막이 기판 표면에 부착된다.

❹ 증착(deposition) : 이온화된 기체는 기판 표면으로 향하고, 표면에 도달하면 원자나 이온이 표면에 증착되며, 화학 반응 없이 순수한 물리적 증착으로 이루어진다.

❺ 박막 형성 및 성장 : 증착된 원자나 이온은 기판 표면에서 원자층을 형성하며, 이와 같이게 형성된 박막은 공정 시간에 따라 성장하게 된다.

❻ 박막 특성 조절 : PVD 증착법은 다양한 조건에 따라 박막의 두께, 구조, 성분 등을 조절할 수 있으며, 증착 속도, 온도 및 기체 종류 등을 조절 가능하다.

❼ 박막 제거 및 마무리 : 증착 공정이 완료되면, 형성된 박막은 원하는 형태로 가공되거나 정제된다.

PVD 증착법은 고진공 분위기에서 진행되기 때문에 높은 순도의 박막을 형성할 수 있고, 다양한 물질이나 기체를 사용하여 다양한 종류의 박막을 만들 수 있다. 특히 박막의 두께와 조성을 정밀하게 제어할 수 있어 다양한 응용 분야에 적합하며, 화학적 반응이 없기 때문에 미세한 구조를 형성할 때 유용하다. PVD 증착법은 산업이나 연구 분야에서 매우 중요한 역할을 하며, 다양한 제품과 재료의 개발에 활용된다.

8.1.2 PVD의 구성

PVD 증착은 고체 물질을 기체 상태로 변환시켜 기판 표면에 증착시키는 공정이며, 다양한 구성 요소로 이루어져 있다. PVD 증착 시스템은 다음과 같은 주요 구성 요소로 구성된다.

❶ 증착을 위한 진공조는 PVD 시스템의 핵심 부분으로, 증착이 진행되는 분위기를 제공한다. 증착 진공조는 고진공 또는 초고진공 분위기를 유지하고, 원료 기체를 제어된 조건에서 처리하는 역할을 한다.

❷ 원료 공급 시스템은 원료 기체, 즉 증착에 사용될 물질을 공급하는 부분으로 시스템은 원료 기체의 이온화, 가속화 및 공급을 제어한다.

❸ 이온화 시스템은 원료 기체를 이온화하기 위한 시스템이며, 이온화는 원자 또는 분자를 양성자와 음성자로 분리하는 과정을 진행한다.

❹ 가속화 시스템은 이온화된 원료 기체를 가속화하여 기판 표면으로 향하도록 하고, 이온이 표면에 충돌하고 박막 형성을 도와준다.

❺ 기판 표면은 PVD 공정의 결과물로 박막이 형성되는 부분으로, 적절한 형상과 소재로 제작된 기판 표면이 진공조 내부에 설치된다.

❻ 기체 배출 시스템은 사용된 기체와 증착 중에 발생하는 불순물이나 부산물을 제거하기 위한 시스템이다. 고진공 분위기를 유지하고, 증착 공정을 깨끗하게 유지하는 역할을 수행한다.

❼ 온도 및 압력 제어 시스템은 PVD 공정의 온도와 압력을 정밀하게 제어하는 시스템이다. 증착 공정의 제어는 박막의 두께, 구조 및 성질을 조절하게 된다.

❽ 모니터링 및 제어 시스템은 PVD 시스템의 전체 구성 요소를 모니터링하고 제어하는 컴퓨터 기반의 시스템이다. 공정 매개 변수를 조절하고 박막의 품질을 확인하는 데 사용된다.

PVD 증착은 다양한 형태와 크기의 장비로 구현될 수 있으며, 산업 및 연구 분야에 따라 다양한 용도로 사용된다. 예를 들어, 반도체 제조에서는 PVD를 통해 얇은 박막을 증착하고, 재료 분야에서는 표면 처리나 새로운 소재 개발에 활용되기도 한다. PVD 시스템은 증착 공정에서 고도의 정밀성과 제어를 요구하며, 다양한 연구에 중요한 도구로 사용된다.

8.1.3 PVD의 종류

박막 증착기술은 소재의 표면을 변화시켜 궁극적으로 기판의 특성을 개선하거나 기판에 부가적인 특성을 부여하는 것으로 표면 처리기술이라 부른다. 표면 처리는 기판의 표면에 특성이 다른 물질을 증착하여 박막을 제조하거나 표면의 성분 혹은 조직을 변화시켜 새로운 특성을 부여하여 표면을 개질하는 기술로 분류한다.

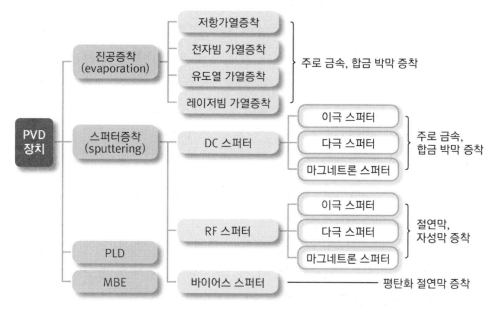

그림 8-3 ▶ PVD의 종류

PVD는 원리에 따라 증발법(evaporating method)과 스퍼터법(sputter method)으로 대별할 수 있으며, 일명 진공 증착법이라 부르는 증발법은 증착하고자 하는 물질을 기화하기 위해 열에너지를 사용하는 반면에, 스퍼터법은 플라즈마를 형성한 기체의 운동 에너지를 이용하여 증착하려는 물질을 기화하는 방식이다. [그림 8-3]은 PVD의 종류를 상세하게 분류하고 있다.

증발법은 열에너지를 공급하는 방식에 따라 분류할 수 있으며, 필라멘트(filament), 보트(boat), 바스켓(basket), 전자빔(e-beam), 아크(arc), 유도열 및 레이저빔 등이 있다. 필라멘트, 보트나 바스켓 형태는 저항 가열을 이용하며, 전자빔이나 아크를 이용한 증발원은 플라즈마를 발생시켜 활성화한다. 스퍼터링법은 진공 중에 불활성 기체(Ar, Kr, Xe 등)의 방전을 통해 양이온을 형성하고, 이들이 음극의 타겟(target)에 충돌함으로서 운동량 전달에 의해 타겟의 입자가 방출되어 기판에 증착하는 방식이다. 스퍼터법의 가장 큰 단점은 증착 속도가 느리다는 점이며, 이는 스퍼터링 속도와 연관되는 데, 스퍼터링 속도는 플라즈마 밀도인 이온화율이 낮아 영향을 받게 된다. 이와 같은 단점인 플라스마 밀도를 증가시키기 위해 Thornton 등이 제안한 것이 바로 마그네트론 스퍼터링 기술이다. 방전에 의해 플라즈마를 형성하는 것이 바로 음극에서 발생하는 전자에 의한 것이며, 질량이 작은 전자는 전기장에 의해 가속되고 기체 원자와 충돌로 인해 이온화를 이루게 된다. 전자들의 손실을 줄이면서 수명을 연장시키면 이온화 효율을 높일 수 있도록 타겟 아래에 영구 자석을 배치하여 전기장에 수직으로 자기장을 구성하여 전자들의 거동을 타겟 주변으로 제한하고 이동 경로를 증대하여 스퍼터링 효율을 높이는 원리이다. 따라서 플라즈마 밀도를 증진함으로서 스퍼터법에 의한 증착 속도를 높이게 된다.

8.2 증발법(evaporation method)

이미 앞 절에서 간략하게 기술한 바와 같이 스퍼터법은 강한 에너지에 의한 플라즈마를 이용하여 타겟의 물질을 증착시키는 반면에, 증발법(evaporation)은 에너지 혹은 열을 가해 기화시키면 스퍼터링에 비해 완만하게 박막을 증착시킨다. 증발법의 종류는 열증발 증착법(thermal evaporation deposition), 유도열 증발 증착법(inductive thermal evaporation deposition) 및 전자빔 증발 증착법(electron-beam evaporation deposition) 등 3가지로 크게 구분하며, 증기를 발생시키기 위한 에너지의 생성 수단에 의해 분류된다.

8.2.1 열증발 증착법

물리적 증기 증착법 중에서 열증발은 가장 오래 전부터 사용해온 증착 방법 중의 하나다. 그러나 반도체 산업의 발달은 다른 여러 가지 박막 증착법의 개발로 이어지면서 새로운 장점들로 인해 점점 열 증착법을 빠르게 대체하고 있다. 구조가 단순하고 고품위의 박막을 얻을 수 있기 때문에 연구소나 새로운 박막 연구에 많이 활용되고 있다.

열증발법은 유리 혹은 플라스틱(plastic) 기판에 금속 박막을 코팅하는 기법이며, 일반적으로 알루미늄막은 커패시터나 비닐(plastic) 포장지 등에 물이 스며드는 것을 방지하기 위해 널리 사용되고 있다. [그림 8-4]에서는 기존에 사용해오던 열증발법 장치의 구조를 나타낸다. 진공조(chamber) 내부는 진공 펌프를 이용하여 기본 진공이 10^{-7} torr 정도까지 낮추게 되며, 증착공정을 할 경우에는 평균자유행로(MFP; mean free path)를 충분히 유지하기 위해 기판과 증발원(evaporant) 사이 거리를 적당히 두어서 10^{-5} torr 압력을 유지한다.

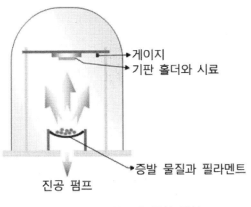

게이지
기판 홀더와 시료
증발 물질과 필라멘트
진공 펌프

그림 8-4 ► 열증발 증착 장치

박막의 조성을 조절하기 위해 증발 속도를 온라인(on-line)으로 감지할 수 있도록 제어한다. 기판에는 히터가 부착하여 증착 물질이 결정성을 가지면서 에피택셜(epitaxial) 성장을 진행할 수 있도록 온도를 일정하게 유지한다. 다른 증착법은 대부분 초벌 펌프(fore-line pump)에서 성장을 하는 데 비해 증발법은 보다 고진공에서 성장이 진행된다.

8.2.2 유도열 증발 증착법

열증착법이 도선에 흐르는 전기의 순수 저항을 이용하여 가열하는 방법으로 텅스텐이나 탄탈륨 등을 이용하거나 접점 저항을 이용하여 가열하는 반면에 유도열 증착법은 순수 저항 대신에 내화성 산화물(refractory oxide)와 질화물(nitride) 용기를 경화하여 사용한다. 증발 과정에서 증발체(evaporant)의 용기 온도를 낮추는 것이 최대 장점이고, 가열기와 증발체 간의 직접적인 열 교환이 필요 없다. 용융 증발체와 용기 간의 상호 반응과 열 충격을 최소화할 수 있는 반면에 취급이 불편하고, 작업 시에 튜닝(tuning)의 어려움 등이 단점이다.

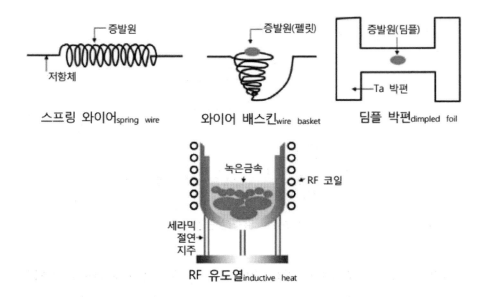

스프링 와이어spring wire   와이어 배스킷wire basket   딤플 박편dimpled foil

RF 유도열inductive heat

그림 8-5 ▶ 열증발법과 유도열 증착법

8.2.3 전자빔 증발 증착법

저항열 증발 증착법은 재료에 의한 오염 가능성과 증발원(evaporant)을 가열할 수 있는 온도가 주울(Joule) 열에 의해서만 도달 가능한 온도로 제한된다는 단점이 있다. 이러한 단점을 개선하기 위해 저항 또는 유도 가열 (inductive heat) 대신에 전자빔(electron beam)을 이용하여 증기를 발생시킴으로써 극복될 수 있다. 전자는 보통 5~10 KeV로 가속되며, 가속된 전자는 증발원의 표면에 집중되어 전자의 운동 에너지가 열에너지로 전환되면서 가열된다. 전자빔에 의해 부딪히는 증발원의 표면만 부분적으로 높은 온도로 가열되며 상대적으로 나머지 부분은 낮은 온도를 유지한다. 따라서 증발원과 지지(support) 재료와의 반응이 억제된다. 가열 온도는 부분적으로 3000℃ 이상도 가능하다.

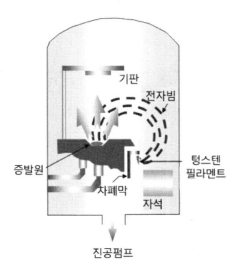

그림 8-6 ▶ 전자빔 증발법의 기본 원리

전자들을 가속시키는 장치를 전자총(electron gun)이라 하며, 전자가 가속되는 방법과 증발원을 지지하는 방법에 따라 여러 가지로 구분된다. 전자빔은 텅스텐 필라멘트로 구성된 열 음극(hot cathode)이 주로 이용되는데, 그 이유는 텅스텐은 높은 온도에서도 강도가 감소하지 않아 원래의 모양을 그대로 유지하여 효과적인 전자의 방출이 가능하기 때문이다. 필라멘트의 수명은 자체 증발(evaporation)과 증발원 증기와의 반응성 그리고 높은 에너지를 가진 양이온에 의하여 결정된다. 필라멘트는 소모품이므로 쉽게 교체될 수 있도록 설계되어야 한다. 전자의 에너지는 잔류 가스와 증발원 증기 입자를 이온화시킬 수 있으며, 전자들이 이러한 입자들과 충돌되어 산란되면 촛점이 흐려지기 때문에 챔버의 진공도는 반드시 10^{-4} torr 이하에서 공정이 진행되어야 한다. 작업 중에 강한 에너지가 발생하면 X-ray가 발생됨으로 이를 차폐해 주는 것이 필요하다.

8.2.4 증발원과 소재

표 8-1► 증발원과 지지 재료

재료	원자량	밀도	녹는점(℃)	증발온도(℃)	Support 재료
Ag	107.88	10.5	961	3	Mo, W, Ta
Al	26.98	2.7	660	3-4	W, Ta
Au	197.20	19.3	1063	4	W, Mo
Be	9.02	1.9	1284	4	Ta, W, Mo
Bi	209.00	9.78	271	2	W, AO, Mo, Ta
C	12.01	1.2	3700	6	C (arc)
Cr	52.01	6.8-7.1	1900	4	W
Cu	63.57	8.85-8.92	1084	4	W, Ta
Fe	55.84	7.9	1530	4	W, AO
Ge	72.60	5.35	958	4	W, AO, C, E
In	114.76	7.3	156	3	W, Mo
Ni	58.69	8.85	1453	4	W, C, E
Pt	195.20	21.5	1773	5	W, C, E
Pb	207.21	11.3	328	4	Fe, Ni, W, Mo, AO, E
Se	78.96	4.5	220	1	W, Mo
Si	28.06	2.4	1415	4	C, E
Sn	118.70	7.28	232	3-4	Mo, AO
Ti	47.90	4.5	1727	5	W, C, E
Zn	65.38	7.13	420	2	W, C, Ta, Mo, AO
Zr	91.22	6.53	1860	5-6	C, E
Ni-Cr	–	8.2	–	4-5	W, Ta
SiO-Cr	–	–	–	4-5	W
Al_2O_3	101.94	3.6	2046	6	E
CeO_2	172.12	6.9	2600	5-6	W
MgO	40.32	3.65	2640	6	E
SiO_2	60.09	2.1	1500	5-6	E
SiO	44.09	2.1	–	4	Mo, W, Ta
ThO_2	264.10	9.69	3050	7	E
Ta_2O_3	441.76	8.7	1470	5	Ta, W, E
CdS	144.46	4.8	1750	3	W, Mo, Ta
ZnS	97.44	3.9	1900	3	Mo, E

※ 증발 온도(℃) : 1 = 100-400, 2 = 400-800, 3 = 800-1200, 4 = 1200-1600,
　　　　　　　　 5 = 1600-2100, 6 = 2100-2800, 7 = 2800-3500
※ 증발 Source : C = graphite, AO = alumina crucible, E = electron beam heated source

표 8-1에서는 여러 가지 원소와 화합물에 대한 자료, 증발 온도 및 지지 재료를 나타낸다.

8.3 스퍼터법(sputter method)

스퍼터법은 대부분 금속 물질을 양호하게 증착할 수도 있고, 단차 특성 (step coverage)도 좋기 때문에 박막 증착에 많이 쓰이는 방법 중의 하나이다. 높은 진공을 요구하고 박막을 입히는 물질이 열적, 전기적으로 변형될 확률이 크고 경제성도 좋지는 않다. 증발 방식은 진공조(chamber) 내를 높은 진공으로 유지하거나 박막을 입히는 물질을 가열, 혹은 진공과 가열 두 가지를 동시에 이용하여 박막 물질을 기상으로 만들어 원하는 물질에 증착하는 기술로서, 공정이 단순하며 물질의 열적, 화학적 변형이 적은 공정이지만 대량의 제품에 박막을 증착할 경우에 각각의 박막 두께의 균일성이 떨어질 가능성이 있다.

스퍼터링 현상은 영국의 그로브(G.R.Grove)가 1852년 논문에서 처음 발표하였다. 스퍼터링이란 높은 에너지를 갖은 입자들이 박막을 입히고자 하는 물질과 강하게 충돌하여 에너지를 전달해 줌으로써 원자들이 분리되는 현상을 의미한다. 충돌하는 물질이 양이온(positive ion)일 경우에는 음극 스퍼터링(cathodic sputtering)이라고 하고, 대부분 스퍼터링은 이와 같은 방식을 사용한다. 왜냐하면, 전기장(electric field)을 인가하면 양이온들을 가속하기 쉽고 충돌 시에 발생하는 Auger 전자와 결합하여 중성이 되면서 중성 원자가 충돌하기 때문이다.

8.3.1 스퍼터링의 원리

스퍼터링은 높은 에너지를 가진 입자(이온)가 박막 물질 원자에 충돌되어 운동량(momentum)을 전달함으로써 박막 물질 원자가 분리되어 떨어져 나옴으로써 일어난다. 스퍼터링은 이온(입자)의 가속, 이온의 박막 물질에의 충돌 그리고 박막 물질 원자 방출의 3가지 과정을 통해서 일어난다.

입사하는 이온은 20~30 eV 정도의 매우 높은 에너지를 가지고 있어야만 박막 물질 덩어리에서 원자를 떼어낼 수 있는데, 이는 곧 스퍼터링이 일어나기 위한 문턱 에너지(threshold energy)가 있기 때문이다. 일반적으로 금속 원자 한 개가 고체에서 기체로 승화하는데 필요한 에너지가 3~5 eV에 비해 스퍼터닝에 필요한 에너지 20~30 eV는 상당히 큰 값이다. 이는 대부분의 에너지가 열로 방출되고, 극히 일부의 에너지만이 스퍼터링에 이용되기 때문에 실제적으로 에너지 효율이 낮다. 문턱 에너지보다 작은 에너지를 가지고 입사하는 이온들은 박막 물질 원자들을 원래의 위치에서 이동시키거나 원자에 에너지를 전달하여 확산시킬 수 있다. 스퍼터되어 나간 원자의 주변에 있던 원자들도 원래의 위치에서 이동되거나 확산되기도 한다.

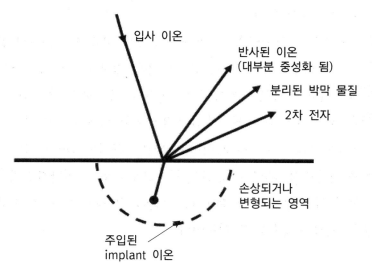

그림 8-7 ▶ 스퍼터링에서 박막 물질의 표면에서의 상호 작용

낮은 에너지를 가진 입사 이온들은 충돌 후에 표면으로부터 산란된다. 산란되는 이온의 비율은 이온의 에너지, 이온 질량에 대한 박막 물질 원자의 질량의비에 의하여 좌우된다. 질량 비율이 1에서 10으로 증가함에 따라 산란 계수(scattering coefficient)는 0.01에서 0.25로 증가한다. 예를 들어, 500 eV의 에너지를 갖는 Ar 이온이 Ti이나 Au 원자들에 충돌할 경우, 산란 계수는 각각 0.01과 0.18이다. 고체 표면에서의 이온의 탄성 충돌 현상은 낮은 에너지 이온산란 분광법(low energy ion scattering spectroscopy)을 이용한 표면 분석에 이용된다.

입사된 입자들은 Auger 전자에 의해 박막 물질 면에서 중화되며, 중성 입자로써 산란되면서 표면의 원자층에 변형을 일으키고 점차 에너지를 상실하게 된다. 이와 동시에 박막 물질(source) 원자들에 의하여 산란된다. 입사된 입자에 의하여 원래 자리에서 분리된 원자들의 일부는 표면으로 확산하거나 그들의 에너지가 결합 에너지를 극복할 정도로 매우 큰 경우에는 빠져 나와 스퍼터링된다. 이때, 박막 물질 원자들끼리도 운동량을 교환하기도 한다. 한편, 매우 큰 에너지를 가진 이온들은 중화되면서 박막 물질 내부로 주입(implanting) 되기도 한다.

박막 물질 덩어리에서 분리된 원자들은 활성화된 또는 이온화된 상태로 떠나기 때문에 반응성이 좋다. 내부로 주입되었던 입사 이온(중성 원자)은 지속적으로 스퍼터되면서 깎이기 때문에 결국 다시 스퍼터되어 방출된다. 이러한 원리는 2차 이온 질량 분석(SIMS; secondary ion mass spectroscopy) 및 Auger 전자 분광기(AES; Auger electron spectroscopy) 분석에 이용된다.

8.3.2 스퍼터율(sputter yield)

스퍼터율이란 1개의 양이온이 음극에 충돌할 때, 표면에서 방출되는 원자의 수로 정의한다. 박막 물질 재료의 특성과 입사되는 이온의 에너지, 질량 및 입사각과 관계가 있다. 일반적으로 스퍼터율은 이온의 에너지와 질량이 비례하여 증가하지만, 가속 에너지가 너무 크면 스퍼터가 발생하기 보다는 오히려 이온 주입이 일어나 스퍼터율은 감소하게 된다.

박막 물질에 충돌하는 현상을 이해하기 위해서는 원자 상호간 포텐셜 함수(interatomic potential function)를 고려하여야 한다. 일반적으로 충돌 시에 박막 물질 내부의 상호작용은 좁은 영역(short range)에만 작용하므로 바로 이웃하는 원자와의 상호 작용만 고려해도 충분하다. 두 입자 간의 충돌은 에너지 전달함수(energy transfer function)로 특징 지워진다. 가속된 이온의 에너지가 박막 물질 원자에 얼마나 잘 전달되느냐에 따라 스퍼터율은 달라지며, 이는 핵 저지능력(nuclear stopping power), s(E)에 의하여 결정된다. 1 KeV까지의 낮은 충돌 에너지(E)에 대해서는 Sigmund가 제시한 식에 의하여 표현된다.

$$s(E) = \frac{M_i M_t}{(M_i + M_t)^2} E \times 상수 \tag{8-1}$$

단, M_i = 가속 이온 질량, M_t = 박막 물질 질량, E는 충돌 에너지이다. 스퍼터율 S는 다음 식으로 주어진다.

$$S = \frac{3\alpha}{4\pi^2} \frac{M_i M_t}{(M_i + M_t)^2} \frac{E}{U_0} \tag{8-2}$$

단, α 는 무차원 계수이며 M_t/M_i의 함수이고, 비례 관계가 있으며 U_0는 재료 표면의 결합에너지이다. 그리고 U_0는 승화하기 위해 필요한 에너지 혹은 분자(molecular) 재료의 결합 에너지(covalent energy) 값과 유사하다. 식 (8-2)에 의하면 스퍼터율이 충돌에너지, E에 비례하여 증가하는 것으로 표현되지만 실제로는 1 KeV까지만 증가하고 그 이상의 충돌 에너지에서는 포화 현상을 보여 준다. 그리고 에너지 그 이상 더 증가하면 이온 주입

현상이 일어나면서 스퍼터율이 감소하기 시작한다. 따라서 식 (2)는 충돌 에너지가 1 KeV까지일 때만 유효하다.

Sigmund 모델은 가속 이온과 박막 물질 간의 충돌 형태를 3가지로 구분한다. single-knockon영역, linear cascade영역, spike영역이다. Single-knockon영역에서 충돌하는 이온은 에너지를 박막 물질(source) 원자에 전달한다. 그리고 얼마간 충돌을 더 겪는다. 박막 물질 원자들은 에너지가 결합에너지(binding energy)를 능가할 때, 표면으로부터 방출되어 스퍼터된다.

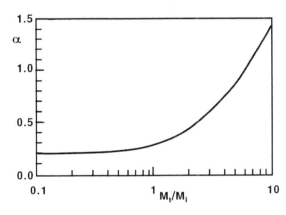

그림 8-8 ▶ M_t/M_i와 α 관계 그래프

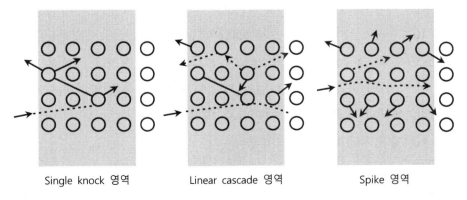

Single knock 영역   Linear cascade 영역   Spike 영역

그림 8-9 ▶ 스퍼터링 과정의 3개 영역

이러한 영역에서 스퍼터링을 일으킬 수 있을 만큼의 충분한 에너지가 박막 물질 원자에 전달되지만, cascade collision이 생기기에는 에너지가 작다. 이와 같은 영역에서는 가벼운 이온이 낮은 에너지를 가지고 박막 물질에 충돌할 때 일어나며, 스퍼터링은 대부분 이러한 과정에서 일어난다.

Linear cascade 영역은 박막 원자들과 수 KeV에서 수 MeV의 에너지를 갖는 입사 이온들 사이에 상호 작용을 통해서 일어나며, 다음과 같은 식으로 표현된다. (E > 1 KeV).

$$S = 3.65\alpha \frac{Z_i Z_t}{(Z_i^{2/3} + Z_t^{2/3})^{1/2}} \frac{M_i}{(M_i + M_t)} \frac{s_n(\epsilon)}{U_0} \tag{8-3}$$

단, $s_n(\epsilon)$감쇄 저지 능력(reduced stopping power)이며 다음과 같이 정의되고 감쇄 에너지(reduced energy), ϵ 의 함수이고 Z는 원자 번호이다.

$$\epsilon = \frac{M_t}{(M_i + M_t)} \frac{a}{Z_i Z_t e^2} E \tag{8-4}$$

단, $a = \dfrac{0.855a_0}{(Z_i^{2/3} + Z_t^{2/3})^{1/2}}$ 로 주어지는 산란 반경(scattering radius)이고, a_0 = 0.529 Å이며, E(eV)는 입사 이온의 에너지이고, e는 전자의 전하량 (4.8×10^{-10} esu cgs)이다. 다음으로 spike영역에서는 움직이는 원자들의 공간 밀도가 linear cascade 영역보다 더 크다. 이러한 현상은 무거운 입사 이온이 박막 물질에 충돌할 때 일어난다. 이러한 이온들은 빨리 속도가 줄어들며, 에너지 전달은 적은 부피에서 일어난다.

스퍼터율은 다음과 같이 요약된다.

❶ 스퍼터링은 박막 물질 원자의 기화열(evaporation heat)에 의존하며, 기화열이 크면 스퍼터율이 감소한다.

❷ 대부분의 금속에 있어서 문턱 에너지(threshold energy)가 존재한다. 문턱 에너지의 최소값은 박막 물질의 승화 에너지(sublimation energy) 값과 유사하다. 박막 물질의 특성에 따라 문턱 에너지는 20 ~ 130 eV로 변한다. 전이 금속(transition metal)의 경우 원자 번호가 증가하면서 문턱 에너지는 주기적으로 변한다.

❸ 박막 물질의 결정 방향에도 의존한다. 단결정인 경우 이온들이 침투하기 유리한 결정면에 대해서는 스퍼터율이 감소한다.

❹ 박막 물질의 온도에는 스퍼터율이 아주 높은 경우를 제외하고는 둔감하다. 박막 물질의 온도가 높으면 스퍼터율이 증가하는 것은 열에 의한 기화가 기여하기 때문이다.

❺ 분리된 원자들은 꽤 높은 에너지(수십 eV)를 가지고 있으며 맥스웰-볼쯔만 (Maxwell-Boltzmann) 분포를 보인다. 이온의 에너지가 증가하면 분리된 원자의 에너지도 증가한다.

❻ 이온의 입사 방향과 박막 물질의 수직 방향이 이루는 각도에 따라서도 영향을 받는다. 최대 스퍼터율은 80°정도에서 얻어지는 것으로 알려져 있다.

❼ 박막 물질(source) 원자의 방출되는 방향과 박막 물질의 수직 방향과 이루는 각도가 증가하면서 분리된 원자들의 에너지 극대값(peak energy)은 증가하지만 60° 이상 각도에서는 오히려 감소하는 경향이 있다.

❽ 박막 물질의 방출되는 각도에 따른 원자의 방출량은 일반적으로 코사인 방사 법칙(cosine law of emission)에서 많이 벗어나며, 특히 입사되는 이온의 에너지가 적을 때 많이 벗어난다.

❾ 박막 물질에서 방출되는 원자들은 활성화된 상태 또는 이온화된 상태로 박막 물질과 분리된다.

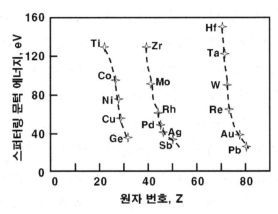

그림 8-10► 원자 번호와 스퍼터링 문턱 전압

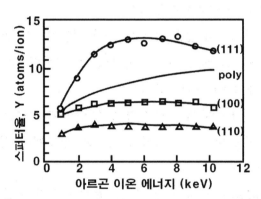

그림 8-11► 은(Ag) 타겟의 결정 방향에 대한 스퍼터율

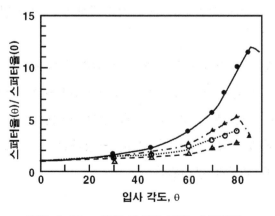

그림 8-12► 입사 각도에 따른 스퍼터율

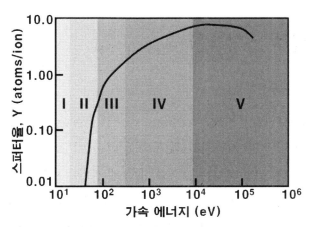

그림 8-13► 가속 에너지와 스퍼터율(Ar 이온, 박막 물질 구리)

박막 물질 구리(Cu)에 아르곤(argon) 이온을 조사할 경우에 스퍼터율을 [그림 8-13]에서 보여 주고 있으며, 이온 가속 에너지에 따라 스퍼터율이 5가지 영역으로 구분되고 있다. 영역 I은 가속 에너지가 20 eV 이상 일 때이고, 에너지가 낮아서 스퍼터링이 일어나지 않는 구간이다. 영역 II는 에너지가 20 eV에서 80 eV 구간이며, 가속 에너지가 증가함에 따라 스퍼터율이 급격히 증가하는 구간이다. 영역 III은 에너지가 80 eV에서 300 eV 구간으로 에너지 증가에 따른 스퍼터율이 선형적으로 증가한다. 스퍼터링이 선형적으로 증가하므로 박막 증착 두께 조절이 용이하므로 이러한 구간에서 주로 증착이 이루어진다. 영역 IV는 에너지가 300 eV에서 10 KeV 구간으로, 에너지가 증가함에 따라 스퍼터율이 증가하는 것이 둔화되기 시작하는 구간이다. 이와 같은 구간에서부터 박막 물질로 이온들이 침투하기 시작한다. 영역 V는 에너지가 10 KeV 이상인 구간이며 스퍼터율은 에너지에 따른 차이를 보이지 않는다. 오히려 이온 주입이 많이 일어나기 시작하면서 스퍼터율이 감소하기 시작한다. 이온의 종류에 따라 다르지만 수소(H), 헬륨(He)과 같은 가벼운 이온은 수천 eV이면 제논(Xe)과 수은(Hg)과 같은 무거운 이온은 약 50 KeV에서 최대 스퍼터율 값이 나온다.

8.4 직류 스퍼터링(DC sputtering)

다이오드(diode) 혹은 캐소드(cathode) 스퍼터링이라고 부르는 직류 스퍼터링은 단순하고 조작이 편리하다. 박막 증착은 기체의 압력과 전류 밀도에 의존한다. 직류 스퍼터링은 장치와 조작이 간단하지만, 낮은 증착 속도, 박막 물질에서 열이 많이 발생하고, 전자의 입자에 의한 기판의 손상이 쉽게 발생하고, 에너지의 효율성 낮고, 높은 작업 압력(working pressure)으로 요구하기 때문에 박막의 순도가 좋지 않다. 박막 물질(source)은 주로 고체이나 특별한 경우 분말이나 액체를 사용하기도 한다. 하나 또는 여러 개의 물질을 사용할 수 있으나 반드시 전도체(conductor)이어야 한다.

회로 상에서 박막 물질(source)은 음극(cathode)으로 사용되며, 높은 음의 전압이 걸리고, 기판은 전기적으로 접지(ground)된다. 일반적으로 스퍼터링에서 많이 쓰이는 기체(gas)는 아르곤(Ar)이다. 전기장 인가에 의하여 가속된 전자가 아르곤 기체와 충돌하여 아르곤 이온을 생성하며, 이를 통하여 더 많은 전자가 생성되고 이렇게 생성된 전자가 다시 전장에 의하여 가속되어 아르곤 이온을 만들고 하면서 글로우(glow) 방전(discharge)이 계속 유지된다. 전자는 양극(기판)으로 이동하며, 이온은 음극으로 이동하며 이를 통하여 전류(current flow)가 발생하는 것이다. 이온이 박막 물질과 충돌할 때, 박막 물질 원자가 분리되어 나옴과 동시에 2차 전자(second electron)도 같이 생긴다.

이렇게 생성된 2차 전자는 글로우 방전에 기여하며, 글로우 방전을 유지하게 해준다. 박막 물질로부터 분리되어 나온 원자는 무질서하게 이동하다 기판에 응축되면서 박막이 형성되는 것이다. 전압(V)은 전류(I)를 형성하는데 필요하며, 전압과 전류와의 관계는 기체의 압력에 따라 결정된다. 스퍼터되는 속도는 박막 물질에 충돌하는 이온의 개수 및 에너지와 스퍼

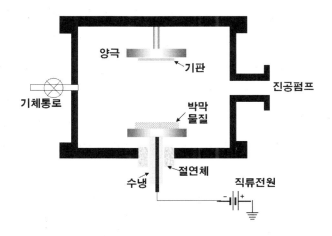

그림 8-14 ▶ 직류 스퍼터링의 기본 구조

터율에 의하여 결정된다.

이온 가속 에너지는 전압에 의존하기 때문에 결국 스퍼터 속도는 sheath voltage에 의존하게 된다. 글로우 방전이 유지되기 위해서는 0.1에서 2.0 mA/cm^{2}의 전류 밀도가 필요한데, 이를 위해서는 대략 300~ 5,000 V의 전압이 필요하다.

기체의 압력은 글로우 방전의 유지와 박막의 증착에 모두 영향을 미친다. 기체의 압력이 너무 낮으면 cathode sheath가 넓어져서 이온들은 박막 물질로부터 멀리 떨어진 곳에서 생성되고, 이렇게 생성된 이온들이 진공조 내벽(chamber wall)에 충돌해서 중성 원자로 변할 가능성이 크다. 또한 전자의 평균자유행로(MFP; mean free path)가 커서 중성 원자들과 충돌해 새로운 이온과 전자를 만들기가 어렵고, 양극에서 소비되는 전자도 이온 충돌에 의하여 발생하는 2차 전자로 보충되지 않는다. 따라서 이온화되는 효율이 낮아 스스로 글로우 방전을 유지하기가 어렵게 된다. 글로우 방전이 유지되기 위해서는 최소로 요구되는 압력(lower pressure limit) 조건이 존재한다.

일정한 전압에서 기체의 압력이 증가하면 전자의 평균자유행로는 감소하여 충돌 횟수가 증가하게 되고, 더 많은 이온과 전자들이 생성되어 더 많은 전류가 흐를 수 있기 때문에 글로우 방전을 유지하고 스퍼터되는 원자의 양이 증가하여 결국 막의 증착 속도가 증가한다. 그러나 기체의 압력이 너무 높아지면 입자의 평균자유행로가 감소하기 때문에 충분히 가속되기 전에 다른 입자와 충돌하여 큰 에너지를 갖지 못한다. 충분히 가속되지 못한 상태에서 박막 물질에 입사하기 때문에 스퍼터율이 떨어지게 된다.

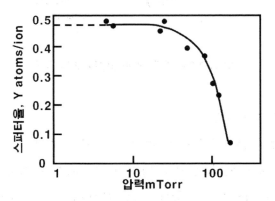

그림 8-15 ▶ 스퍼터율과 기체 압력과의 상관 관계

스퍼터율과 기체 압력에 대한 관계는 [그림 8-15]에서 보여 준다. 스퍼터되어 박막 물질에서 분리된 원자는 평균자유행로가 짧아 많은 기체 입자와 충돌하면서 원자의 산란(collisional scattering)이 많이 발생할 것이다. 따라서 스퍼터 원자의 진행 경로는 변경되거나 박막 물질로 되돌아가기도 한다. 이러한 원자의 산란은 100 mtorr 이상의 압력에서 심각해진다. 이러한 것들을 고려해 볼 때 최적의 증착조건을 보이는 스퍼터 압력의 범위는 대략 30~120 mtorr가 된다. 증착 속도는 전력(power)에 비례해서 증가하고 전류 밀도의 제곱에 비례하며 전극 간의 거리에 반비례한다.

중성 원자이든 혹은 이온을 사용하든 같은 질량과 동일한 에너지를 가지고 있다면 스퍼터율에 영향을 미치지 않기 때문에 차이가 없다. 그러나 이온을 사용하여 스퍼터링을 하는데 이유는 이온은 전기장에 의해 가속되므로 다루기 쉽기 때문이다. 이온은 박막 물질과 반응하지 않아야 하므로 일반적으로 반응성이 없는 불활성 기체(noble gas)를 주로 사용한다. 기체의 원자량이 클수록 스퍼터율이 크기 때문에 원자량이 큰 라돈(Rn)과 같은 불활성 기체를 사용하는 것이 좋겠지만, 라돈은 방사선(radioactive) 물질이므로 실제 사용하는 것은 불가능하다. 이밖에도 제논(Xe)과 크립톤(Kr)도 있지만, 경제성이 떨어지기 때문에 주로 아르곤 기체를 많이 사용한다.

8.5 RF 스퍼터링(radio frequency sputtering)

직류(DC) 스퍼터링에서는 절연체 타겟을 이용하여 박막을 증착할 수 없기 때문에 RF 스퍼터링법이 개발되었다. 보통 5~30 MHz가 전형적인 RF 주파수 범위이며, 특히 13.56 MHz가 많이 사용된다. 이러한 이유는 13.56 MHz가 국제적 표준으로 플라즈마 공정에 허용되도록 합의하였기 때문이다. 플라즈마의 발생과 진동 전력원을 사용하므로 절연체 재료를 스퍼터링할 수 있고 낮은 압력에서도 사용 가능하다. RF 발생기를 직접 접지에 연결하거나 진공조 내벽 또는 기판 고정 장치에 접지를 시켜서 작은 크기의 결합 전극(coupled electrode)을 만들 수 있다. 하지만 이러한 공명 회로를 이루는데 필요한 유도 계수(inductance)를 만들기 위해서는 RF 발생기와 부하(load) 사이에 임피던스 정합 망(impedance-matching network)이 필요하다. RF 시스템에서는 유도 전류(inductive), 전기 용량(capacitive) 손실을 감소시키기 위하여 적당한 접지, 도선 길이의 최소화, 불필요한 연결 부분을 제거하는 것이 필요하다.

낮은 주파수 영역에서 이온들은 질량이 크기 때문에 포텐셜 진동(potential oscillation)을 효과적으로 따라갈 수 없다. 박막 물질을 음극

(cathode)로 하여 스퍼터링할 때 주파수가 10 MHz 이상 되어야 효과적인 스퍼터링이 일어난다. 대체적으로 13.56MHz나 27.12MHz의 RF가 사용된다.

절연체 박막 물질은 열전도성이 좋지 않아 열충격에 의하여 깨질 수 있기 때문에 제한된 증착 속도로 증착을 해야 한다. 이러한 단점을 극복하기 위하여 금속 박막 물질을 가지고 반응성 증착으로 절연막을 형성시키기도 한다. RF 스퍼터링을 이용하면 금속, 합금, 산화물, 질화물 및 탄화물 등 거의 모든 종류의 물질을 스퍼터로 증착할 수 있지만, 생성된 막이 타겟의 조성과 반드시 일치하지 않기 때문에 절연막의 증착에는 주의가 필요하다.

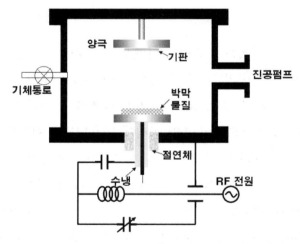

그림 8-16 ▶ RF 스퍼터의 기본 구조

라디오 주파수를 사용하여 방전하게 되면 박막 물질이나 기판 모두가 스퍼터링될 것으로 예상하지만, 이는 포텐셜(potential)이 어떻게 걸리느냐에 따라 달라지기 때문에 적당히 장치를 개선하면 해결될 수 있는 문제다. RF를 사용할 경우, 박막 물질은 RF 발생기와 결합(coupling)되어 하며, 등가 회로를 생각해보면 박막 물질 암흑(sheath) 영역과 기판(substrate)이 각각 축전기 역할을 하기 때문에 두 개의 축전기가 존재한다고 간주된다. 교류 회로에서 용량성 리액턴스(capacitive reactance)는 축전기의 면적에 반비례함으로 축전기의 면적이 작으면 작을수록 전압은 더욱 떨어지게 된다. 이는 곧 박막 물질의 면적이 작으면 작을수록 전압 강하가 많아져 큰 음(negative)의 자가 바이어스(self-bias)가 걸린다는 것을 의미한다.

8.6 기타 스퍼터링

8.6.1 3극 스퍼터링(triode sputtering)

3극 스퍼터링은 금속 필라멘트를 가열시켜 열전자(thermionic electron)를 방출시키며, 방출된 열전자가 마치 직류 스퍼터링에서 2차 전자의 역할을 수행하도록 한 것이다. 열전자로 하여금 기체의 이온화율을 높임으로써 10^{-5} torr 정도의 낮은 기체 압력과 40V 이하의 낮은 전압에서도 증착이 가능하다. 약 25 G의 자기장을 인가해주면 전자가 나선형 운동을 하기 때문에 더 많은 방전 기체 입자를 이온화시킬 수 있어 플라즈마 밀도가 높아진다. 3극 스퍼터링을 이용한 금속 박막의 증착에서 기체 압력이 1 mtorr일 때, 분당 40 nm의 증착 속도를 나타낸다.

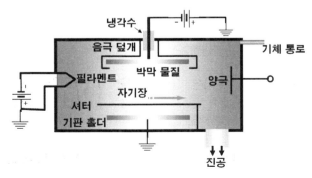

그림 8-17 ▶ 3극 스퍼터의 기본 구조

3극 스퍼터링은 플라즈마가 2차 전자에 의존하여 유지되지 않기 때문에 플라즈마 변수를 독립적으로 조절할 수 있다. 즉, 방출되는 열전자의 양을 조절함으로써 기체의 압력이나 박막 물질에 걸리는 전압을 바꾸지 않고 이온 전류를 조절할 수 있다. 이러한 장점 외에도 낮은 압력에서의 증착이 가능하기 때문에 충돌에 의한 산란(collision scattering)의 영향을 벗어날 수가 있다.

단점으로는, 사용하기가 복잡하고 열전자로 인한 오염이 있을 수 있으며 필라멘트에서 나오는 열의 영향을 받아 기본적으로 진공조 내의 온도가 상승하기 때문에 저온 증착이 용이하지 않다. 대형 기판에 적용하기가 어렵고 필라멘트 주변 온도가 높아 증착 속도가 빠르게 일어나게 되므로 막의 균일성을 얻기가 어렵다. 이를 해소하기 위해 위에서 언급한 입사각 의존성을 이용하여 어느 정도 해결할 수 있다.

8.6.2 마그네트론 스퍼터링(magnetron sputtering)

마그네트론 스퍼터링은 직류 스퍼터링 장치와 유사하지만, 음극에 영구 자석이 장착되어 박막 물질 표면과 평행한 방향으로 자기장을 인가해준다. 직류 스퍼터링 장치에서 박막 물질에 이온이 충돌해서 발생하는 2차 전자에 의해 글로우 방전이 유지된다. 이러한 2차 전자들은 음극에 수직한 방향의 경로를 통해서 양극으로 다가간다.

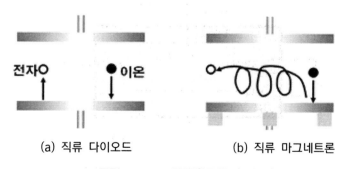

(a) 직류 다이오드   (b) 직류 마그네트론

그림 8-18 ▶ 마그네트론 효과

마그네트론 스퍼터링에서는 자기장이 박막 물질 표면과 평행하기 때문에 전기장에 대해서는 수직하다. 따라서 전자는 Lorentz의 힘을 받아 선회 운동(gyration)을 하며 가속되기 때문에 나선 운동을 한다. 이는 박막 물질 주변에서 전자가 벗어나지 못하게 하고 계속 선회하도록 하기 때문에 플라즈마가 박막 물질 표면의 매우 가까운 곳에 유지되어 근처 지역에서 플라즈마 밀도가 높아지게 되므로 이온화율이 증가한다. 이온이 많이 생겨 방전 전류가 증가하고 스퍼터 속도가 향상된다. 따라서 기판에 대한 전자의 충돌이 적어지고, 증착 속도가 향상되며 스퍼터 가능 압력도 낮출 수 있다. 박막의 증착 속도는 약 50배 정도까지 향상될 수 있으며, 증착 압력도 1 mtorr까지 낮아질 수 있다. 일반적인 자장의 세기는 200~500 G이다.

8.6.3 비균형 마그네트론 스퍼터링
(unbalanced magnetron sputtering)

비균형 마그네트론 스퍼터링은 구조상 마그네트론과 동일하지만, 내부 자석과 외부 자석의 자장 세기가 다르다. 따라서 자기장이 내부와 외부 사이를 벗어나 기판의 표면 쪽으로 향하는 유속이 생긴다. 이러한 자기장은 전기장 방향과 가까워 자기장의 방향과 전기장의 방향이 비슷해져 전자가 자기장을 따라 스프링 모양을 그리면서 나선 운동을 하여 기판 쪽을 향하게 된다. 플라즈마가 양극 근처에만 국한되지 않고 전체적으로 퍼질 수 있어 증착 도중 기판에 많은 이온들이 충돌할 수 있다. 증착 도중 이온의 충돌은 막의 특성을 변화시킨다. 이온 충돌의 효과를 증진시키기 위하여 기판에 바이어스(bias)를 인가한다. 그러나 일반적으로 기판에 입사하는 전류 밀도가 매우 낮다. 바이어스 전압을 높이면 공공은 작게 되나 입내에 결함이 생겨 잔류 응력이 증가하여 접착력(adhesion)이 나빠지고 막의 품질이 떨어진다. 따라서 이온의 전류 밀도를 증가시키고, 바이어스 전압을 낮게 유지하여 이온의 에너지를 낮게 유지해야 한다.

비균형 마그네트론 스퍼터링 장치는 세 가지 기본 형태가 있다.

❶ Ⅰ 형태 : 강한 내부 극(pole)과 약한 외부 극(pole)을 갖고 있으며, 기판에 충돌하는 이온의 비율이 매우 낮다(이온 : 증착원자 = 0.25 : 1).

❷ 중간 형태 : 거의 동일하게 균형을 유지하며, 일반적인 마그네트론이다.

❸ Ⅱ 형태 : 약한 내부 극과 강한 외부 극을 갖고 있으며, 낮은 기판 bias에서 기판에 충돌하는 이온의 비율이 높다(이온 : 증착원자 = 2 : 1).

비균형 마그네트론 스퍼터링은 이온 에너지와 이온 유속을 독립적으로 조절이 용이하고 생성된 막의 미세 구조와 관련된 공정 변수 사이의 상관 관계를 쉽게 인지할 수 있다.

8.6.4 반응성 스퍼터링(reactive sputtering)

반응성 스퍼터링은 금속 박막 물질을 이용하여 스퍼터링할 경우에 불활성 기체와 동시에 반응성이 있는 기체를 공급하여 화합물 박막을 형성하기 위해 주로 사용된다. 직류 다이오드, RF 다이오드, 3극, 마그네트론, 수정 RF 마그네트론 스퍼터링 장치가 반응성 스퍼터링 장치로 이용될 수 있다.

반응성 가스를 이용해서 다음과 같은 박막들을 형성할 수 있다.

❶ 산화막(oxide) : Al_2O_3, In_2O_3, SnO_2, SiO_2, Ta_2O_5

❷ 질화막(nitride) : TaN, TiN, AlN, Si_3N_4

❸ 탄화막(carbide) : TiC, WC, SiC

❹ 황화막(sulfide) : CdS, CuS, ZnS

어떤 물질이든지 반응성 스퍼터링으로 증착하는 동안, 박막은 반응성 기체의 입자가 금속 박막에 섞여 있는 고용체 합금(solid solution alloy)이거나 화합물(compound)이거나 또는 이들 둘의 혼합물 형태로 형성된다. Westwood는 박막이 합금이 될지 아니면 화합물이 될지를 예측할 수 있는 방법을 제시하였다.

반응성 스퍼터링 진행 중에 반응성 기체(gas)의 투입량에 따라 증착 압력(P)과 음극(cathode) 전압에 히스테리시스(hysteresis) 곡선을 보여준다. Q_r을 반응성 기체의 유량(flow)이라 하고, Q_i를 불활성 가스(inert gas)의 유량(flow)이라 놓자. 펌핑 속도(pumping speed)가 일정할 때, Q_r이 $Q_r(0)$에서부터 증가할 때 증착 압력은 P_o로 남아있게 된다. 반응성 기체가 모두 금속과 반응하여 증착되기 때문에 압력에 영향을 주지 않는다. 유량이 계속 증가하여 임계값, Q_r^*를 넘게 되면 증착 압력은 P_1으로 증가한다. 다시 유량을 감소하면 증착 압력은 반응성 기체의 유속에 따라 선형적으로 감소하다가 결국 초기 압력 P_o에 이른다(B 상태). 이와 같은 히스테리시스곡선 현상을 보이는 것은 A 상태와 B 상태가 확연히 다르기 때문이다. A 상태에서는 모든 반응성 기체가 박막의 증착에 사용됨으로 유량이 증가하면 박막 내에 존재하는 반응성 기체의 양도 증가한다.

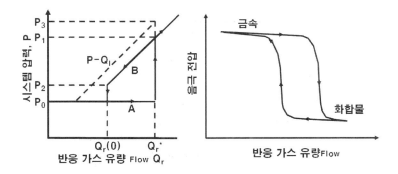

그림 8-19 ▶ 반응성 스퍼터링의 히스테리시스 곡선

A 상태에서 B 상태로의 변하는 것은 박막의 형성에 사용되고 남는 반응성 기체가 금속 박막 물질의 표면과 반응하여 화합물을 형성되기 때문이다. 일단 금속 박막 물질의 표면이 화합물로 덮여지면 더 이상 금속 박막 물질로서 거동하지 못하고 화합물 박막 물질로서 거동한다. 따라서 반응성 기체는 더 이상 박막 증착에 소모되지 못하고 진공조 내에 잔류하기 때문에 유량이 압력에 영향을 주게 되면 기체의 양이 감소되면서 내부 압력도 감소하는 것이다. 화학 양론적 박막은 반응성 기체의 유량이 임계값에 가까울 때 얻어지게 된다.

화합물이 금속보다 이온의 충돌에 의한 이차 전자의 발생이 많이 일어나기 때문에 음극 전압은 화합물의 경우가 더 낮아지게 된다. 반응 기체의 유량에 따른 음극 전압의 변화를 증착 압력과 관련이 있다. 티타늄 질화막(TiN)을 반응성 스퍼터링 방법으로 증착할 때 반응 기체 질소(N_2)의 유량에 따른 증착 속도를 [그림 8-20]에서 보여 주고 있다. 박막 표면이 금속 상태일 때는 증착 속도 화합물 상태의 증착 속도보다 빠르다. 반응성 스퍼터링을 잘 활용하기 위해서는 박막 표면이 항상 깨끗한 금속 표면으로 유지되어야 하며 화학양론적 막의 형성과 박막 물질의 오염을 피하기 위해 최적의 공정 변수를 찾는 게 중요하다.

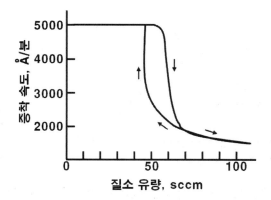

그림 8-20 ▶ 티타늄 질화막의 히스테리시스 곡선

▌참고문헌

- 김억수 외, "디스플레이 공학개론", 텍스트북스, 2014.
- 김학동, "반도체공정", 홍릉과학, 2008.
- 황호정, "반도체 공정 기술", 색능, 2003.
- 임상우, "반도체 공정의 이해", 청송, 2018.
- 김학동 외, "반도체 공정과 장비의 기초", 홍릉과학, 2012.
- 김학동, "반도체 공정", 홍릉과학, 2008.
- 최재성, "반도체 공정장비 공학", 북스힐, 2021.

식각 (etching)

09

9.1 식각 개요

식각 공정(etching process)을 정의하면, 주로 미세 패턴 및 구조를 웨이퍼 또는 다른 기판의 표면에 형성하기 위해 사용되는 공정 중 하나로, 이 공정은 기판 표면에서 불필요한 물질을 제거하거나 반도체 디바이스의 복잡한 패턴을 정확하게 정의하기 위해 화학적 또는 물리적으로 표면을 가공하기 위해 사용한다. 식각은 다양한 응용 분야에서 중요하며, 주로 반도체 제조 및 나노기술 분야에서 활용한다.

9.1.1 식각의 기본 원리

식각 공정이란 쉽게 표현하면, 필요한 회로 패턴만 제외하고, 나머지 불필요한 부분을 선택적으로 제거하는 과정이며, 포토리소그래피와 함께 반도체 공정에서 매우 중요한 공정이다. [그림 9-1]은 식각 과정을 나타낸다.

식각 공정은 화학약품의 부식 작용을 이용한 표면 가공 방법의 하나인 판화 기법 중에 식각법과 유사하다. 이는 18세기말 스페인의 화가인 고야가 세밀한 선을 살린 식각 기법을 활용한 판화를 제작하였다. 즉, 사용하는 소재에서 필요한 부위만 방식처리하고 날카로운 도구로 긁어내어 노출하고 부식액에 담가 부식을 진행함으로서 원하는 모양을 조절하는 판화기법이다.

부식과 같은 화학작용을 이용하여 그림을 만드는 판화의 식각 기법처럼 반도체 식각 공정도 기판에 액체나 기체의 부식액을 이용하여 불필요한 부분을 제거하는 회로 패턴을 완성하게 된다.

식각 공정은 기판 위에 미세 회로를 형성하는 과정으로 현상(developing) 공정을 통해 형성된 보호막(감광막)의 패턴과 동일하게 금속 혹은 절연물 박막 위로 패턴을 전사하는 과정이다.

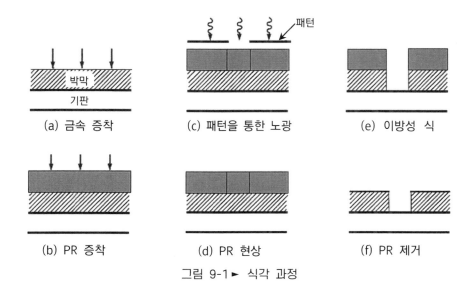

그림 9-1 ▶ 식각 과정

9.1.2 식각의 분류

식각 공정은 반도체 소자를 제조하기 위해 기판에 패턴을 형성하는 단계이다. 즉, 기판에 포토리소그래피 공정을 통해 형성된 PR 패턴을 마스크(mask)를 사용하여 하부막을 가공하는 공정으로 화학적 혹은 물리적 반응을 이용하여 선택적으로 가공하거나 불필요한 부분을 제거하는 단계이다. 일반적으로 반도체 식각 공정은 방식에 따라 크게 액체를 사용하는 습식 식각(wet etching)과 플라즈마를 사용하는 건식 식각(dry etching)으로 나눈다. 습식 식각은 금속 등과 반응하여 부식시키는 산(acid) 계열의 화학약품을 이용하여 박막의 보호막이 없는 영역(감광막 패턴이 없는)을 깎아 내는 것을 말하며, 건식 식각은 플라즈마 이용하는 것으로 플라즈마 내의 이온을 가속시켜 보호막이 없는 부분의 물질을 떼어냄으로서 패턴을 형성하는 것을 말한다.

식각 공정은 다양한 분류방식에 따라 구분할 수 있으며, 다음과 같이 나눌 수 있다.

1) 물질 제거 방법에 따른 분류

❶ 화학적 식각(chemical etching) : 화학적인 반응을 통해 반도체 표면을 제거하는 방법이며, 일반적으로 산화 또는 염화 공정에 사용한다.

❷ 물리적 식각(physical etching) : 화학적인 공정 없이 이온 빔이나 플라즈마와 같은 에너지 빔을 사용하여 반도체 표면을 제거하는 방법이다.

2) 패턴 형성 방법에 따른 분류

❶ 마스크 식각(mask etching) : 마스크를 사용하여 반도체 웨이퍼 표면에 원하는 패턴을 형성하는 방법으로 기판 상에 올려놓은 마스크의 패턴을 통해 식각을 진행하게 된다.

❷ 리소그래피 식각(lithography etching) : 미세한 패턴을 형성하기 위해 일반적으로 화학 공정과 마스크를 사용한다. 이를 통해 반도체 웨이퍼에 반복적으로 패턴을 만들 수 있다.

3) 식각 방식에 따른 분류

❶ 건식 식각(dry etching) : 건식 식각은 액체 용액을 사용하지 않고, 기체 또는 플라즈마 상태의 화학 물질을 사용하여 반도체 표면의 물질을 제거하는 공정이다. 화학적 또는 물리적인 방법으로 반도체 표면을 부식 또는 제거하게 되며, 건식 식각은 등방성 또는 이방성 식각으로 구분된다. 주로 플라즈마 에칭 (plasma etching), 이온빔 에칭 (ion beam etching), 반응성 이온 에칭 (RIE), 다중 암모니아 이온 에칭 (ICP Etching) 등 다양한 기술이 사용되며, 정밀한 패턴을 형성하고 특히 식각 깊이를 제어하는 것이 가능하다. 건식 식각은 주로 반도체 칩, 마이크로전자 소자, MEMS (micro-electro-mechanical systems), 나노 구조물 및 다양한 마이크로 나노제품의 제조에 널리

사용된다.

❷ **습식 식각**(wet etching) : 습식 식각은 액체 용액을 사용하여 반도체 기판 표면의 물질을 화학적으로 제거하는 공정이다. 산화제나 염화제와 같은 화학적 용액을 사용하여 물질을 용해하거나 부식시킨다. 주로 등방성 식각 방법으로 작용하며, 방향에 따른 부식률 차이가 작은 편이다. 정밀한 패턴 형성이 어렵고, 또한 식각 깊이를 정확하게 제어하기 어렵다는 단점을 가진다. 습식 식각은 반도체 칩에서 절연 물질 제거, 부식성 피막 제거 혹은 나노 및 마이크로 구조물 형성과 같은 일부 공정에 사용된다.

건식 식각과 습식 식각은 각각의 장단점을 가지며, 사용 목적과 프로세스 요구 사항에 따라 선택된다. 건식 식각은 정밀한 패턴 형성과 고해상도 요구 사항을 충족하며, 습식 식각은 비교적 간단한 공정이나 저렴한 장비로 사용하게 된다. 이러한 식각 기술은 첨단 마이크로나노 제조 분야에서 중요한 역할을 한다.

4) 식각 형태에 따른 분류

❶ **등방성 식각**(isotropic etching) : 등방성 식각은 모든 방향으로 동일한 비율로 물질을 제거하는 식각 공정이다. 주로 원형 또는 구형의 패턴을 생성하며, 모든 방향에서 같은 속도로 식각이 진행되므로 특정 방향으로의 정밀한 패턴 형성에는 적합하지 않다. 주로 부식성 가스나 액체를 사용하여 층을 균일하게 제거하는 데 사용된다. 등방성 식각은 구조적인 특성이나 균일한 층의 물질을 제거해야 하는 경우에 적합하며, 예를 들어, 산소 플라즈마 등방성 식각은 마스크 제거 및 평탄화 과정에서 사용된다.

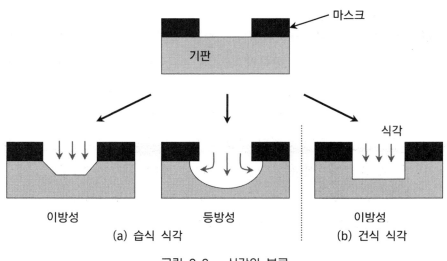

그림 9-2 ▶ 식각의 분류

❷ 이방성 식각(anisotropic etching) : 이방성 식각은 특정 방향으로 물질을 빠르게 제거하거나 다른 방향으로는 더 느리게 제거하는 식각 공정이다. 즉, 특정 방향으로만 빠르게 물질을 제거하므로 원하는 패턴을 형성하기에 적합하다. 일반적으로 플라즈마 식각 또는 이온빔 식각과 같은 고에너지 공정을 사용하여 이방성 식각을 수행한다. 이방성 식각은 반도체 제조 및 마이크로나노 구조물의 패턴 형성에 매우 중요하다. 반도체 칩의 길목, 채널이나 혹은 관의 형성과 같은 세부적인 구조를 만들 때 사용된다.

등방성 식각과 이방성 식각은 각각의 공정 특성을 이용하여 다양한 마이크로나노 기술분야에서 사용한다. 이러한 공정은 고급 전자 소자, 센서, 반도체 칩, 및 다양한 마이크로나노 기술 응용에 중요한 역할을 한다.

5) 선택 방식에 따른 분류

❶ 선택적 식각(selective etching) : 선택적 식각은 복합층 중에서 아래

층에 영향을 주지 않고 표면의 층에만 반응하여 식각하는 것이다. 습식 식각에서의 선택적 식각은 특정 물질에만 반응하도록 몇몇 화학 약품을 조합하여 식각액(etchant)을 만들어 사용함으로서 가능하며, 건식 식각은 특정 물질에만 반응하는 반응성 기체를 주입함으로서 가능해진다. 이온 가속에 반응성 기체를 사용하는 반응성 이온 식각(RIE: reactive ion etching)은 선택적 식각이다.

❷ 비선택적 식각(nonselective etching) : 비선택적 식각은 여러 층과 반응하여 여러 층을 일괄적으로 식각하는 것을 말한다. 건식 식각의 경우, 이온 가속만을 이용하는 이온빔 식각 장치(IBE: ion beam etching)와 스퍼터링과 같이 마그네트론을 이용하는 스퍼터 식각(sputtering etching)이 비선택적 식각이다.

일반적인 식각 외에 직접적인 식각 방법을 사용하지 않고 패턴을 전사하는 경우가 있는데, 대표적인 것이 리프트오프(liftoff) 기법이다. 리프트오프 기법은 박막을 입히기 전에 감광막에 패턴을 만들고 그 위에 박막을 덮고 감광막을 제거하면서 동시에 박막을 제거하여 패턴을 형성시키는 방법을 말한다. 감광막을 용제(solvent)에 녹이는 과정에서 감광막 위에 증착된 박막은 제거되고 기판 위에 증착된 박막은 남게 된다.

9.1.3 식각의 일반 용어

식각 공정에서 반드시 알아야할 일반적인 용어를 살펴보도록 한다.

1) 식각률(etch rate)

식각률은 식각이 진행되는 동안 식각 물질이 단위 시간에 대해 식각이 진행된 깊이를 의미하는 것으로 일명 식각 속도라고도 하며, 단위는 [Å/sec] 혹은 [Å/min]이다. 즉, 식각률은 식각이 진행되는 동안에 대상 물질의 표면에서부터 제거되는 속도를 의미한다. 식각 공정에서 식각률은 빠른 것이 중요하며, 식각률을 높이기 위해 식각 온도나 식각 시간과 같은 공정 변수, 식각 가스나 식각액(etchant), 진공조의 구성, 대상 물질의 특성 및 패턴의 크기나 밀도 등이 중요 요인이다.

식각률은 일반적으로 식각에 사용되는 가스나 식각액의 농도에 비례하며, 식각에 사용되는 물질의 농도가 높을수록 식각률이 빨라진다. 그러나 농도가 너무 높아지면 식각 속도를 조절하기 어렵기 때문에 식각의 깊이를 결정하기 어렵다. 또한 식각률은 식각 대상 물질의 표면에 구성되는 패턴의 크기나 밀도와도 밀접한 관련이 있으며, 이를 부하 효과(loading effect)라고 부르는데, 패턴의 크기가 동일하더라도 밀도가 큰 부분의 식각률이 낮아진다. 그리고 패턴의 밀도가 같더라도 패턴의 크기가 크게 되면 식각률도 커진다.

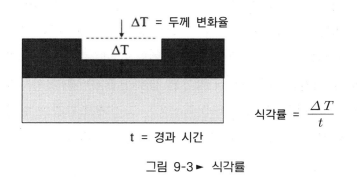

$$식각률 = \frac{\Delta T}{t}$$

그림 9-3 ▶ 식각률

2) 식각액(etchant)

식각액은 반도체 식각 공정에서 기판의 표면을 식각하여 패턴을 형성시키기 위해 특정 물질만을 식각하는 케미컬(chemical)이다. 여기서 케미컬이란 식각하고자 하는 물질에 따라 달라지는데, 예를 들어 실리콘 기판에 SiO_2가 증착된 경우, SiO_2는 HF에 의해 식각할 수 있지만, Si는 HF로 식각되지 않는다. 따라서 HF는 특정한 물질인 SiO_2 만을 식각하기 위해 사용할 수 있기 때문에 SiO_2의 식각액(etchant)이라고 부를 수 있다. 즉, 식각액이란 특정 물질에만 반응하여 대상 물질을 식각할 수 있는 케미컬이다. 식각액은 반도체 기판 상에 미세한 패턴을 형성하기 위해 사용되며, 이와 같은 패턴은 반도체 소자의 구조를 결정하고, 이어지는 공정 단계에서 필수적인 형상이다. 식각액은 기판 표면에 불순물을 제거하고 깨끗한 표면을 유지할 수 있도록 하는 역할을 한다. 그리고 식각액은 반도체 소자를 정밀하게 형성하고 불필요한 층을 제거하여 원하는 패턴만을 구성할 수 있도록 만든다. 또한 식각액의 종류, 농도, 온도, 처리 시간 및 기판의 노출 방식 등은 반도체 소자의 패턴을 정밀하게 제어하는 요소이며, 올바른 식각 조건을 선택한다는 것은 반도체 소자의 성능과 품질에 큰 영향을 미치게 된다. 반도체 식각 공정에서는 반드시 안전에 주의해야 하며, 식각액은 화학 물질이기 때문에, 적절한 안전 장비와 환기 시스템이 필요하다.

3) 식각 프로파일(etch profile)

식각된 물질의 측벽 프로파일은 [그림 9-2]에서 나타나듯이, 기본적으로 이방성과 등방성으로 식각되며, [그림 9-4]에서와 같이 식각은 다시 구분하여 vertical형, positive형과 negative형으로 나눈다. 식각 프로파일은 식각 기울기를 의미하며, 그림에서 보듯이 측면의 기울기 형태를 나타낸다. 수직형(vertical type)으로 식각되는 측면은 이방성 식각이며, positive나 negative형은 등방성 식각이다.

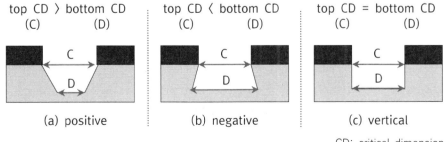

top CD 〉 bottom CD　　top CD 〈 bottom CD　　top CD = bottom CD
　(C)　　　　(D)　　　　(C)　　　　(D)　　　　(C)　　　　(D)

(a) positive　　　　(b) negative　　　　(c) vertical

CD: critical dimension

그림 9-4 ▶ 식각 프로파일과 CD(임계치수)의 관계

식각 프로파일은 반도체 소자의 정확한 형태와 치수를 제어하기 위해 중요한 역할을 하며, 반도체 제조에서 정밀한 공정 제어와 품질 관리를 위해 중요한 요소이다. 제어된 식각 프로파일은 원하는 반도체 소자의 속성을 유지하고 향상시키는데 도움이 되며, 이는 전자 제품의 성능 향상과 효율성에 기여한다.

4) 식각 바이어스(etch bias)

식각 바이어스는 [그림 9-5]에서 나타나듯이, 식각 공정을 진행한 후에 임계 치수(CD; critical dimension)의 공간이나 선폭의 변화량에 대한 측정을 의미한다. 식각 공정이 이루어지면서 그림과 같이 깎아내는 원인이 되지만, 이는 식각 프로파일의 결과이기도 하다. 식각 바이어스를 식으로 표현하면 다음과 같다.

$$식각 \ 바이어스 \ = \ W_b - W_a \tag{9-1}$$

여기서, W_b는 식각 전에 감광막에서 원래 선폭이며, W_a는 감광막 제거 후에 식각된 물질의 최종 선폭을 의미한다.

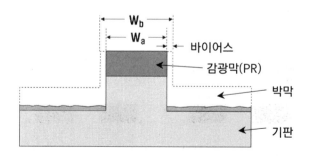

그림 9-5 ▶ 식각 바이어스

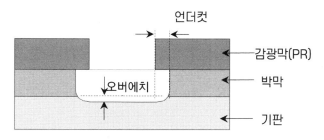

그림 9-6 ▶ 식각 언더컷과 오버 에치

[그림 9-6]에서는 식각 언더컷(etch undercut)과 오버 에치(over-etch)를 보여주며, 식각 언더컷은 식각 바이어스에 의해 감광막 밑 부분의 박막이 과도하게 식각되는 것을 의미하며, 오버 에치는 기판 아래로 과도하게 식각되는 것이다.

5) 식각 선택도(etch selectivity)

식각 선택도란 특정한 물질만을 얼마나 선택적으로 식각하였는지를 나타내는 비율이다. 즉, 동일한 식각 조건 하에서 특정 박막이 얼마나 빠르게 식각되는지를 나타내는 정도를 의미한다. 주로 감광막 패턴을 형성하고 아래에 하부 물질을 식각할 경우에 감광막과 하부 물질 사이에 식각 선택도를 고려하게 된다. 이때 식각 공정 동안에 감광막 패턴은 하부 물질을 보호하는 보호막 역할을 하며, 하부 물질보다 감광막의 식각률이 낮아야만 보호막으로 사용할 수 있다. 이와 같이 식각률의 비율을 선택도라고 하며, 식각 선택도가 높을수록 하부 물질의 식각이 활발하게 많이 발생한다는 의미이다. 식각 선택도를 식으로 표현하면 다음과 같다.

$$\text{선택도}(S) = \frac{\text{식각되어야 하는 물질}}{\text{식각되지 말아야 하는 물질}} = \frac{E_f}{E_r} \tag{9-2}$$

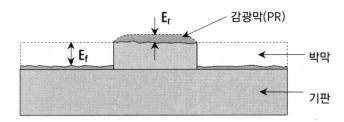

그림 9-7 ▶ 식각 선택도

식각 선택도는 패턴되는 식각에서 매우 중요한 변수이며, 감광막과 식각하고자 하는 하부 물질 사이에 식각률의 비율이다.

6) 식각 균일도(etch uniformity)

식각 균일도란 식각 공정을 통해 식각된 표면이 얼마나 균일하게 식각되었는지를 나타내는 척도이다. 식각은 균일하게 발생하여야 할 것이지만, 식각 프로파일이나 패턴의 밀도 등에 의해 불균일하게 발생한다. 즉, 균일도를 유지하여야만 일관성 있는 제조 공정을 유지할 수 있다. 식각 균일도에 대한 식은 다음과 같다.

$$균일도 = \frac{E_{\max} - E_{\min}}{E_{\max} + E_{\min}} \times 100 \qquad (9\text{-}3)$$

여기서, 식각 균일도를 측정하기 위해 각 웨이퍼의 위치에서 대략 5~9지점을 선정하여 가장 높은 식각률($E_{\max}$)과 가장 낮은 식각률($E_{\min}$)을 측정하여 구하게 된다. 식각 불균일은 식각률, 패턴의 높이와 크기의 비, 패턴 밀도 등에 의해 변할 수 있다. 일반적으로 웨이퍼의 테두리와 가운데 지점의 식각 균일도가 다르다. 이는 온도 차이로 인하여 식각률이 달라져 임계 치수의 차이로 인하여 발생하며, 수율에 많은 영향을 미치는 결과를 초래한다.

9.2 습식 식각(wet etching)

습식 식각은 반도체 제조 공정에서 층을 형성하거나 패턴을 만들기 위해 화학적인 방법을 사용하는 제조 공정 중에 하나이다. 습식 식각은 반도체 산업 초기부터 웨이퍼 제작과 관련하여 많이 사용해오던 공정으로 산화물 청소, 잔류물 제거 및 표면층 제거 등에 사용하는 세정 공정에 일부이기도 하다. 주로 화학 약품을 이용하여 대상 물질을 제거하는 방법이며, 제거하고자 하는 특정 물질만을 제거하고 이외의 물질은 그대로 유지하기 위해 사용하는 매우 중요한 공정이다.

9.2.1 습식 식각의 원리

습식 식각은 화학적 반응을 이용하여 반도체 기판의 특정 부분을 제거하는 공정이다. 이러한 과정에서 사용되는 화학 용액은 반도체 기판 위의 특정한 층에 반응하여 그 층을 제거하거나 패턴을 형성하기도 한다.

습식 식각은 두 가지 주요 유형으로 나누는데, 물질 제거를 위한 화학적 반응(isotropic etching)과 패턴 형성을 위한 화학적 반응(anisotropic etching)으로 구분한다. 물질 제거를 위한 화학적 반응의 습식 식각은 반응이 등방성(isotropic)으로 진행한다. 즉, 화학 용액이 모든 방향으로 동일하게 층을 제거하며, 주로 층을 균일하게 제거하거나 구멍을 뚫거나 원형 패턴을 형성하기도 한다. 이러한 등방성 식각은 정확한 크기의 패턴을 구현하기 어렵기 때문에 원하는 패턴보다 작은 패턴을 형성하여 습식 식각하여야 하는 단점이 있고, 최소 선폭의 크기는 $3\,\mu m$ 이상의 소자 제작에 주로 사용한다. 패턴 형성을 위한 화학적 반응하는 유형의 습식 식각은 반응이 이방성(anisotropic)으로 진행한다. 화학 용액이 특정 방향으로만 층을 제거하기 때문에, 원하는 패턴을 형성하는 데 사용한다. 예를 들어, 반도체 위에 미세한 선을 형성하기 위해 주로 사용한다. 습식 식각의 제어 요소는 온도, 시간, 및 식각액 농도, 용매의 산도 등을 이용한다.

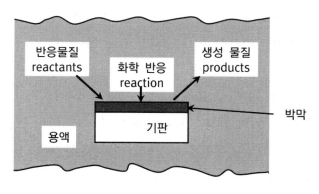

그림 9-8 ► 습식 식각의 과정

9.2.2 습식 식각의 과정

습식 식각의 과정은 크게 3단계로 진행하는데, [그림 9-8]에서 나타내는 바와 같이 먼저 식각하려는 기판과 화학 용액을 선택한다. 이러한 용액은 기판의 박막층을 제거하거나 패턴을 형성하기 위해 필요한 반응을 수행하게 되며, 용액의 선정은 원하는 공정에 따라 달라진다. 식각 과정을 살펴보면, 식각시키고자 하는 물질 표면으로 반응 물질이 확산에 의해 이동하여 공급된다. 반응 물질은 표면에서 화학반응을 일으키고 이를 통해 형성된 생성 물질이 표면에서 떨어져 나와 제거된다. 이때, 생성 물질은 식각 대상 물질의 이온과 반응 물질의 이온이 결합된 새로운 분자를 형성하여 제거하려는 물질이 떨어져 나와 식각이 완성된다. 여기서 교반의 정도나 식각 용액 온도 및 시간 등은 식각 속도에 영향을 미치게 된다.

습식 식각은 기판을 반응 용액(etchant)에 담근 후, 박막이 화학 작용이나 용해되어 제거하는 방법이다. 반응물은 용해될 수 있어야 하며 식각액과 함께 쓸려 나간다. 습식 식각은 등방성 식각으로 모든 방향으로 동일하게 진행된다. 선택도(seletivity)는 식각을 원하는 물질과 원하지 않는 물질의 비율을 의미한다. [그림 9-9]에서는 선택비에 대한 설명을 보여 주고 있다. 예를 들어, 실리콘 질화막(SiNx)에 대한 식각을 고려하자. 그러나 습식 식각의 특성상 실리콘 질화막 만 깎는 것이 아니라, 이를 보호하고 있는 감광막과 아래 있는 실리콘 산화막(SiO$_2$)을 동시에 깎는다. 따라서 실리콘 질화막은 빠른 속도로 식각하고 감광막과 실리콘 산화막은 느리게 식각하도록 선택비를 높게 해주는 방향으로 진행한다. 감광막에 대한 질화막의 선택비는 R_{SiN}/R_{PR}이고 산화막에 대한 선택비는 R_{SiN}/R_{OX}이며, 선택비가 높을수록 좋다.

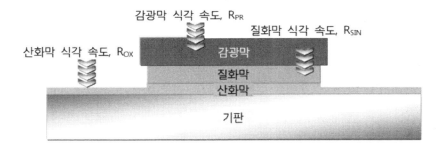

그림 9-9 ▶ 습식 식각의 선택도

식각의 종료점(end-point)는 식각 용액이 원하는 박막으로 들어가 식각이 다 되도록 노출시키는 시간이다. 식각 공정에서 이 종료점을 알아내는 것은 매우 중요하다. 예를 들어 산화막은 물과 잘 접촉하는 친수성(hydrophilic), 실리콘은 물의 잘 붙지 않는 소수성(hydrophobic)을 이용하며 주기적으로 시간 간격을 정하여 물이 묻는 정도를 확인한다.

9.2.3 식각액(etchants)의 종류

습식 식각에서 사용하는 식각액의 종류는 대상이 되는 식각 물질에 따라 다양하며, 반도체 소자의 특성, 대상 물질의 물성 및 식각 목적 등을 고려하여 선택한다. 식각액은 주로 산(acid)를 사용하며, 대상 물질에 따라 암모니아(NH_4OH)나 수산화 칼륨(KOH)와 같은 알칼리뿐만 아니라, 아세톤(acetone)과 같은 유기 용제를 사용하기도 한다. 표 9-1에서 식각 용액과 식각 온도를 나타낸다.

표 9-1► 식각 용액과 식각 온도

기판	식각액	공정온도 (℃)
실리콘 산화막	7 NH_4F : 1 HF	상온
Pyrolyc 산화막	7 NH_4 : 1 HF	상온
PSG 　절연막(insulator) 　보호막(passivation)	7 NH_4F : 1 HF 6 H_2O : 5 $HC_2H_3O_2$: 1 NH_4F	상온
질화막	H_3PO_4	155
다결정 실리콘 　도핑 　도핑 안함	200 HNO_3 : 80 $HC_2H_3O_2$: 1 HF 20 HNO_3 : 20 $HC_2H_2O_2$: 1 HF	상온
Al	80 H_3PO_4 : 5 HNO_3 : 5 HC_2H_3O : 10 H_2O	40 ~ 50

식각액 중에 많이 사용하는 산이나 알칼리의 종류와 특징을 살펴보면 다음과 같다.

1) 염산(hydrochloric acid; HCl)

염산은 염화 수소 수용액으로 염화수소산 혹은 염강수라고도 하며, 대표적인 강산에 속한다. 강산이기 때문에 물을 넣어 희석한 묽은 염산으로 사용된다. 반도체 공정에서 많이 사용되는 중요한 식각액이며, 주로 실리콘(silicon)을 식각하거나 산화 실리콘(SiO_2)을 제거하기 위해 사용한다. 염산은 강력한 산성을 가지고 있으며, 반응이 등방성(isotropic) 또는 이방성(anisotropic) 식각에 따라 다르게 조절되어 사용한다.

2) 질산(nitric acid; HNO_3)

질산은 무색의 액체로 부식성과 발연성을 가진 대표적인 강산이며, 반도체 웨이퍼 공정에서 오염을 방지하기 위해 표면에 남은 불순물을 제거하는데 필수적으로 사용되는 물질이다. 특히 반도체 가공 공정 중에 식각 공정은 반도체의 수율과 관련한 중요한 공정에 부식액으로 사용한다. 실리콘 식각이나 산화 실리콘 제거에 사용되는 식각액으로 염산과 함께 혼합하여 특정 방향으로 이방성 식각을 가능하도록 사용하는 경우가 있다.

3) 불산(hydrofluoric acid; HF)

플루오린화 수소 혹은 불화수소라고 부르는 불산은 유독성으로 무색투명한 기체 또는 액체이며, 발연성과 자극성이 매우 강하다. 반응성이 강하여 플라스틱이나 유리를 녹일 수 있고, 촉매제나 탈수제로 이용된다. 주로 실리콘 웨이퍼의 제조 과정 중에서 습식 식각 공정과 세정 공정에서 사용되고, 실리콘 산화물(SiO_2) 층을 제거하기 위해 사용된다. 주로 등방성 식각에 사용되며, 산화 실리콘을 효과적으로 제거할 수 있다.

4) 황산(sulfuric acid; H_2SO_4)

고순도 황산(PSA; pure sulfuric acid)은 순도가 높은 황산으로 강산성의 액체 화합물이다. 염산과는 달리 비휘발성이며, 농도가 낮더라도 황산에 함유된 수분이 증발하면 농축되어 위험을 초래할 수 있다. 반도체용 고순도 황산은 반도체 제조 공정 중에 세정 공정에서 웨이퍼 표면에 부착된 유기물, 금속 오염물 및 불순물을 제거하기 위한 사용하는 필수적인 물질이다.

5) 초산(acetic acid; CH_3COOH)

초산 혹은 아세트산은 상온에서 무색의 자극성이 매우 강한 냄새를 가진 신맛의 액체이다. 유리 식각이나 마스킹 물질을 제거하는 데 사용되며, 특히 플라즈마 식각 후 유리 기판을 정리하기 위해 사용된다.

6) 암모니아(ammonia; NH_3)

암모니아는 질소와 수소로 구성된 화합물로 반도체 제조에서 매우 중요한 화학 소재이다. 암모니아는 실리콘 질화물의 분해에 흔히 사용되며, 질산화 혹은 다른 질화물의 분해에도 사용된다. 암모니아는 세정의 염기 세정 부분으로 널리 사용되기도 한다.

이러한 식각액들은 반도체 제조에서 식각을 위해 다양한 용도로 사용되며, 특히 화학 물질을 다룰 경우에는 안전 절차와 환경 규정을 엄격히 준수하는 것이 중요하다. 또한 각각의 식각액은 원하는 결과물 및 재료에 따라 선택되며, 적절한 식각액 및 공정 조건의 선택이 매우 중요하다.

9.3 건식 식각(dry etching)

건식 식각(dry etching)은 반응성 기체 입자의 플라즈마 상태를 이용하여 제거하려는 박막 물질과의 화학적 혹은 물리적 반응으로 식각하는 방식이다. 즉, 화학 반응에 의하여 박막 물질을 제거하는 방법 혹은 박막 물질을 물리적 이온 충격으로 파괴하여 제거하는 방법이다. 건식 식각 기술은 플라즈마, 기체 및 진공 등의 조건에 따라 식각 성능이 달라지며, 기판의 손상과 오염 등의 부작용을 고려하여야 한다.

9.3.1 건식 식각의 원리

건식 식각은 반도체 제조 공정에서 표면 성분을 제거하기 위해 사용하는 기본적인 식각 방법이다. 반도체 웨이퍼의 특정 영역을 제거하거나 패턴을 형성하기 위해 건식 화학적 반응을 이용하는 공정이다. 건식 식각은 습식 식각과는 달리 액체 식각액을 사용하지 않으며, 대신 기체나 플라즈마 상태의 화학 물질을 이용하여 반응을 진행한다. 이러한 공정은 반도체 소자의 정밀한 패턴을 형성하고 신속하게 소자를 제작하는 데 중요한 역할을 한다. 건식 식각 공정의 주요 원리는 다음과 같다.

건식 식각은 기체 상태의 화학 물질을 사용하여 반도체 웨이퍼 표면에 원하는 반응을 유도하고, 화학 물질은 반응 용기 내에서 정확하게 제어된다. 일반적으로 진공 상태의 반응 용기 내에서 화학 물질이 이온화되거나 활성화되는 과정이다. 용기 내에서 이온빔, 이온 가스 혹은 플라즈마 상태의 화학 물질을 웨이퍼 표면에 제공하며, 이온빔이나 화학 물질은 웨이퍼 표면과 상호 작용하면서 식각 반응을 유도한다. 건식 식각은 웨이퍼 표면에 반응을 유도하기 위해 패턴 또는 마스크를 사용하며, 웨이퍼의 일부 영역을 노출시키거나 보호하게 된다. 마스크는 반도체 설계 및 패턴에 따라 제작되며, 특정 부분만이 식각된다. 이렇게 노출된 영역에서 화학 물질의 반응이 발생하고, 반응 생성물이 제거된다. 즉, 건식 식각은 반도체 소자의 일부를 정밀하게 제거하거나 층을 형성하게 된다. 이러한 과정은 반응 시간, 온도, 기압 및 화학 물질의 공급량을 조절하여 정확하게 제어된다.

건식 식각은 반도체 제조에서 패턴화된 층을 형성하거나 불순물을 제거하는 데 사용되며, 더 높은 정밀도와 고해상도를 요구하는 공정에서 주로 활용된다. 이를 통해 반도체 소자의 성능을 향상시키고 정밀한 제어가 필요한 미세 구조를 형성한다.

9.3.2 건식 식각의 과정

플라즈마를 이용하여 박막을 식각하는 건식 식각은 이온에 의한 물리적인 식각, 라디칼에 의한 화학적인 식각 및 이온과 활성의 라디칼을 이용한 식각으로 대별하여 구분할 수 있다. 건식 식각의 과정은 [그림 9-10]에서 나타나는 바와 같이 진공 상태의 용기에 가스를 공급한 후에 전원을 인가하면, 전기장에 의해 가스가 분해되어 플라즈마가 발생한다.

먼저 이온을 이용하는 물리적인 식각은 스퍼터링의 원리와 동일한 방식으로 플라즈마에 의해 생성되는 양이온이 음극을 향하여 진행하면서 기판 표면으로 가속되어 물리적인 방식으로 충돌(bombard)하며, 기판 박막의 결합을 끊어 원자나 분자가 튀어나오면서 식각되는 방법으로 주로 이방성 식각(anisotropic etch)을 진행한다.

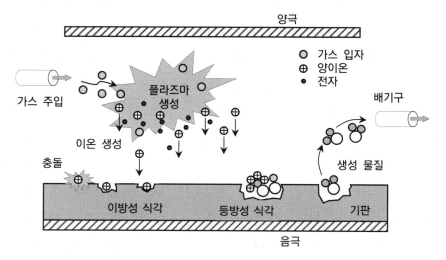

그림 9-10 ▶ 건식 식각의 과정

화학적인 식각은 중성의 라디칼(radical)에 의해 이루어지는데, 기판 표면으로 이동한 라디칼이 기판 박막의 원자나 분자와 화학적으로 반응하여 결합하면서 휘발성을 가진 화합물을 만들게 된다. 이와 같은 화합물은 표면에서 빠져나와 식각을 진행하게 되며, 특정한 방향만이 아닌 다방면으로 진행하기 때문에 등방성 식각(isotropic etch)을 형성한다.

마지막으로 기판 표면에 양이온과 중성의 라디칼이 모두 가담하여 진행하는식각의 경우는 표면에서 높은 에너지를 가진 양이온에 의한 물리적인 충돌로 인하여 박막의 결합을 끊게 된다. 더불어 화학적으로 활성화된 상태에서 반응성의 라디칼이 표면으로 이동하여 약화된 박막의 원자나 분자와 화학적으로 결합하면서 화학 반응의 결과물로 휘발성을 가진 부산물(by-product)을 생성하며, 이러한 반응 부산물은 기판에서 탈착된다. 따라서 기판 표면에서는 등방성 식각을 이루게 되며, 탈착된 부산물은 용기 내에 가스 흐름으로 확산되어 배기구를 통해 제거된다. 이와 같이 양이온과 라디칼이 동반하여 진행되는 식각 과정이 가장 높은 식각률을 나타내며, 고밀도의 플라즈마를 통해 양이온과 라디칼의 농도를 높음으로서 더욱 높은 식각률을 얻을 수 있다.

건식 식각 공정의 과정에서 식각률과 식각 프로파일에 영향을 미치는 요소로는 용기 내에 공정 압력, 주입 가스의 종류, 가스 유량, 인가되는 전원 소스, 공정 온도 등이 있다.

9.3.3 건식 식각의 종류

건식 식각은 전원 소스의 형태, 가스 유형 및 장비의 종류 등에 따라 다양한 종류가 있으며, 여기서는 식각하고자 하는 박막 소재에 따라 건식 식각을 구분하여 기술한다.

1) 다결정 실리콘 식각

다결정 실리콘의 식각은 다양한 기체들을 사용할 수 있으며, 주로 염소(Cl_2), 불화물, 브롬 화합물 등을 사용한다. 이외에 여러 가지 기체(gas)를 이용하여 식각(etch)이 가능하며, 가장 많이 쓰이는 염소를 사용하여 실리콘을 식각하는 과정을 보면 다음과 같다.

❶ 다결정 실리콘의 측벽 보호를 위해 염소 이온들이 탄소와 결합하여 중합체(polymer)를 형성한다.

❷ 염소 이온이 다결정 실리콘의 실리콘과 반응하여 SiCly 화합물을 형성한 후 휘발성 $SiCl_4$를 형성한다.($2Si + 4Cl_2 \rightarrow 2SiCl_4$)

❸ 다결정 실리콘이 식각 되면 기판에 산화막이 들어나게 되어, 감광막의 탄소와 산화막의 산소와 결합하여 탄소와 산소 화합물을 형성하게 된다.

❹ 염소 이온은 산화막에서 실리콘과 결합하여 SiCly를 형성한다.

2) 실리콘 산화막 식각

실리콘 산화막은 화학적 반응이나 이온 충격(bombardment)에 의해 식각된다. 여기에 중합체를 형성하는 것은 식각 속도를 느리게 하거나 방해하는 역할을 하기 때문에, 원하는 선택비를 얻는 중요한 요소로 작용한다. 전형적인 산화막 식각을 과정은 다음과 같다.

❶ 식각액(etchant)인 불화탄소가 산화막과 반응하여 불소(F)기나 CF_3를 형성한다.

$$CF_4 + e- \rightarrow CF_3 + F + e-$$

❷ 불소기나 CF_3기는 산화막과 화학적인 반응을 잘하고 쉽게 결합하는 성질을 갖고 있어서 불화 실리콘(SiF_4), 일산화탄소, 이산화탄소를 형성시킨다.

$$4CF_3 + 3SiO_2 \rightarrow 3SiF_4 + 2CO_2 + 2CO$$

❸ 실리콘과 산소 결합은 200 Kcal/mole 정도이며, 상대적으로 실리콘과 실리콘 결합의 80 Kcal/mole 보다 2배 이상의 결합력을 갖고 있다. CF_3(혹은 F)기가 산화막 계면에 흡착되어 있더라도 양(+)으로 대전된 아르곤(argon)이나 헬륨(helium)의 충격 에너지를 받아야만 산화막 계면을 침투하여 실리콘과 산소의 연결 고리를 끊으면서 식각할 수 있게 된다.

3) 금속 식각

전도성이 높고 안정하며, 가공이 용이한 알루미늄이 금속 식각의 대상이며, 커패시터로 사용하는 장벽 금속으로 티타륨질화물(TiN 혹은 Ti)나 티타륨 텅스텐(TiW)이 사용되고 있다. 알루미늄 식각의 주 식각액은 염소로 알루미늄과 염소가 자발 반응에 의해 식각이 되면 $AlCl_3$이 형성되고, 휘발성이 강하여 가열하면 쉽게 제거된다.

$$2Al + 3Cl_2 \rightarrow 2AlCl_3 \ (38 \ Kcal/mole)$$

9.4 건식 식각 장비

건식 식각 장비의 구성은 일정한 압력을 유지하면서 공정을 진행하기 위한 반응 진공 용기, 진공 장치, 기판을 적재하고 공정 온도를 일정하게 유지하기 위한 척(chuck: mechanical chuck과 electrostatic chuck), 기체를 공급하는 기체 공급 장치(gas supply system), 플라즈마를 발생시키는 위한 플라즈마 발생 장치, 플라즈마 장치에 전원을 공급하기 위한 RF 전원 장치, 공정을 마치는 것을 확인하기 위한 종료점 검출기 등으로 분류한다.

플라즈마를 발생시키는 RF 발생기(generator)의 주파수는 보통 13.56 MHz를 많이 사용하고, 이외에 다른 주파수로는 400 KHz, 800 KHz, 2 MHz와 27.12 MHz를 사용하기도 한다. 주파수 사용 범위는 국제적으로 정해져 있으며, 특정 주파수만을 배정하게 되는데, 이는 RF 발생기에서 발생한 고주파들이 다른 통신 장비에 영향을 줄 수 있기 때문에 이를 방지하기 위한 대안으로 규정하고 있다.

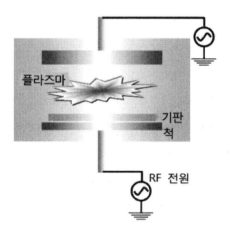

그림 9-11 ► 건식 식각 장비의 기본 구조

9.4.1 배럴(barrel) 및 평판(planar)형 식각 장비

진공 용기가 원통 모양의 배럴(barrel) 형으로 구성된 식각 장비리며, 중성 기체들이 비교적 긴 수명을 가지고 있기 때문에 등방성(isotropic)으로 식각이 가능하다. 적용 공정은 주로 감광제를 제거하는데 사용된다.

평판(planar) 형은 초기 개념의 플라즈마 생성 방식으로 글로우 방전에 의해 플라즈마를 형성시키며, RF 주파수는 글로우 방전이 한 주기 동안 유지될 수 있도록 충전 시간(10 μs 정도) 보다 작게 될 수 있는 최소의 주파수인 100 KHz~13.56 MHz의 범위에서 주로 사용하지만, 일반적으로 400 KHz, 2 MHz, 13.56 MHz, 27.12 MHz의 주파수를 사용한다. 구조적 특징으로는 양극과 음극의 크기가 동일하게 구성하며, 두 전극 사이 간격을 가능한 좁게 구성한다. 직류 바이어스가 작으므로 이온의 에너지가 적어 식각 속도가 느리다. 두 전극 사이의 전압차가 커서 불꽃(arcing) 발생이 많아 균일한 플라즈마가 형성되지 못해 가공 정밀도가 낮고, 등방성 의 식각 특성이 있으며 주로 감광제를 제거하는 공정에 적용된다.

분리(split) RF 전원 인가 방식은 기존의 RF 플라즈마 방식의 개선형으로 기존 방식보다 높은 전압을 인가함에 따라 전극과 접지 사이에서 불꽃과 떠돌이(stray) 방전 현상을 일어나는 문제점을 개선하기 위하여 고안된 장치이다.

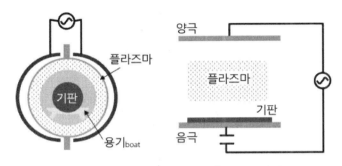

그림 9-12 ▶ 배럴형과 평판형 식각 장비

9.4.2 반응성 이온 식각(RIE; reactive ion etching) 장비

식각 속도를 빠르게 하기 위해서는 높은 전압을 인가하는 것이 필요하며, RF 플라즈마 방식에서는 필요한 전압을 전극에 직접 공급하고, 이에 따라 상·하부 전극 간 높은 전압차가 발생하게 되어 문제를 유발하지만, 분리 방식에서는 위상이 180° 차이가 나는 전압을 나누어 공급함으로서 목표로 하는 전압차를 최소화함으로서 기존의 문제를 해결하게 된다. 이와 같은 방식의 특징은 안정되게 비교적 높은 전압 인가에 따른 식각 속도를 개선하고, 플라즈마의 연속성 향상으로 균일도가 개선하였으며, 불꽃 방전로 인한 장비 손상을 최소화하는데 안정도가 뛰어나 현재 가장 널리 활용되고 있다.

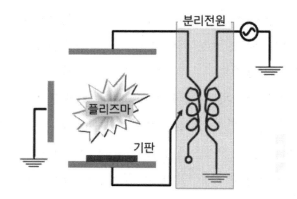

그림 9-13 ► 분리된 RF 방식의 식각 장비

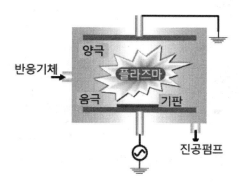

그림 9-14 ► 반응성 이온 식각(RIE) 장비

[그림 9-14]에서 나타나는 반응성 이온 식각 방식(RIE: reactive ion etching)은 기판이 놓이는 전극에 RF 전압을 인가하고, 공정 압력을 100 mtorr 정도 낮게 유지하여 플라즈마 중의 양이온이 플라즈마 암흑 영역 (sheath)을 통해 가속되도록 인가하여 평판(planar) 방식에 비해 이방성 식 각 특성을 향상시킨 구조이다. 그러나 방사(radiation)에 의한 손상을 일으 킬 수 있고, 선택비가 좋지 않다는 단점이 있다. 적용 공정은 다결정 실리 콘, 질화막, 알루미늄 식각, 잔존 감광막을 제거하는 애싱(ashing) 공정에 많이 사용한다.

자기장 반응 기체 식각 방식(MERIE: magnetically enhanced RIE)은 기판 이 있는 음극 측면에 자석을 놓아 자기장을 형성하여 전자를 원하는 영역으로 제한하여 플라즈마 밀도를 높인다. 이에 따라 이온화율이 향상되고 공정 압력을 낮출 수 있어 중성 입자들에 의한 산란(scattering)이 줄기 때문에 원하지 않는 발열 현상을 억제할 수 있다. 반응 이온들의 충분한 에너지를 얻기 때문에 표면 확산이 잘 되어 식각 속도를 높일 수 있다.

전자가 자기장의 영향을 받아 원운동을 하므로 분자나 원자와 충돌 횟수가 늘어나 이온화율도 따라서 증가하고, 반면에 자기장으로 인한 영향은 식각에 관여하는 반응 이온이 비교적 전자보다 무겁기 때문에 영향을 거의 받지 않아 직선 운동을 한다. 이러한 장치는 자석을 설치하기 때문에 장비의 구조가 복잡하다는 단점이 있다.

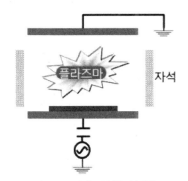

그림 9-15 ▶ 자기장 반응 기체 식각(MERIE) 장비

9.4.3 화학적 정제 식각(CDE; chemical downstream etching)

화학적 정제 식각(CDE) 방식은 플라즈마 발생부 영역과 공정 영역을 분리하여 공정 중에 기판의 손상을 최소화하기 위해 개발된 방식이다. 공급된 기체를 마이크로파에 의해 여기시켜 플라즈마를 형성하고, 이때 발생하는 이온과 라디칼을 공정 용기(chamber)로 이송시켜 식각하는 방법이다. 이와 같은 방식은 플라즈마 발생하는 영역에서 전자의 강한 에너지에 의해 내부의 석영(quartz)을 식각하기 때문에, 석영의 수명이 짧아져 자주 교체해 주어야 한다. 공정 영역부에서 식각 효과가 낮아 주로 감광제 제거에 많이 쓰인다. 화학 반응에 의한 식각으로 등방성 식각 특성을 나타낸다.

9.4.4 전자 싸이클로트론 공명(ECR; electron cyclotron resonance)

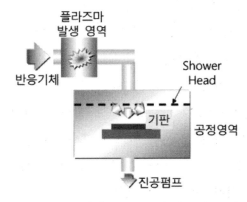

그림 9-16 ▶ 화학적 정제 식각(CDE) 장비

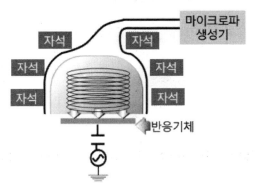

그림 9-17 ▶ 전자 싸이클로트론 공명 (ECR) 방식의 식각 장비

전자 싸이클크트론 공명(ECR: electron cyclotron resonance) 방식은 플라즈마에 자장을 걸어주면 자기장과 전기장이 생성되며 전기장 방향을 따라 전자는 회전 운동을 하게 되는데, 이러한 회전 운동의 주파수는 $W = eB/m$ (e = 전하, B = 자기장, m = 전자의 질량)이 된다. 여기에 마이크로파를 인가하여 싸이클로트론 공진을 만들 수 있다. 이로 인해 전자는 많은 운동 에너지를 얻게 되므로 고밀도 플라즈마를 얻을 수 있다. 전자 싸이클로트론 공명 장치에서는 875 gauss의 자기장과 2.45 GHz의 마이크로파를 사용한다. 전자 싸이클크트론 공명 방식은 자기장의 형성을 위한 장치가 복

잡하고, 큰 면적을 요하므로 장치 크기가 커진다. 전자가 전기장에 따라 운동함으로서 제한된 확산 운동을 하며, 면적이 큰 영역에 대해 두께 균일도가 떨어진다.

9.4.5 유도 결합 플라즈마(ICP; inductively coupled plasma)

유도 결합 플라즈마(ICP: inductively coupled plasma) 방식은 진공 용기의 측면에 코일을 감고 2 MHz의 RF 전원을 인가한다. 척(chuck) 하부에서는 반응 기체를 주입하고, 공정 압력은 10 mtorr 이하로 유지한다. 유도 결합 플라즈마 방식은 플라즈마를 넓게 형성할 수 있고 균일도가 높기 때문에 면적이 큰 기판에 적절하고 이온을 가속시키지 않기 때문에 이온에 의한 충격으로 손상을 입을 염려가 적다. 그러나 반응 기체가 고속으로 분해되어 라디칼 조성이 기존 플라즈마 방식과 다르게 나타날 수 있다. 반응 부산물인 중합체(polymer)가 재분해하거나 재축적되는 현상이 나타날 수 있으며, 코일에 의해 벽 쪽으로 끌리는 이온과 전자의 영향에 의해 진공조 내벽에 생성물이 퇴적되고, 이에 의해 플라즈마 발생하는데 영향을 줄 수 있기 때문에 공정의 재현성이 좋지 않다.

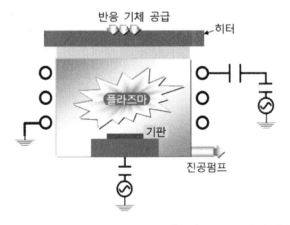

그림 9-18▶ 유도 결합 플라즈마(ICP) 방식의 식각 장비

표 9-2 ► 다결정 실리콘

반응기체	장치	공정압력	식각 속도(μm/min)	선택비	비고
CCl$_4$, Argon	평판	0.4 torr	0.02 (undoped)	Poly Si : SiO$_2$=15:1	
SiF$_4$(50%), Argon(50%)	평판	0.2 torr	0.04 (undoped)	Poly Si : SiO$_2$=25:1	
CF$_4$, O$_2$	배럴	0.2 torr	0.05 (undoped)	Poly Si : Si$_3$N$_4$: SiO$_2$ =25 : 2.5 : 1	
CF$_4$, O$_2$(4%)	평판	0.4 torr	0.057 (– doped)	Poly Si : SiO$_2$=10:1	
C$_2$ClF$_3$	평판	0.225 torr	0.05 (– doped)	Poly Si : SiO$_2$=3.5:1	
CF$_4$(92%), O$_2$(8%)	평판	0.35 torr	0.115 (– doped)	Poly Si : SiO$_2$=10:1 Poly Si : SiO$_2$=9:1	등방
C$_2$F$_4$(50%), CF$_3$Cl(50%)	평판	0.4 torr	0.159 (– doped) 0.098 (undoped)	Poly Si : SiO$_2$=8:1 Poly Si : SiO$_2$=5:1	등방
C$_2$F$_4$(81%), CF$_3$Cl(19%)	평판	0.4 torr	0.082 (– doped) 0.07 (undoped)	Poly Si : SiO$_2$=5:1 Poly Si : SiO$_2$=4:1	이방성 식각
C$_2$F$_4$(92%), Cl$_2$(8%)	평판	0.35 torr	0.057 (– doped) 0.070 (undoped)	Poly Si : SiO$_2$=6:1 Poly Si : SiO$_2$=5:1	이방성 식각
CF$_3$Cl	평판	0.35 torr	0.08 (– doped) 0.03 (undoped)	Poly Si : SiO$_2$=13:1 Poly Si : SiO$_2$=6:1	부분적 이방

표 9-3 ▶ 질화막, 산화막, 알루미늄 건식

물질	반응 기체	장치	공정 압력	식각 속도	선택비	비고
Si₃N₄	SiF_4, O_2	배럴	0.3 torr	0.01 μm/min	Si_3N_4 : Si : Poly Si : SiO_2 = 25:5:2.5:1	이방성
	SiF_4, O_2(2%)	배럴	0.75 torr	0.1 μm/min	Si_3N_4 : Poly Si = 7.5:1	–
	CF_4, O_2	배럴	1.1 torr	0.02 μm/min	Si_3N_4 : SiO_2 = 5:1	등방성
SiO₂	C_2F_4	평판	0.4 torr	0.043 μm/min	SiO_2 : Si = 15:1	이방성
	CF_4(70%), H_2(30%)	평판	0.03 torr	0.004 μm/min	SiO_2 : Si = 5:1	이방성
	CHF_3(90%), CO_2(10%)	평판	0.07 torr	0.05 μm/min	열 SiO_2 : Si = 17:1	–
	C_2F_4(12%), CHF_3(12%), He(76%)	평판	4.0 torr	0.5 μm/min 0.7 μm/min 0.6 μm/min	열 SiO_2 : Si = 15:1 CVD SiO_2 : Si = 19:1 Plasma SiO_2 : Si = 16:1	이방성
Al	CCl_4He	평판	0.3 torr	0.18 μm/min	Al : Si : Poly Si : SiO_2 = 100:1:1:1	–
	CCl_4	평판	0.1 torr	0.36 μm/min	Al : Si = 100:1	수분에 민감
	BCl_2	평판	0.1 torr	0.06 μm/min	Al : Si = 100:1	수분에 둔감

▌참고문헌

- 김억수 외, "디스플레이 공학개론", 텍스트북스, 2014.
- 김학동, "반도체공정", 홍릉과학, 2008.
- 황호정, "반도체 공정 기술", 색능, 2003.
- 임상우, "반도체 공정의 이해", 청송, 2018.
- 김학동 외, "반도체 공정과 장비의 기초", 홍릉과학, 2012.
- 김학동, "반도체 공정", 홍릉과학, 2008.
- 최재성, "반도체 공정장비 공학", 북스힐, 2021.

CHAPTER 10

모듈 제조 공정

10

10.1 모듈 제조 공정의 개요

디스플레이 제조공정 기술 중 모듈 공정은 디스플레이 패널을 완성하기 위한 마무리 공정이라 할 수 있으며, 셀 공정에서 만들어진 패널에 편광판, 인쇄 회로 기판(PCB: printed circuit board) 및 백라이트(BLU; back light unit)를 부착하는 공정이다. 신호 처리 회로를 제작하여 패널과 제작된 신호 처리부를 실장 기술로 연결하고, 기구물을 부착하여 액정 디스플레이의 모듈(module)을 제작하게 된다.

모듈 제작 과정은 대부분 다음 절차로 이루어지는데, 세정 공정은 셀 공정을 마친 후, 패널 표면에 발생할 수 있는 이물질을 제거하는 공정이다. 편광판 부착 공정은 패널의 상·하면에 편광판을 부착하여 여러 방향으로 진행하는 빛을 한 방향으로 진행하도록 집중하는 기능을 하고, 상·하판의 편광판은 90도로 교차되는 구조로 배치한다. 탭(TAB: tape automated bonding) 부착 공정은 박막 트랜지스터 제조 시, 미리 제작한 패널 패드(panel pad)에 구동 회로(IC)을 연결하는 공정이다. 백라이트 조립 공정은 액정 디스플레이 특성상 스스로 발광하지 못하기 때문에 광원을 부착하여야 한다. 이를 위해 패널의 배면판 아래에 백라이트를 연결하는 공정이다. 에이징(aging) 공정은 모듈 제작을 마치고, 실제 사용 시 발생하는 초기 불량을 출하 전에 검사하기 위해 고온에서 일정 시간 액정 디스플레이를 실제 사용 조건보다 가혹한 조건에서 구동하여 초기 불량을 검출하기 위한 공정이다. aging test를 마친 후, 화상 및 외관 검사를 하여 불량이 발생하지 않으면 포장하여 출하하게 된다.

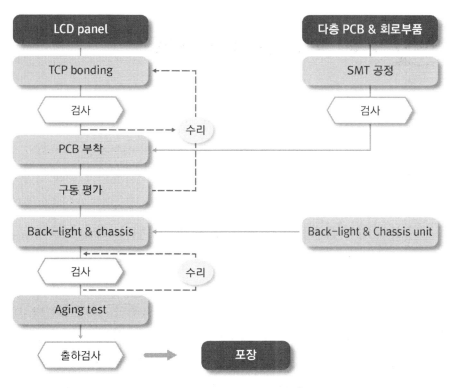

그림 10-1 ▶ LCD 모듈 공정의 흐름도

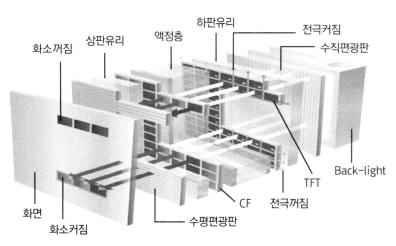

그림 10-2 ▶ LCD 패널의 내부 구조

10.2 세정 및 편광판 부착 공정

셀 공정이 끝난 패널은 가장 먼저 세정 공정을 진행하게 되며, 가장 기본적으로 사용하는 물리적인 방식으로 세정 단계는 이물질을 제거하기 위해 마찰을 이용한다. 즉, 초순수(DI water; deionized water)를 뿌려 주면서 물리적인 접촉으로 붓(brush)이나 스폰지 롤과 같은 도구를 이용하여 패널 표면에 붙어 있는 오염물이나 이물질을 제거하게 된다. 패널에 부착된 오염물을 가장 효과적으로 제거하는 방식이며, 붓의 형태에 따라 롤 브러시(roll brush)와 디스크 브러시(disc brush)형으로 구분하는데, 패널 크기의 대형화 추세에 따라 최근에는 롤 브러시가 주로 사용된다. 브러시의 마찰에 의한 손상(damage)이나 스크래치(scratch)가 발생하지 않도록 부드러운 소재를 이용하여야 한다. 이와 같이 오염물 제거가 끝나면 샤워(shower) 방식의 열풍 건조기를 이용하여 건조시킨 후, 편광판 부착 공정으로 패널을 이동시킨다. 세정 공정의 순서는 [그림 10-3]에서 보여준다.

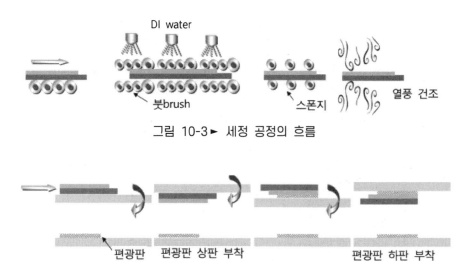

DI water

붓brush   스폰지   열풍 건조

그림 10-3 ▶ 세정 공정의 흐름

편광판   편광판 상판 부착   편광판 하판 부착

그림 10-4 ▶ 편광판 부착 공정

이와 같이 세정작업이 완료되면 [그림 10-4]에서 나타나듯이, 패널은 편광판을 부착하기 위한 장치로 이동하게 되며, 편광판 부착 장치는 패널의 공급과 정확한 부착 위치를 결정하여 편광판 필름을 박리하고, 패널의 상·하판에 부착하게 된다. 상·하판의 편광판은 90°로 교차되도록 부착한다.

10.3 탭(TAB) 부착 공정

탭 공정은 편광판 부착 공정을 마치고 구동 집적 회로(IC)를 실장하기 위한 공정이다. 이를 위해 탭 필름과 이방성 전도 필름(ACF: anisotropic conductive film)을 이용하여 패널에 이미 제작된 패드(pad) 위에 연결한다. 열압착기를 이용하여 열을 가하면서 압력을 가하여 테이프 캐리어 방식(TCP: tape carrier package) 필름을 압착하면 이방성 전도 필름의 수지가 경화되고, 이방성 전도 필름 내의 전도성 구(ball)가 패드와 접촉된다.

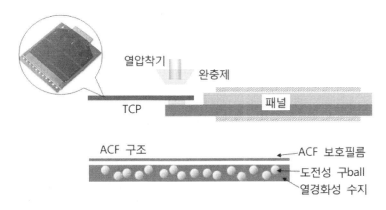

그림 10-5 ► 탭 공정과 ACF 구조

부착 과정은 이방성 전도 필름의 보호막을 떼어내고 패널 패드 위에 고정시킨 후, 테이프 캐리어를 릴(reel)에서 잘라낸다. 테이프 캐리어와 패널에 있는 정렬 표시(align mark)를 이용하여 광학 장치로 정렬시킨 다음에 압착하게 된다. 다시 열 압착기를 이용하여 열과 압력을 이용하여 패널 패드와 강하게 부착하는 공정이며, 이와 같은 제조 공정은 [그림 10-5]에서 나타내고 있다.

탈포 공정은 패널에 편광판을 부착한 후, 편광판과 유리 기판 사이에 기포를 제거하는 공정이다. 기포를 제거하는 과정은 열과 압력을 가하면서 편광판과 유리 기판 사이의 기체를 제거하게 된다. 탈포 과정을 거치면서 편광막과 유리 기판의 부착력은 더욱 개선되고, 화면에서의 이상 굴절로 인한 화상의 변화를 없앨 수 있다. [그림 10-6]에서는 탈포 공정을 보여준다.

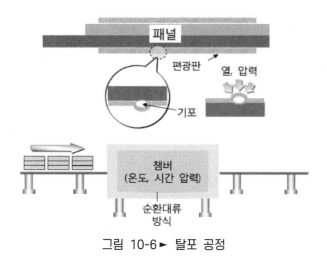

그림 10-6 ▶ 탈포 공정

탈포 공정이 끝나고 나면, 조립 공정을 수행하기 전에 화상 검사를 진행한다. R·G·B 각각의 색으로 화면 전체를 밝히고, 상·하·좌·우로 선결함(line defect)과 같은 결점이 있는지를 확인하게 된다. 또한 화면으로 제조 과정에서 발생하는 이물질의 침입으로 인한 얼룩이 존재의 여부도 확인할 수 있다. 탭 공정 과정에서 테이프 캐리어와 기판 패드 상의 정렬이 잘못되어 나타나는 불량인 선결함을 확인할 수 있다.

10.4 인쇄 회로 기판(PCB) 부착 공정

인쇄 회로 기판(PCB)에는 구동 회로를 비롯하여 구동 회로부가 설치되어 액정 디스플레이를 구동하기 위한 전반적인 영상 신호를 보내게 되며, 구동 전압의 생성이나 공급 등의 기능을 제어하는 역할을 한다. 액정 디스플레이의 인쇄 회로 기판은 다층 구조를 사용하고 있으며, 얇으면서 집적도를 높이기 위해 표면 실장 기술(SMT: surface mounting technology)을 주로 사용한다.

표면 실장 기술은 기판 위에 부품을 올려 놓는 작업이나 시스템을 의미하고, 이는 표면 실장 부품을 인쇄 회로 기판에 부착하는 납땜 기술의 일종이다. 기존의 삽입 실장 기술(IMT: insert mount technology)과 달리 실장 부품들을 납땜 표면에 자동으로 배치할 수 있기 때문에 얇고 간소한 처리 과정으로 생산성이 높아지게 되며, 제품의 가격과 성능이 크게 향상된다. 높은 생산성의 표면 실장 기술은 부품을 자동으로 기판에 배열하여 이루어지며, 이와 같은 자동화는 품질의 향상을 가져오고 있다. 자동화된 셋업은 공정 시간을 단축시킬 수 있으며, 제품의 교체 작업도 극대화하게 된다. 자동화 장비의 사용으로 공정 관리와 기판의 수리도 용이하고 단순화되었다.

인쇄 회로 기판 부착 공정이 끝나면 패널 단독으로 구동이 가능하다. 따라서 화질과 불량 패드를 검사할 수 있으며, 외부 전원을 이용하여 백라이트를 구동하고, 화질을 검사하기 위한 다양한 신호들을 입력하게 된다. 화상 평가와 불량을 검출하기 위해 적절한 시험용 영상 패턴들을 미리 제작하여 화질 검사를 수행한다. [그림 10-7]에서는 표면 실장 기술을 이용한 인쇄 회로 기판의 부착 공정을 나타낸다.

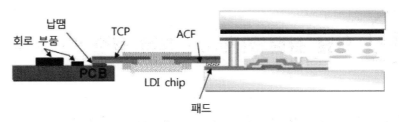

그림 10-7 ▶ 인쇄 회로 기판 부착

10.5 백라이트(BLU) 조립 공정

구동 회로부의 조립이 끝나면 최종적으로 광원인 백라이트(BLU: back light unit)을 부착한다. 백라이트는 액정 디스플레이에 단순히 빛을 제공해 주는 역할도 하지만, 떨어뜨리거나 진동과 같은 외부로부터 오는 기계적인 충격과 외부의 환경적인 요소, 즉 온도나 습도의 변화로부터 패널을 보호하는 중요한 역할도 수행하기 때문에 이를 고려하면서 제작하게 된다.

백라이트를 부착함으로써 액정 디스플레이 패널은 완성되는 단계에 이르며, aging test는 제품을 사용하면서 초기 발생할 수 있는 불량을 검출하는 작업이다. 초기 작동 시, 작동이 불안하고 특성이 안정되지 못하는데 이를 안정화 시키는 역할도 한다. 이를 위해 실제 사용 조건보다 가혹한 조건이나 온도는 약 60℃에서 일정 시간 동안 액정 디스플레이를 구동시킨다.

10.6 인쇄 회로 기판을 이용한 모듈

인쇄 회로 기판을 사용하여 디스플레이 제품에 사용되고 있는 모듈을 간단히 살펴보면 다음과 같다. 다음은 IT 제품에 주로 사용되고 있는 인쇄 회로 기판을 기준으로 전반적인 모듈 공정에 대해 간략하게 기술한다.

탭(TAB: tape automated bonding)은 집적 회로(IC: integrated circuit)를 실장하기 위하여 테이프 캐리어 방식(TCP: tape carrier package)과 이방성 전도 필름(ACF: anisotropic conductive flim)을 이용하여 패널의 패드와 접속시키는 방식이다. 칩온 필름(CoF: chip on film)은 반도체 칩을 직접 얇은 필름 형태의 인쇄 회로 기판에 장착하는 방식이다. 기존 38~50 μm 보다 리드선 간 거리가 훨씬 미세하고, 얇은 필름을 사용할 수 있는 특징이 있다. 휴대폰 기판, 반도체 및 디스플레이 소재로써 고영상 이미지를 구현하기 위한 액정 표시 장치의 화소수 증가에 따른 구동과 40 μm 이하의 고정세 동영상 구현에 사용된다. 칩 온 필름은 연성 인쇄 회로(FPC: flexible printed circuit)에 집적 회로를 wire bonding 방식을 사용하여 실장하는 기술이다. 크기와 두께 면에서 큰 장점을 가지고 있으며 고밀도화가 가능하다. 현재 많이 사용하고 있는 분야는 액정 디스플레이를 이용한 벽걸이형 텔레비전, 휴대 전화 및 노트북 등이다.

칩온 보드(CoB: chip on board)는 반도체 칩을 직접 인쇄 회로 기판 위에 금 와이어(Au wire)으로 연결하고 성형하는 방식이다. 표면 실장 기술(SMT: surface mount technique)의 하나로, 금선 연결 실장과 flip chip 실장으로 구분된다. 전자 회로 기판에 die를 와이어 본딩하여 연결하고 난 후, 성형하는 공정으로 진행된다. 저가형으로 구현이 가능하며, 낮은 높이와 최저의 공간 사용으로 빽빽한 회로 구성이 가능하다는 장점을 가지고 있다. 응용 분야는 액정 디스플레이 모듈에 적용되며, 휴대 전화 이외에 모든 전자 부품에 적용이 가능하다.

테이프 캐리어 방식은 리드 배선을 형성하는 테이프 모양의 절연 필름에 대규모 집적 회로(LSI: large scale integration)에 베어 칩(bare chip)을 실장하여 리드와 접속하는 반도체의 표면 실장형 패키지이다. 테이프 캐리어 방식은 한 장의 기판 상에 복수의 집적회로 소자를 고밀도로 탑재하거나, 소자 상호 간의 배선 길이를 극단화하기 위한 멀티칩(muti chip) 패키징에서 많이 활용되고 있는 기술이다. 응용 분야는 액정 디스플레이에 적용하여 주로 벽걸이 텔레비전, 노트북과 네이비케이션 모니터에 사용된다.

칩온 글라스(CoG: chip on glass)는 액정 패널의 유리 기판 위에 드라이버 집적 회로를 직접 내장하는 방식으로 인쇄 회로 기판이 필요 없는 초박형 경량화와 미세한 접속 피치의 실장 방식이다. 칩온 글래스는 액정 디스플레이 유리 기판 위에 이방성 전도 필름을 부착하고, 융기 칩(bumped IC)에 열, 압력과 온도를 가해 집적 회로를 부착하는 방식이다. 액정 디스플레이와 유기 EL에 적용되고, 위성 위치 확인 시스템(GPS: global positioning system)이나 바코드(bar code) 시스템 측정기 등 휴대용 장비에 사용된다.

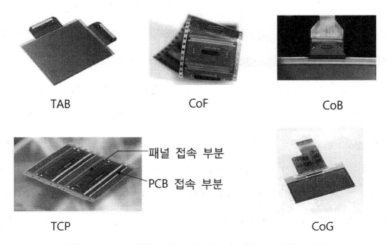

그림 10-8 ▶ 인쇄 회로 기판을 이용한 모듈의 종류

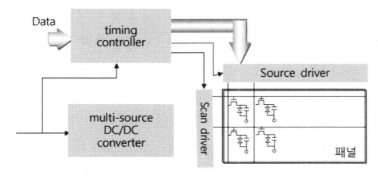

그림 10-9 ► LCD 시스템의 구성도

10.7 액정 디스플레이의 구동과 회로

액정 디스플레이 구동 회로(DDI: display driver IC)는 디스플레이에 글자나 이미지 등이 영상이 표시될 수 있도록 구동 신호 및 데이터를 패널에 전기 신호로 제공하는 집적 회로(IC)이다. 디스플레이 회로는 휴대 전화나 각종 휴대용 기기에 주로 채용되는 중소형과 모니터나 텔레비전에 적용되는 대형 디스플레이 회로로 구분된다. 그리고 액정의 종류, 수동형이나 능동형의 구동 방식과 해상도에 따라 구분될 수 있다.

액정 디스플레이 모듈의 재료비에서 유리 기판이 10%, 액정 4%, 백라이트 24%, 구동 회로가 차지하는 비중은 15% 정도로 크며, 해상도가 높은 고화질 디스플레이의 요구에 따라 전체 재료비에서 구동 회로가 차지하는 비중은 증가하게 될 것이다.

[그림 10-9]에서는 액정 디스플레이를 구동시키는 시스템 구성도를 보여 준다. 그래픽을 처리하는 칩에서 출력되는 디지털 화상 데이터가 액정 디스플레이의 시차 조절기(timing controller)로 입력된다. 액정 디스플레이는 디지털 방식으로 동작되기 때문에 입력 데이터가 아날로그 신호이면

아날로그-디지털 변환기(AD converter)를 이용하여 디지털로 변환시켜 사용한다. 시차 조절기에서는 입력된 디지털 신호를 화면 크기에 맞추어 구동 회로에서 처리가 가능한 신호로 변환시켜준다. 변환된 신호는 각각 소스(source)와 스캔(scan) 구동 회로를 통해 패널에 전달한다.

스캔 회로는 패널 어레이의 게이트 신호 배선을 순차적으로 선택하여 주사 신호를 인가하는 역할을 하고, 소스 회로는 화상 정보 디지털 데이터를 화소 전압으로 변환하여 데이터 신호 배선에 인가하는 역할을 한다. 가로와 세로로 배열된 배선들은 각각 게이트 신호와 데이터 신호를 전달하므로 게이트 구동 회로(gate driving IC)와 데이터 구동 회로(data driving IC)라고 부른다. 게이트 구동 회로가 주사선을 선택하여 주사 신호를 인가하여 패널 내의 스위칭 소자를 켜고 데이터 구동 회로는 데이터 신호를 각각의 신호 배선으로 연결하여 액정 셀에 신호 전압을 인가한다.

액정 디스플레이의 화면 크기가 커지고 해상도가 높아지면서 디지털 데이터 신호와 clock 신호의 주파수가 증가하여 그래픽 칩과 액정 디스플레이 모듈 사이의 연결 부위에서의 신호 왜곡(distortion)과 전자기 방해(electromagnetic interference)와 같은 문제가 발생할 수 있다. 이로 인해 화질에 좋지 않은 영향을 주기 때문에 저전압 차등 신호 기술을 이용하여 신호를 변환하여 전송한다. 대화면으로 될수록 신호 전송 속도가 급격하게 빨라지게 되므로 이와 같은 저전압 고속 접속 회로의 역할이 중요하다. 액정에 전압을 가할 때, 액정이 손상되기 때문에 이를 개선하고자 화면마다 액정에 인가되는 전압을 화면마다 역으로 걸어주는 방식을 반전 방식이라 한다. 게이트 구동 회로는 화소 배열의 게이트 배선에 순차적으로 주사 신호를 공급한다. 일반적으로 주사 신호의 전압 범위는 15~30 V 정도이고, 게이트 구동 회로는 고전압 공정을 사용하여 제작된다. 시프트 레지스터, 레벨 시프터(level shifter), 출력 버퍼(output buffer)로 주로 구성되어 있다. 시프트 레지시터는 클락에 동기되어 주사 신호를 생성한다. 출력 버퍼는 용량이 큰 커패시턴스 부하로 작용하는 게이트 전극을 구동한다. 레

벨 시프터는 낮은 전압 3~5 V에서 동작하는 시프트 레지스터와 15~30 V
에서 동작하는 출력 버퍼를 연결하기 위해 사용한다.

ATP(alt and pleshko technique) 구동 방식은 행을 순차적으로 선택하고,
새로운 화면이 시작되면 다시 처음 행부터 선택되는 과정을 반복한다. 한
개의 주사 전극이 선택되면 선택된 시간 동안에 주사 전극과 연결된 데이
터 전극에 입력된 화상 신호에 따라 데이터 전압이 인가된다. 화소를 켜기
위해서는 데이터 전극에 전압을 인가하여 선택된 화소의 실효 전압을 작
게 한다. 화소에 인가된 실효 전압은 화소가 커질 때, 주사 전극과 데이터
전극의 두 전압의 합이 되고 꺼질 때는 두 전압의 차가 된다. 액정에 직류
전압이 인가되면 액정의 특성이 점점 나빠지기 때문에 실제 구동 시에는
매 화면마다 액정에 인가되는 신호 전압의 극성을 바꿔준다. 화면에 밝고
어두운 정도를 나타내기 위해서 계조를 표시할 수 있는 구동 방식이 필요
하다. 이러한 방식에는 펄스폭 변조(PWM: pulse width modulation) 방식과
화면 비율 조절(FRC: frame rate control) 방식이 있다. 계조를 구현하기 위
해서는 화소의 응답 시간 내에 한 화면 신호가 입력되고, 이 시간 동안 인
가된 실효 전압에 따라 화소가 응답한다. 펄스 폭 방식은 한 개의 bit의
계조를 표시하려면 한 개의 행이 선택된 시간을 나눠서 화상 신호에 따라
화소에 인가되는 실효 전압을 변화시킨다. 화면 비율 조절 방식은 한 화면
을 여러 개 작은 화면으로 나누어서 계조를 표현하는 방식이다.

데이터 구동 회로 방식 중에 아날로그 구동 방식은 입력되는 아날로그
화상 신호를 샘플링하여 화소에 전달하기 위해 시프트 레지스터와 아날로
그 스위치를 사용한다. 시프트 레지스터는 수평 동기 신호를 전달받아 수
평 clock에 동기되어 출력 신호를 순차적으로 발생시키고, 출력 신호가 아
날로그 스위치(switch)를 제어한다. 전달 받은 아날로그 화상 신호를 샘플
링하기 위해서는 충분한 속도로 동작하여야 하며, 데이터 clock은 각 비디
오 모드에 따라 결정된다. 아날로그 구동 회로는 일반적인 텔레비전 사용
되는 화상 신호를 그래도 사용할 수 있지만 샘플링 회로의 제한된 대역폭

때문에 고해상도 화면에는 적합하지 못하다.

디지털 데이터의 구동 회로는 화상 신호가 2진수로 입력된다. 디지털 구동 회로는 샘플링 회로의 대역폭에 제한 받지 않는다. 구동 회로 외부에 디지털-아날로그 변환 회로(DAC: digital analog converter) 없이 디지털 인터페이스가 가능하고 정확한 화상 신호와 계조 표현에 용이하다. 입력 레지스터(input register)는 한 주사 전극에 해당하는 디지털 화상 신호를 순차적으로 입력 받아 부하 신호가 인가되면 입력된 화상 신호들을 저장 레지스터에 동시에 전달하고 다음 행의 화상 신호를 순차적으로 입력하게 된다. 입력 레지스터가 다음 행의 화상 신호를 받는 동안 저장 레지스터에 전달된 화상 신호들은 디지털-아날로그 변환 회로를 거쳐 화소에 전달된다.

▌참고문헌

- 김현후 외, "평판 디스플레이 공학", 내하출판사, 2015.
- 김억수 외, "디스플레이 공학개론", 텍스트북스, 2014.
- 강정원 외, "정보디스플레이 공학", 청문각, 2013.
- 박대희 외, "디스플레이 공학", 인터비젼, 2005.
- 권오경 외, "디스플레이공학 개론",청범, 2006.
- 김종렬 외, "평판 디스플레이 공학", 씨아이알, 2016.
- 이준신 외, "평판 디스플레이 공학", 홍릉과학, 2005.
- 이준신 외, "디스플레이 공학개론", 홍릉과학, 2016.
- 문창범, "전자 디스플레이원론", 청문각, 2009.
- 김상수 외, "디스플레이 공학 I", 청범, 2005.
- 노봉규 외, "LCD 공학", 성안당, 2000.

CHAPTER 11

백라이트 제조 공정

11.1 백라이트 제조 공정의 개요

디스플레이 장치의 추세는 얇고 가벼우며 이동 편의성을 향상시키는 방향으로 전개되어 왔다. 액정 디스플레이는 저소비전력, 고정세화 및 기술의 안정화라는 장점을 가지고, 디스플레이 시장을 급속히 장악하였으며, 노트북과 모니터 산업을 비롯하여 대형 텔레비전 산업으로 빠른 속도로 성장하였다.

액정 디스플레이에서 사용되는 액정은 액상을 보이지만, 광학적 특성으로는 결정체와 같은 이방성을 나타내는 특이 상태로 일정 온도 범위에서 액정이 되는 서모트로픽 액정(thermotropic liquid crystal)이라 불리는 유기 화합물을 사용한다. 그러나 액정은 자체로는 빛을 내지 못하고, 외부 광원에서 나오는 빛을 조절하는 역할만 수행할 뿐이다. 따라서 빛을 제공하면서 화면 전체를 균일한 밝기로 일정 휘도를 지원할 수 역할을 하는 백라이트(backlight)는 액정 디스플레이의 필수적인 구성요소이다.

백라이트 산업은 효율이 높은 빛을 만들 수 있는 전자공학 기술, 빛을 원하는 방향과 균일하게 만드는 광학 기술, 빛을 균일하게 만들 수 있는 재료로 합성하는 화학 및 재료 공학 기술, 이들을 조립하고 쉽게 깨지지 않도록 신뢰성 있게 패키징하는 금속·기계공학 기술 등의 종합적 기술을 필요로 하는 복합 기술 산업의 결정체라고 할 수 있다. 이러한 복합적인 첨단 기술을 필요로 하는 백라이트 유닛(BLU; back light unit)은 초기에는 대부분 일본에서 수입하여 액정 디스플레이 조립에 사용하고 있는 실정이었으나, 최근 들어 국내에서도 기술에 대한 연구개발을 바탕으로 대량 생산 체제를 구축하였으며, 자체 기술로 생산은 물론 수출할 수 있는 단계로 급속한 발전추세에 이르렀다.

11.2 백라이트 (back light)

백라이트는 문자 그대로 액정 뒤에서 빛을 제공하는 기능을 갖고 있다. 빛을 발광만 한다는 관점에서 보면 조명 장치와 다를 게 없게 보이지만 구조들을 살펴보면 첨단 기술들이 조합된 장치이다. 백라이트 이루고 있는 부품들은 반사판(reflector sheet), 광원(light source), 몰드(mold frame), 도광판(light guide panel) 등이 있다.

광원은 주로 디스플레이 장치를 얇게 하고자 백라이트 부품의 옆에 두는 경우가 많다. 옆에서 빛이 나오기 때문에 이를 패널 앞 방향으로 반사시켜 주어야 한다. 백라이트의 가장 중요한 요구 사항은 LCD 전체에서 균일하게 빛을 비추는 것이며 밝은 환경에서도 좋은 색대조비(contrast)가 나오도록 충분히 밝아야 한다. 현재 LCD의 기술 개발의 핵심은 보다 가볍게, 보다 얇게 만드는 것이다. 따라서 백라이트 역시 얼마나 얇고, 가볍게 개발하느냐가 시장의 선점 조건이 된다.

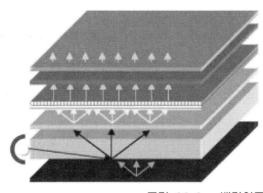

LCD 패널 panel
보호 시트 protection sheet

프리즘(수직/수평) prism sheet
확산판 diffusion sheet
도광판 light guide panel

광 반사판 reflector sheet

그림 11-1 ▶ 백라이트 구조

표 2-1► 백라이트의 부품별 기능

부품	기능
광 반사판 (lamp reflector)	램프에서 발생하는 빛을 도광판의 입광부로 모아주는 부품으로 빛의 유출 방지 및 램프를 보호하는 역할.
램프(lamp)	다양한 광원으로 빛을 발하는 소스
몰드(mold frame)	백라이트의 여러 구성 부품을 고정시킬 수 있는 플라스틱 케이스
반사판 (reflector sheet)	도광판의 입광부로부터 들어온 빛은 모든 방향으로 나가는데 반사판은 화면의 반대쪽으로 나가는 빛을 화면 방향으로 반사시켜 빛의 효율을 높임.
도광판 (light guide panel)	광원으로부터 유입된 빛을 화면 전체에 균일하게 확산시키는 부품으로 표면에 일정한 무늬(pattern)를 인쇄해 빛의 효율 높임.
확산 시트 (diffuser sheet)	도광판으로부터 방사되는 빛을 한층 더 균일하게 해주며 전체적으로 부드럽게 처리하며, 도광판의 무늬를 보이지 않도록 해줌.
프리즘 시트 (prism sheet)	BEF(brightness enhencement film)라고도 하며, 확산 시트에 의한 휘도 저하를 빛의 굴절 혹은 집광시켜 휘도를 높여주는 역할.
보호 시트 (protector sheet)	프리즘 시트는 충격, 얼룩 및 이물질 등에 매우 민감하여 이를 보호하기 위해 보호 시트를 사용. 또한 수직, 수평의 프리즘 시트에 의한 간섭 현상을 제거

　　균일하게 빛을 비추는 정도를 휘도 균일성이라고 하는데, 일반적으로 패널 화면의 9점에서 휘도를 측정하여 최저 휘도와 최고 휘도의 비를 백분율로 표시한다. 통상 85~95% 정도이다. 부품별 기능을 간단히 살펴보면 다음과 같다. 상세한 설명은 뒤에 설명하고 있다.

11.3 광원 (lamp)

백라이트의 광원은 냉음극 형광(CCFL: cold cathode fluorescent lamp), 발광 다이오드(LED: light emitting diodes), EL 광원과 광섬유 광원 등이 있다. 여기에서 각각의 광원들의 특성과 장단점을 살펴보기로 한다.

11.3.1 냉음극 형광 광원

냉음극 형광 백라이트는 현재 대부분의 LCD 제품에 적용되고 있다. 형광 램프는 아연 실리케이트와 다양한 염화인산계열의 물질이 내부에 도포된 형광등 모양의 유리관으로 구성되어 있다. 유리관의 양쪽 끝을 밀봉하고, 양끝에 전극이 붙어 있으며 내부에는 일정량의 수은(Hg)과 아르곤(Ar)과 네온(Ne)의 혼합 가스가 들어 있다. 전극의 양단에 고전압을 인가되면 유리관 안에 존재하는 전자가 고속으로 전극으로 유인되고 전극과 전자의 충돌로 발생된 2차 전자에 의해 방전이 개시된다. 전극에서 발산된 전자는 수은 원자와 충돌하고 이 충돌로 인하여 253.7nm의 자외선이 발생된다. 이 자외선이 유리관 내면에 도포된 형광체를 여기시켜 가시광선을 발하게 된다. 유리관 양쪽 끝을 밀봉하고 한 쪽 끝에서는 Hg을 분배하는 전극과 다른 한 쪽에는 니켈 음극이 연결되어 있다. 광원 안에는 보통 약 2~10 mg 정도의 Hg이 들어 있고, Ar과 Ne 혼합 기체들이 있다. 고압의 전압을 전극에 인가하면 Hg과 내부의 기체들이 이온화되면서 254 nm 파장의 자외선이 생성된다. 그 결과로 Hg에서 방전되는 자외선이 내부의 형광체와 충돌하면서 380~780 nm 사이의 가시광선을 방출한다. 일반적인 냉음극관 광원의 특성은 다음과 같다.

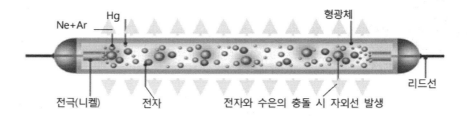

그림 11-2 ► 냉음극 형광 광원(CCFL)의 구조

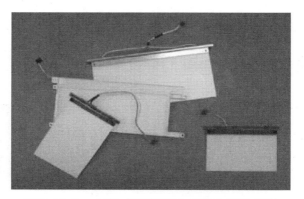

그림 11-3 ► LCD 백라이트용 냉음극 형광 광원

- **광원** : 음극 형광 램프(CCFL)
- **수명** : 25,000~50,000 hr.
- **빛 색깔** : 백색
- **밝기** : 1800 cd/m^2
- **균일도** : 80% 이상

냉음극 형광 광원의 장점은 다음과 같다.

- 고휘도
- **백색광** : 뛰어난 색 밸런스(balance)
- 균일한 평면광을 얻기가 쉽다.

- 긴 수명
- 높은 효율
- 다양한 제품에 적용 가능성

약점은 다음과 같다.

- 고전압과 고주파수
- 유리관 사용(깨지기 쉬움)
- 관 두께가 두껍다.
- 인버터(inverter) 공간이 크다.
- 플리커(flicker) 현상

11.3.2 발광 다이오드 광원

발광 다이오드(LED : light emitting diode) 광원은 크기가 작거나 중간 크기의 LCD 백라이트에 사용되고 있다. 발광원리는 LED 전극에 순방향 전압(P층: +, N층: -)을 가하면 전도대의 전자가 가전자대의 정공과 재결합을 위하여 천이될 때 그 에너지만큼 빛으로 발광된다. 발광 다이오드(LED : light emitting diode) 광원은 크기가 작거나 중간 크기의 LCD 백라이트에 사용되고 있다. 발광 다이오드를 백라이트로 사용하면 비용이 절감되고, 수명이 길고, 진동에 둔감하고, 구동 전압이 낮고, 빛의 강도를 다른 광원에 비해 정확하게 조절이 가능하다. 하지만, 다른 광원에 비해 높은 소비 전력이 요구되기 때문에 대형 액정 디스플레이 장치에 적용하는데 걸림돌이 되고 있다.

발광다이오드 광원은 옆에서 발광하거나 다이오드를 배열하여 발광하는 두 가지 방법이 있다. 최근에 주로 광원을 배열하여 사용하는 방법을 많이 사용하고 있다. LED 광원의 특성은 다음과 같다.

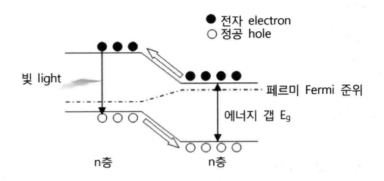

그림 11-4 ► LED의 발광원리

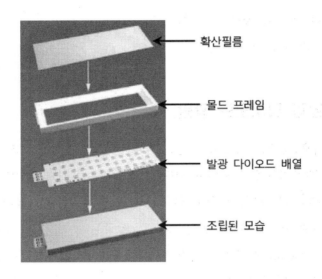

그림 11-5 ► LED 백라이트

- 장수명 :

  100,000 시간 (적색)

  50,000 시간 (초록)

  20,000 ~ 40,000 시간 (청색)

- **높은 환경 신뢰성** : 강한 자외선, 높은 온도, 높은 습도에서 잘 견딤
- 작은 열 발생

- 전자파 발생이 없음
- 다양한 색의 광원

11.3.3 전계발광(electroluminescent) 광원

전계발광 광원은 두 개의 전극 사이에 형광체와 유전 물질이 있고, 전원은 교류(AC) 전압을 걸어준다. 전극에 전압을 인가하면 전기장이 형광체와 유전 물질 사이에 형성된다. 따라서 전자들이 여기되고 빛이 방출된다. 전계 발광은 현상은 1936년에 발견되었고, 이후 광원 및 디스플레이 소자로서, 무기 분산형 전계발광, 유기 분산형 전계발광, 무기 박막형 발광과 최근 주목받고 있는 유기 전계발광 소자로 발전해 왔다. 전계발광 광원은 전기 발광 원리를 응용한 종이 형태의 평면 광원으로 기존의 네온이나 형광등이 가지지 못한 장점으로 인해, 다양한 산업 분야에 사용되고 있다. 특히, 유연성을 지닌 아주 얇은 박막 형태의 소재이며, 소비 전력이 낮고, 다양한 형태로 잘라서 사용할 수 있다. 전력 소모는 적으며 구동 전압은 80에서 100V 정도이고, 인버터(inverter)를 통해 직류 5, 12 또는 24 V의 전압을 사용한다. 수명은 현재까지는 다른 종류의 광원보다 짧으며, 현재 5,000 hrs. 이상 수명을 갖는 전기발광 광원들이 상품화되고 있다.

전계발광 램프의 발광 원리는 투명 필름 위에 도포된 형광체가 한 쪽의 투명 전극(주로 ITO 사용)과 다른 전도성 전극 사이에서 빛을 발하는 구조로, 형광체로 구성된 발광층에 교류 전압이 전극에 가해졌을 때 전기장은 형광체로 빠르게 충전과 방전을 일으키게 하고, 순환 과정에서 빛을 발하게 되는 것이다. 현재 EL에 있어서는 200 cd/m^2 이상의 고휘도화를 지향하는 개발과 장수명화에 노력을 기울이고 있으나, 소음 발생과 전력 소모가 많아 이를 개선하려는 연구가 많이 이루어지고 있다.

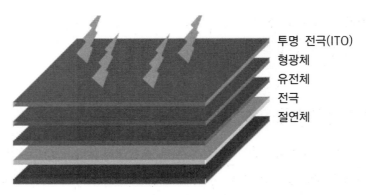

투명 전극(ITO)
형광체
유전체
전극
절연체

그림 11-6 ■ 전계발광 광원의 구조

전계발광 광원이 특성은 다음과 같다.

■ 얇다 (〉 0.25 mm)
■ 높은 균일도 (〉 90%)
■ 낮은 소비 전류 (10 ~ 15 mA)

11.3.4 광섬유(fiber optic) 광원

백라이트에 적용하는 광섬유는 얇은 광섬유 막을 사용한다. 인버터 (inverter)가 필요 없고 매우 높은 수준의 균일도를 갖고 있다. 광섬유 자체에서 발광하는 것이 아니고 할로겐 혹은 발광 다이오드(LED)를 광원으로 하여 광섬유를 얇게 면으로 만들어 이를 통해 면광원을 만드는 것이다.

광섬유 광원의 특징은 할로겐 혹은 발광 다이오드를 사용하므로 수명이 길다. 낮은 소비 전력을 필요로 하고 넓은 면적의 면광원을 만들기가 용이하다. 그리고 비교적 얇고 열이나 전자파 방출이 거의 없다. 그러나 비용 문제는 LCD용 백라이트로 사용하기에는 시급하게 해결해야 할 문제점을 갖고 있다.

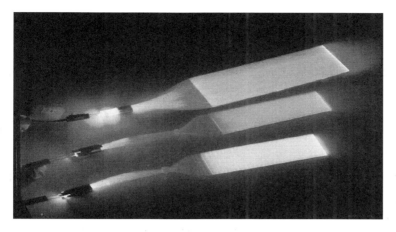

그림 11-7 ▶ 백라이트용 광섬유 광원

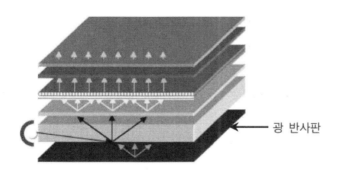

광 반사판

그림 11-8 ▶ 반사판의 구조

11.4 반사판(reflector sheet)

반사판은 광원으로부터 도광판 아래 방향으로 진행하는 빛을 액정 디스
플레이 패널 방향인 위로 진행하도록 다시 반사시켜 도광판 내로 돌려보
내는 기능을 수행하는 것으로서, 반사율이 높은 재료들이 사용된다. 확산
판은 주로 도광판 상의 액정 패널 쪽에 위치하며, 도광판을 통해 입사되는

빛을 확산하고 산란시켜 빛의 정면 방향의 휘도를 증대시킬 뿐만 아니라 균일하게 한다.

확산판의 소재로는 흑백용 백라이트에 주로 사용되는 PC(polycarbonate) 수지와, 컬러용 백라이트에 많이 사용하는 polyester 수지가 있으며, PC 수지는 가격이 저렴하고 광투과율이 우수하며, polyester 수지는 광을 확산시키는 능력이 우수하고 고휘도화에 적합하며, 이와 같이 광 확산을 증대시키기 위해 표면 확산층이 도포된다. 확산판은 66~96%의 가시광선 투과율을 가진다.

광확산 재료로 탄산 칼슘, 황산·바륨, 실리카, 산화티타늄 등의 무기물을 사용하고 제조는 polyester 필름 표면에 광확산재를 배합한 투명 수지액을 도포하고, 광확산 재료를 염기(base) 수지 중에 분산시켜 필름 상으로 성형하고, PC 필름을 압출 롤(roll)을 이용해 압력과 열을 가하여 불규칙한 요철 구조를 무수히 형성하는 엠보스 가공(embossing: 표면가공)을 행한다.

일반적으로 광확산재를 이용한 확산 필름으로는 법선 방향 이외의 광의 진행은 당연히 많지만, 거기에 비해 표면 가공에 의한 확산필름에서는 집광성이 우수한 측면이 있다. 또한, 확산판이 도광판과 접하는 면에도 미세한 요철을 만드는데, 이는 도광판에 직접 접촉시키면 양자가 부분적인 광학 밀착을 일으키고 부분적으로 밝게 되기도 하며, 뉴톤 링(Newton's ring)과 같은 간섭 모양이 발생하기도 한다. 이는 광확산성 저하에 의해 도광판 배면의 인쇄·가공 패턴에 의한 것일 수도 있고, 액정 화면에 격자상 구획선과 프리즘 시트의 능선과 곡선과의 간섭 현상인 모아레(moire) 현상을 초래하는 경우도 있기 때문이다. 도광판의 형태에 따라 산란 도광체 고분자를 이용한 도광판 기술의 경우에는 도광판 자체가 산란 기능과 프리즘 기능을 갖추고 있으며, 백라이트 발광면의 휘도가 10~30% 정도를 향상시켜 광원 램프의 조도를 낮추므로 액정 디스플레이 모듈의 소비 전력 감소도 가능하고, 확산판이 불필요하여 박형화 및 경량화와 비용 절감도 가능하다.

11.5 도광판

　도광판은 액정 디스플레이 내에서 빛을 액정에 이끄는 사용되고 있는 부품으로 도광판으로 입사한 빛은 도광판의 한 면에 설치된 광산란 층에서 산란해 면 전체가 균일하게 발광하는 역할을 하고 있다. 광 산란은 표면에 증착된 일정면적과 모양을 가진 패턴을 통해 이뤄진다. 또한, 광원으로부터 입사된 빛을 균일한 평면광으로 변환시켜주는 구성요소로서, 백라이트 유닛에서 가장 핵심이 되는 부품으로 광원과 광원 반사판에서 방출된 광선이 램프와의 거리가 먼 곳까지 도달할 수 있도록 해주는 기능을 담당한다.

　도광판은 아크릴 제조의 투명 플라스틱판이 일반적이지만, 그 밖에 PC 수지, 시클로 올레핀계 수지(COP)가 사용되고 있다. 시클로 올레핀계수지는 비중이 1.0(아크릴의 1.2에 대해서)이며 상대적으로 가볍기 때문에, 경량화 요구의 높은 노트북 액정 디스플레이에 채용되고 있다. 또한 저흡습으로 치수 안정성이 양호하기 때문에, 대화면의 도광판에서 보이는 휘어진 상태의 발생이 없다. 휴대 전화 용도에서는 내열성·내충격성의 요구가 높기 때문에, PC 수지가 이용되고 있다. PC 수지는 고온으로 유동성이 높고, 휴대 전화용 도광판에 필요한 복잡 미세 가공에 적합하다. 그러나 복굴절에 생길 가능성을 갖고 있어 지속적으로 해결해 나가야할 과제를 안고 있다.

　도광판의 원리 및 종류는 광조절층의 형태 및 도광판의 차원에 따라 분류한다. 형태에 따라 평판 방식과 쐐기 방식으로 나눌 수 있고, 평판 방식은 주로 모니터용으로 사용되는 형태로 압출, 사출, 또는 주조 방식으로 제조되며 빛이 양쪽 방향으로 진행되는 구조이다. 경우에 따라 단일 방향으로 여러 개의 광원이 사용 가능하여 고휘도에 대응 가능하며, 광원의 수에 따라 6~12 μm 두께의 도광판을 사용한다. 평판 방식에 비해 광효율이 우수한 쐐기 방식은 두께를 얇게 하는데 용이하므로 휴대용 디스플레이 장치에 적용되고, 사출 또는 캐스팅 방식을 통해 제조하며, 한쪽 측면 방향으로 광원의 빛이 입사되는 구조로 중형급까지 적용될 수 있다.

빛을 가공하는 방식에 따라 구분되는데, 입사된 광원의 빛이 전면에서 균일한 광강도 분포를 갖기 위해 도광판의 수직 방향으로 출광시키는 방식에 따라 인쇄 방식과 무인쇄 방식으로 나눌 수 있으며, 인쇄 방식의 경우 광 산란 잉크를 도광판 하부에 스크린 인쇄하여 입사된 빛의 수직 산란을 통해 출광시키는 방식이다. 무늬 모양은 원형, 타원형, 사각형, 육각형 등 다양하게 만든다. 각각의 무늬는 스트라이프(stripe), 육방형, 불규칙(random), 방사 모양으로 배열시킨다. 잉크의 종류로는 SiO_2를 사용한 반투명형, TiO_2 계열을 사용한 백색형, 유리, 아크릴을 사용한 구슬형이 있다. 무인쇄 방식의 경우에 반사, 굴절, 회절 및 산란과 같은 광기하학적인 기능을 갖는 구조를 도광판에 가공하여 구조체를 통하여 출광 기능을 갖도록 하는 방식과 투명 수지 내부에 빛을 산란시킬 수 있는 물질을 삽입하여 광을 진행하는 기능을 갖도록 하는 제조 방식이 있으며, 각 업체별로 다양한 방식을 개발하고 있다.

사출자체의 양산 안정성이 도광판 크기가 커짐에 따라 떨어지므로 소형에서는 주로 무인쇄방식을 사용하고, 중대형 크기에서는 인쇄방식이 사용되어 왔으나 사출 기술의 발전으로 현재는 양산 수율과 광효율 상의 장점을 가진 무인쇄 방식으로 진행되어 가는 추세에 있다.

11.5.1 인쇄법(printing type)

도광판 중에서 광의 세기의 분포 조절이 용이하기 때문에 균일도가 높은 장점을 갖고 있어 가장 많이 사용되는 일반적인 형태로 사출 또는 캐스팅 방식을 통해 제조된 기판에 아크릴수지(PMMA: polymethly methacrylate)를 주재료로 사용하고 접착력을 증가시키기 위해 PVA(polyvinyl-alchol) 섬유를 첨가시키고 유기 용제로 용해시킨 후 광산란제를 혼합한 잉크를 스크린 인쇄하여 광산란 무늬를 형성하여 제조한다. 광산란제 중 산화 실리콘(SiO_2)은 아크릴수지(PMMA)와 굴절률의 차이가 적어 광산란 손실이 상대적으로 적고, 도광판 내부를 통해 패턴에 전파 입사된 빛이 투과 산란하여 도광판 하부의 반사판(reflection sheet)에 반사, 산란되도록 하는 작용을 한다. 산화 티타늄(TiO_2)은 아크릴수지(PMMA)와 굴절률의 차이가 커서 도광판과 잉크와의 계면에서 투과가 거의 안되고 모두 산란 반사 작용을 하는 특성을 나타나게 한다. 초기에는 산화 티타늄(TiO_2) 잉크를 많이 사용하였으나 광효율 및 고온, 다습 환경에서의 안정성 문제 때문에 현재는 산화 실리콘(SiO_2) 잉크를 주로 사용한다.

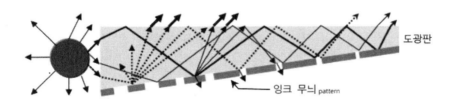

그림 11-9 ▶ 인쇄 방식 도광판

11.5.2 무인쇄법(non-printing type)

무인쇄 방식의 경우 광학적인 기능(반사, 굴절, 회절, 산란)을 갖는 구조를 도광판에 가공하여 도광판을 통해 전파되어 온 빛이 그 구조체를 통하여 빛을 진행하도록 하는 방식이다. 생산성 및 도광판 광효율 높은 장점을 갖고 있어 업체별로 다양한 방식을 개발하여 양산에 적용하고 있다.

1) 식각형(etching type)

도광판 사출용 금형의 배면에 감광 수지(photoresist)를 도포한 후 무늬막을 부착하고, 노광과 현상하여 화학적으로 식각하는 방법으로 제조하기 쉽다. 생산성이 높은 방법이나 동일 무늬로 재작업시, 식각액(etchant)의 농도와 시간 제어가 쉽지 않기 때문에 무늬의 크기, 깊이 및 면조도 등의 재현성이 나쁘며 식각된 면의 전사성에 문제가 있어 높은 수준의 사출 기술이 요구된다. 주로 일반 스크린 인쇄 무늬와 동일한 모양으로 적용하고 소형은 직선 형태의 모양을 사용하며 식각 특성에 따라 모양이 만들어진다. 광학적 효율 및 특성은 인쇄 방식 도광판과 유사하며 사출 조건에 따라 도광판상에 휘도 얼룩이 발생하기 쉽다.

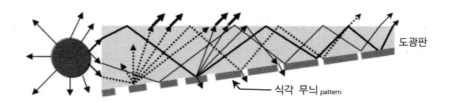

그림 11-10 ► 식각 방식 도광판

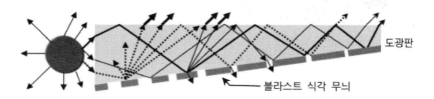

그림 11-11 ► 블라스트 방식 도광판

2) 블라스트(blast) 식각법

식각액을 사용하는 화학적 식각 방식을 법이 화학적 방식이라면 블라스트 식각 방법은 물리적인 방식이다. 식각액 대신에 수치 제어 블라스트 장비를 사용, 무늬 모양을 식각하여 무늬의 크기, 깊이 및 면조도 재현성이 향상되었다. 또한 식각 모양(profile)이 화학적 식각보다 더 반구형에 가깝기 때문에 사출성도 더 좋다. 하지만 감광 수지(PR)의 강도 문제로 20μm 이상의 깊은 패턴 가공이 어렵다.

3) 샌드 블라스트법(sand blast type)

주로 휴대용 노트북 컴퓨터에 많이 적용하는 도광판 제조 방식으로 식각 방식과 더불어 사용되어 왔으며 샌드 블라스트(sandblast) 가공기를 이용하여 금형 표면에 미세한 무늬(pattern)의 밀도를 조절하며 도광판의 광 분포를 조절할 수 있는 방식이다. 도광판의 상부 표면에 무늬가 존재하여 광학적 효율이 인쇄 방식 대비 100% 높은 장점이 있다. 또한 하부에 프리즘을 가공하여 집광 기능을 갖는 형태도 있다. 그러나 무늬 크기의 한계가 있어 사출 조건에 따라 휘도 분포가 변하기 쉬운 단점이 있다.

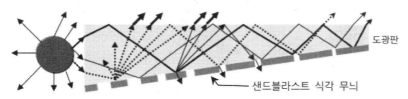

그림 11-12 ▶ 샌드블라스트 방식 도광판

4) 엔플러스 방식(enplus type)

주로 노트북 컴퓨터용 도광판에 적용하는 방식으로 경사 무늬(gradient pattern)을 설계하여 초정밀 수치 제어기기(NC)를 이용 금형 표면에 직접 가공하여 사출하는 방식으로 무늬 크기, 깊이 조절을 통해 광강도 분포 조절이 쉽고 무늬 제조가 용이하여 현재 주로 양산 중인 방법이다. 가공의 특성상 무늬의 모양은 형태를 띠며 표면은 산란면이다. 광학적 특성은 인쇄 방식과 비슷하나 모양은 무늬 크기 변화 단계와 사출 수지의 유동 마크(flow mark)가 보일 수 있다.

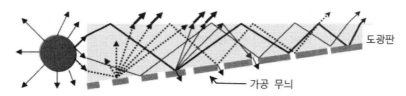

그림 11-13 ▶ 엔플러스 방식 도광판

5) 인쇄 사출 무늬 방식(printed-mold pattern type)

일본 M사에서 개발한 방식으로 스크린 인쇄 방식으로 무늬 설계를 완성한 후 금형에 그 무늬를 특수한 반죽(paste)을 만든 후 인쇄하여 사출하는 방식이다. 일반적인 무인쇄 방식보다 개발 기간 및 비용이 적게 드는 장점을 가지고 있으나 무늬 인쇄 형상의 수명 주기(life cycle)가 짧은 문제점을 안고 있으며, 이 경우에는 특성상 사출된 도광판에는 면의 무늬가 형성된다.

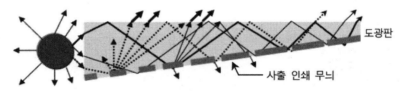

그림 11-14 ▶ 인쇄 사출 방식 도광판

6) 광학적 방식(OPI : optical insertion)

일본 덴요(DENYO)사에서 개발한 방식으로 100 ㎛ 지름, 10 ㎛ 깊이의 반구형의 미세 반사기 형태의 패턴을 도광판 하부에 배열하여 측면에서 입사, 전파되어 온 빛을 반사시켜 도광판에서 빛을 진행시키는 방식이다. 미세 반사기의 원천 특허는 카란타(K. Karantar)가 보유하고 있으며, 광학 매체(optical media)에 적용되는 스탬퍼(stamper) 기술을 사용하여 팬턴 스탬퍼(stamper)및 도광판을 제조하는 특허는 쿠라레이(Kuraray)가 보유하고 있다. 스탬퍼를 금형에 장착, 진공 흡착한 후 사출하여 도광판을 생산하며 무늬 형성면이 경면으로 되어 있고, 전반사를 이용하므로 광효율이 높고 사출성이 좋으나 무늬 밀도 조절을 간격 변화로 제어하고 있어 부분적인 수정이나 전극부 암부 수정이 어렵다.

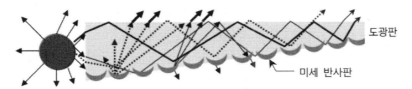

그림 11-15 ► OPI 방식 도광판

7) 스탠리 방식(Stanley type)

OPI 방식과 유사한 방식으로 직사각형 반사기의 크기 변화 배열로 도광 판의 하부에 면의 형태로 배열되어 있는 방식이다. 금형 방향의 무늬면이 경면이기 때문에 사출하기 좋지만, 설계 개념상 무늬 밀도는 사각형의 끝 부분의 면적에 비례하므로 전극부 암부 수정이 어렵다는 단점을 가진다. 현재 개발 중에 있으며, 인쇄 방식보다 대비 5% 정도 광효율이 좋은 것으로 알려져 있다.

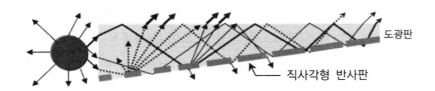

그림 11-16 ► 스탠리 방식 도광판

8) 양면 프리즘 방식(double-side prism type)

금형 양면에 모두 브이(V) 자형의 홈으로 가공하여 사출하는 방식으로 현재 알려진 도광판 중에서 가장 휘도가 높은 방식이다. 양면의 프리즘 (prism)을 이용, 특정 각도로 출사시켜 특수한 형태의 역프리즘 1장만을 사용하여 특정 방향으로 반사시키는 구조이기 때문에 수직 방향에서 기존 방식보다 대비 2배 정도의 휘도 특성을 나타낸다. 그러나 시야각이 좁고 측면부의 휘선 발생 등의 단점과 귀형상이 없어야 하고, 출광부 두께가

1mm 이상이 되어야 하는 등의 제약이 있고만, 단위 소비 전력당 높은 휘도 특성 때문에 소니(Sony)의 제품에 채용되고 있다.

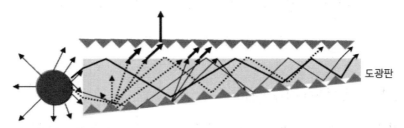

그림 11-17 ► 양면 프리즘 방식 도광판

9) 홀로그램 방식(hologram pattern type)

홀로그램 확산 무늬를 이용하여 스탬퍼로 가공한 후 그 무늬를 도광판에 전사하는 방식으로 특정 방향으로 빛이 확산되도록 제어되어 있는 무늬에 의하여 수직 방향으로 초점이 맞게 되어 휘도 특성이 개선될 수 있다. 크기가 변화되는 경사 무늬(gradient pattern) 내부에 확산면이 존재하는 형태이며 모니터용과 노트북 컴퓨터 모두에 사용될 수 있지만 일반적인 사출 기술로는 수 μm의 홀로그램 무늬를 전사하기 어렵기 때문에 휘도 개선 효과가 미약하여 인쇄 방식 도광판 정도의 광특성을 보인다.

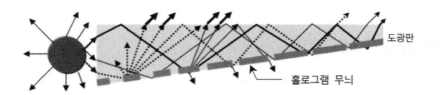

그림 11-18 ► 홀로그램 방식 도광판

10) 브이 자형 홈 방식(V-groove 혹은 V-cut type)

모니터용 도광판에 주로 사용되는 가공 방법으로 다이아몬드 끝을 이용 평판 도광판에 직접 라인 형태의 무늬를 광원의 수직 및 수평 방향으로 가공하여 도광판 내부로 전파해온 빛이 수직 방향으로 반사되어 진행되므로 기존 인쇄 도광판에 비해 10% 정도 광효율이 좋다. 또한 완전 자동화가 용이하고, 인쇄방식 보다는 광강도 분포 재연성이 좋지만, 가공 후 잔존 입자가 발생하므로 이를 제거하는 세척 공정이 중요하다.

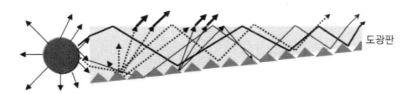

도광판

그림 11-19 ▶ V자형 방식 도광판

11) 다이아몬드 모양 식각 방식(Diamond-shape etching type)

일본 Colcot사에서 개발한 방법으로 모니터용 도광판 양산에 적용된 기술이다. 곡선으로 평행하게 V자 홈을 가공하면 서로 다른 크기의 다이아몬드 모양의 돌출 형상이 나타난다. 표면 전면을 식각한 중심을 도광판 배면 금형으로 3차원 형상을 사출하고 성형하여 출광 기능을 갖도록 하는 구조이다.

도광판 생산 공정은 무늬 모양을 설계하여 도광판을 성형하고. 이를 기판에 전사하는 과정으로 진행된다. 무늬 모양 설계는 도광판이 광원에서 입사되는 입사광을 액정 디스플레이 패널의 전면 방향으로 균일하게 밝게 반사시키는 역할을 할 수 있도록 산란성 도트 및 여러 가지 형태의 무늬를 광학적으로 배치하는 설계를 말하며, 도광판 생산을 위해서는 1차적으로 반드시 요구되는 기술이다. 설계된 무늬가 전사된 도광판을 구체적으로 제작하는 공정으로 주로 사출 성형의 방법으로 제작한다. 그러나 대형 액정 디스플레이 패널에 대응한 백라이트용 도광판은 사출 방식으로 적용하기 어려운 관계로 통상 압출로 제작된 아크릴 판재를 도광판의 기판으로 사용한다.

도광판 뒷면의 맞대응하는 면에 전체를 미리 설계된 무늬로 전사하거나 부식 등을 이용하는 다양한 방법으로 제작하며, 일반적으로 투명 아크릴 판에 특수 산란 잉크를 이용하여 실크 스크린 방식으로 백색의 도트 무늬와 같은 패턴을 인쇄한다. 그러나 생산에 사용되는 도광판의 재질 문제로 무늬에 미묘한 불균일성이 있는 것에 의한 수율의 저하, 그리고 공정에 사용되는 잉크 자체가 고온이나 다습한 환경 변화에 안정성이 약한 점 등의 문제점으로 인해 새로운 전사방식의 개발이 활발히 진행되고 있다. 이와 같은 과정을 [그림 11-20]에서 잘 보여주고 있다.

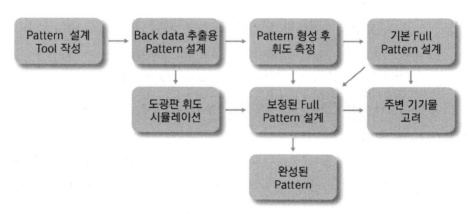

그림 11-20 ► 도광판 무늬 설계의 흐름도

도광판용 재료를 살펴보면, 가장 일반적으로 사용되는 도광판 재료는 아크릴 수지(PMMA) 계열이며, 굴절률이 1.49이고, 비중은 1.19의 플라스틱이다. 경량화를 위해서 비중이 1.0인 올레핀(olefin)계 투명성 플라스틱(COC)이 사용되기도 한다. 아크릴 수지는 기계적인 강도가 높고, 변형되지 않으며, 가볍고 내화학성이 강하고 투명하고 가시광선에 대한 투과율이 상당히 높다. 아크릴 수지가 플라스틱 기판 소재로 사용되는 핵심적인 이유는 재료 자체의 높은 광투과율을 가지기 때문이다.

액정 디스플레이용 백라이트에 요구되는 광 특성은 액정의 표시면 전체의 휘도가 균일해야 하며, 액정 패널의 투과율이 10% 미만인 것을 고려하여 충분한 휘도가 유지되어야 한다. 디스플레이 추세가 얇고, 가벼우며, 저소비전력을 요구하기 때문에 도광판의 기술 개발도 이에 맞추는 방향으로 개발되고 있다. 또한 생산성 및 효율을 증가시켜 경쟁력을 확보할 수 있는 확산판과 프리즘판의 기능이 복합되어 차세대 도광판 개발이 활발하게 진행되고 있다.

11.6 확산판

확산판은 도광판 바로 위에 위치하고 있으며, 일정한 방향으로 도광판에서 나온 빛을 산란시켜 패널 전반에 걸쳐 여러 각도로 빛이 진행하도록 하는 역할을 한다. 구조는 폴리에틸린 수지인 PET(polyethylen terephthalate) 기판에 구슬 모양의 광 산란층을 증착시키며, [그림 11-21]에서 나타난다.

확산판은 시야각과 밀접한 관계를 가지게 되며, 다양한 구조의 확산판을 통하여 시야각을 개선할 수 있다. [그림 11-22]에서 나타내듯이 인쇄된 도광판에 새겨진 무늬들이 그림 a에서 나타내듯이 직접 눈으로 들어오기 때문에 무늬 모양이 그대로 보이게 된다. 그림 b는 확산판을 보여주고 있으며, 확산판을 도광판 위에 올려놓으면, 그림 c에서와 같이 무늬들이 사라지게 되고, 실제 액정 화면에서는 보이지 않게 된다.

그림 11-21 ▶ 확산판의 구조와 기능

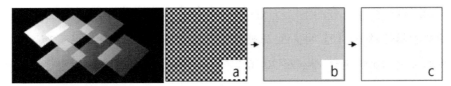

그림 11-22 ▶ 확산판과 도광판 무늬 제거

11.7 프리즘 시트 (prism sheet)

프리즘 시트는 확산판에서 방사되어 나오는 빛을 굴절 혹은 집광시켜 액정 패널 방향으로 표면에서 휘도를 상승시키는 역할을 한다. 프리즘 시트가 갖추어야 할 특성으로는 높은 휘도 상승률과 넓은 시야각을 가져야 한다. 광원으로는 형광 램프에 의한 테두리(edge) 방식이 주로 사용되고 있다. 광원으로부터 나온 빛은 도광판을 거쳐 액정 디스플레이 패널측으로 진행되고, 확산판을 지나게 되면, 면에 수평이나 수직의 양방향으로 확산이 일어나면서 밝기가 급격히 떨어진다. 이를 개선하기 위해 프리즘 시트는 확산판으로부터 나오는 빛을 출광면의 정면 이외의 방향으로 나가는 것을 방지하고, 광지향성을 향상시켜 시야각을 좁혀야 한다. 그리고 백라이트 출광면의 정면 방향으로 휘도를 증대시켜 소비 전력을 줄일 수 있다.

프리즘 시트의 구조는 띠 모양의 마이크로 프리즘 모재로 폴리에스테르를 많이 사용하며, 두 장의 수평·수직 프리즘 시트를 한 세트로 사용한다. 프리즘의 종류는 프리즘 산 형태, 프리즘 산 각도 및 배면처리 등에 따라 집광성, 밀착성, 내스크래치성과 같은 특성이 달라지기 때문에 용도에 맞게 사용하게 된다. 프리즘 시트의 제조는 프리즘 패턴이 형성된 금속 롤이나 금형에 자외선 경화 수지액을 도포하고, 자외선을 투과하는 투명수지 필름 기재를 중합시켜, 자외선을 조사하여 경화시킨 후, 프리즘 패턴을 경화하는 수지층에 입히면 된다.

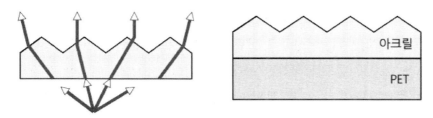

그림 11-23 ▶ 프리즘 시트의 구조와 역할

프리즘 시트를 통해 나오는 빛은 시야각이 제한되어 있으므로 확산층을 이용하여 시야각을 넓히고, 프리즘 시트의 마모를 방지하며, 프리즘 시트 2매 사용 시에 나타나는 모아레(Moire) 현상을 방지하도록 주의하여 사용한다. 재료와 구조는 확산 시트와 유사한 구조를 갖는다. 하지만 최근에는 프리즘 시트의 기능이 많이 향상되어 별도의 보호 시트를 사용하지 않는 추세이다.

11.8 광원의 위치

액정 디스플레이 백라이트 광원의 위치에 따라 특성이 다양하므로 용도에 맞게 백라이트 유닛을 설계한다. 액정 디스플레이 뒤에 위치하여 전면을 향하여 빛을 진행시키는 직하형(direct type), 광원을 도광판 옆에 두고 빛이 도광판을 거치면서 전면을 향하도록 하는 테두리(edgy light)형 방식과 광원 자체가 평면 형태의 평면 광원 방식이 있다. 액정 디스플레이의 소형 패널은 차량 기기와 중소형 기기용으로, 대형 패널은 모니터나 텔레비전 시장으로 구분하는데, 차량 및 노트북 같은 소형의 10인치급 이하는 한 개의 냉음극 형광관을 도광판 외곽에 설치해 조립하는 테두리 방식이 일반적이다. 모니터와 텔레비전용으로 사용되는 10인치급 이상에 쓰이는 백라이트 광원은 밝기를 높이기 위해 도광판 외곽에 각 2~3개의 램프가 설치된다. 20인치급 이상은 도광판 방식으로는 충분한 밝기를 낼 수 없기 때문에 다수의 램프를 확산판 아래에 일정한 간격으로 배열한 직하형 방식을 주로 사용한다. 평면 광원은 최근에 텔레비전 시장으로 진입하면서 대면적화 요구와 고속 정보 전달을 위한 고휘도의 요구로 대부분의 산업체와 연구소에서 많은 연구를 수행하고 있다.

직하 방식의 백라이트 구조는 액정 디스플레이 패널 아래쪽에 여러 개의 광원을 일렬로 배치하여 액정 디스플레이 화면으로 직접 빛을 진행하도록 하며, 테두리형보다 휘도를 높이고 광 균일도를 개선한 방식이다. 디스플레이 크기가 대형화에 적용할 수 있도록 일정 휘도를 유지할 수 있어 대형 화면에 적용이 가능하며 무게가 가볍다. 직하형 백라이트 구조는 도광판이 따로 필요가 없어 재료비 절감도 가능하다. 하지만, 광원의 수가 늘어나므로 전력 소모가 증가하고 가격이 높아지고, 광원 사이의 휘도 차에 의해 전체적인 광 균일도를 나빠지게 된다. 광원은 주로 냉음극관(CCFL)이 사용되어 도광판이 필요 없고 광원 이용 효율이 양호하고 구성이 단순하여 초기에 칼라 액정 디스플레이 모듈에 적용되었다. 고휘도가 필요한 차량용 액정 디스플레이 기기 등에서 사용되고 있으며 최근의 화면 크기의 대형화 추세에 따라 직하 방식으로 배치하는 구성이 다시 주목받고 있다.

테두리형 방식이나 도광판 방식은 광선을 진행시키기 위한 패널을 사용하며 도광판 측면에 광원을 두었으며, 이때 광원의 개수는 측면의 길이에 국한되지만 박형화가 가능하다는 장점이 있고, 발광면 전체에 휘도를 균일하게 분포시키기 위한 과정이 직하 방식에 비해 복잡하다. 도광판 방식의 백라이트는 도광판이 평판 형태인 평판 방식(flat type)과 도광판이 경사가 진 쐐기 방식(wedge type)으로 분류한다. 평판 방식은 도광판의 양쪽 또는 네 모서리에 광원을 고정시킬 수 있다. 여러 개의 광원을 두어 휘도를 높이기 위해서는 도광판의 측면 두께가 균일해야 하며, 이러한 평판 방식은 모니터나 고휘도가 필요한 경우에 사용된다. 휴대용 기기에서는 전력 소모가 제한되어 있으므로 여러 개의 광원을 사용하기 곤란하다. 이에 맞는 쐐기 방식은 광원 입사부인 한 쪽 면만 폭을 넓게 하고 다른 면은 좁게 함으로써 백라이트의 무게도 줄일 수 있다.

평면 광원 방식 백라이트는 평면 광원을 그대로 사용하는 형태로 구조가 간단하며, 확산판에서 빛의 손실이 없다는 이점이 있고, 휘도 면에서 직하형 광원보다 못하지만 얇고, 가볍기 때문에 소형화에 유리하다. 광원으로는 전계발광, 발광 다이오드 및 냉음극 평판 형광램프가 실용화되고 있다.

최근까지 발표되고 있는 평판 형광램프는 상판과 하판의 유리에 각각 형광층을 도포하고, 상·하판 사이에 방전 기체를 주입해 봉입된 구조들이 대부분이다. 상·하판의 방전 공간 내부에 전극을 설치하고 전극을 유전층으로 덮어서 방전하는 교류형 방전을 채용하는 방식이다. 상판의 전면에 투명 전극을 도포하고, 하판 전체에 면전극을 도포하여 각각 형광층을 형성한다. 그리고 상·하판 사이의 방전에 의한 플라즈마로부터 형광체를 발광하는 방식이 있다. 그러나 이와 같은 구조는 방전 효율이 매우 낮고 방열이 문제가 되므로 액정 디스플레이 광원으로 부적합하다.

또 다른 구조는 하판에 다수의 전극을 일정한 간격으로 설치하고, 그 위에 유전층을 도포한 전극 구조다. 최근 독일의 Osram사는 이러한 구조를 채용해 중형급에 적용한 백라이트를 선보였다. 이는 하판에 여러 개의 와이어 전극을 수 센티미터 간격으로 배치해 짝수 번과 홀수 번의 전극을 각각 연결해 구동하면서 전극 사이에 교류형 방전에 의해 상·하판에 도포된 형광체를 발광하는 방식의 면 램프다. 이러한 구조도 역시 방열 문제가 발생한다. 패널의 열 발생은 전극 사이의 간격이 좁을수록 고열이 발생한다. 이는 방전 효율과도 연관된다. 반면에 전극 사이의 간격이 클수록 양광주 형태의 플라즈마가 생성돼 방전 효율이 높다. Osram사의 구조는 열의 발생 문제뿐만 아니라, 패널의 중량도 문제가 된다. 패널 내부가 저진공이기 때문에 패널의 신뢰성을 높이기 위해 상·하판 유리가 두꺼워야 하므로 무게가 무거워진다.

전극 사이의 간격을 충분히 확보한 구조로서 패널의 양쪽 가장자리에 전극을 설치한 구조를 갖기 때문에 테두리형 백라이트의 개선된 구조라 볼 수 있다. 냉음극이나 열음극 형태의 기다란 선형 전극을 설치한다. 이때, 직류형 방전을 시도하면 플라즈마가 전체 패널에 균일하게 발생하지 않는다. 플라즈마가 임의의 곳으로 집중되기 때문에 패널 전체에 균일한 휘도를 낼 수 없다. 이와 같은 구조는 휘도와 효율이 좋아지지만, 대면적화가 어렵고 대화면에 적용하기 위해 상·하판을 지지하는 격벽(barrier rip) 혹은 스페이서가 필요하다. 그러나 이로 인해 휘도의 균일도를 저하시키는 요인으로 작용한다.

▎참고문헌

- 김현후 외, "평판 디스플레이 공학", 내하출판사, 2015.
- 김억수 외, "디스플레이 공학개론", 텍스트북스, 2014.
- 강정원 외, "정보디스플레이 공학", 청문각, 2013.
- 박대희 외, "디스플레이 공학", 인터비젼, 2005.
- 권오경 외, "디스플레이공학 개론",청범, 2006.
- 김종렬 외, "평판 디스플레이 공학", 씨아이알, 2016.
- 이준신 외, "평판 디스플레이 공학", 홍릉과학, 2005.
- 이준신 외, "디스플레이 공학개론", 홍릉과학, 2016.
- 문창범, "전자 디스플레이원론", 청문각, 2009.
- 김상수 외, "디스플레이 공학 I", 청범, 2005.
- 노봉규 외, "LCD 공학", 성안당, 2000.

APPENDIX

부 록

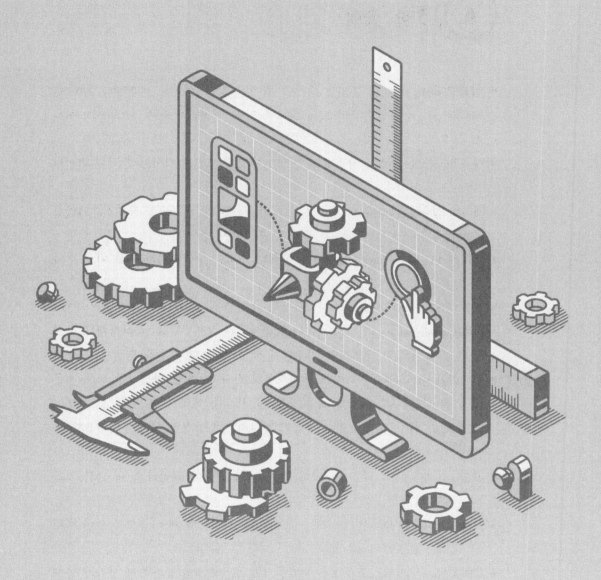

APPENDIX

기술 용어

- **감광액**(photoresist) : 감광성 수지를 말하며 구성 성분은 polymer, solvent, sensitizer로 대표되며 현상되는 형태에 따라 양성(positive)과 음성(negative)으로 분류.

- **개구율**(aperture ratio) : 액정 디스플레이 패널에서 전체 기하학적 화소 면적과 빛이 조절되어 정보표시가 가능한 면적의 비율.

- **게이트 전극**(gate electrode) : 소스, 드레인, 게이트로 이루어진 트랜지스터에서 소스에서 드레인으로 흐르는 전하를 조절하는 전극.

- **공통전극**(common electrode) : 액정 셀에서 액정을 구동시키기 위한 화소 전극에 대응되는 기준전압을 유지하는 전극.

- **구동 전압**(driving voltage) : 디스플레이 패널을 구동시키는 데 필요한 전압.

- **격벽**(cathode separator) : 유기물 위에 증착되는 상부전극을 stripe형태로 분리하기 위해 필요한 구조물로 하부전극 stripe과 직교 되도록 형성.

- **결정화**(crystallization) : 박막 트랜지스터의 전자이동도를 향상하기 위해 저온에서 증착되어 무질서하게 배열된 실리콘 박막을 레이저 빔, 주울 가열, 제논 램프 등의 외부 열원에 의해 규칙적 원자배열의 결정질 실리콘 박막으로 변환하는 과정.

- **균일도**(uniformity) : 디스플레이의 휘도, 색이 얼마나 균일하게 표시되는지를 나타내는 값.

- **기판**(substrate) : 액정셀의 기계적 구조를 형성하는 몇 개의 층으로 덮인 투명한 유리나 플라스틱 판.

- **네마틱상**(nematic phase) : 액정 분자는 1개 또는 2개의 분자축의 장거리 방향 질서를 가지는 액정 상.

- **노광**(exposure) : 감광액을 도포한 표면에 원하는 패턴을 가진 mask를 정렬시켜 자외선 등을 쬐는 작업. 이후 현상작업에 의해 mask의 pattern이 형성됨.

- **노멀리 블랙**(모드)(normally black (mode)) : 전압을 인가한 상태보다 전압을 인가한지 않은 상태의 밝기가 더 어두운 모드.

■ **노멀리 화이트(모드)**(normally white (mode)) : 전압을 인가한 상태보다 전압을 인가한지 않은 상태의 밝기가 더 큰 모드.

■ **능동구동**(active matrix) : 구동하고자 하는 dot에 fFrame 내 on signal이 입력되게 구동하는 방법으로 data 기억 소자를 가짐.

■ **대조**(contrast) : 동시 또는 이어서 보이는 두 영역이 나타내는 광량 차이의 주관적인 평가.

■ **대조비**(contrast ratio) : 대조 비율 CR에 의해 얻어지는 큰 LH와 작은 LL 사이의 비율.

■ **도광판**(light guide plate) : 광원으로부터 빛을 유도하고 확산시키기 위해 사용하는 얇고 투명한 판.

■ **디스펜서**(dispenser) : 기판에 밀봉선을 만들기 위하여 페이스트(paste) 상태의 유리 프릿 등을 도포하는 장치. 혹은 액체 정량 토출기라고 부르기도 함.

■ **라인어드레싱**(line addressing) : 화소 수가 많은 것은 주사선을 차례로 선택하여 주사선에 연결된 모든 화소에 동시에 신호전압을 걸어주는 방법.

■ **러빙방향**(rubbing angle with respect to electrode direction) : 화소나 공통 전극 형상과 액정의 러빙 방향이 이루는 각.

■ **매트릭스 디스플레이**(matrix display) : 열과 줄에 규칙적으로 늘어놓은 픽셀들로 만들어진 디스플레이 패널.

■ **매트릭스 어드레싱**(matrix addressing) : 픽셀이 신호를 열과 행에 대응하는 종점에 적용하는 것으로 인하여 선택되는 구동 방법. 개개의 픽셀은 공간과 시간에서 그룹을 선택하는 것에 의해 어드레스되며, 전형적인 예는 열과 줄로 교차되는 전극을 가진 패널.

■ **명암비**(CR; contrast ratio) : 디스플레이 상에서 일정 조건의 빛을 조사할 때, 액정 표시기의 밝은 부분과 어두운 부분의 정도의 명암의 대조를 의미.

■ **밀봉공정**(sealing process) : 패널의 진공 패키징 공정의 한 부분으로서 밀봉제를 사용해서 패널의 내부를 외부에 비해서 고진공으로 유지시키는 공정.

■ **밀봉선**(sealing line) : 디스펜서(dispenser) 혹은 스크린 인쇄에 의해서 기판 상의 가장자리에 원하는 형상을 갖는 밀봉재(sealant)를 도포하여 형성시킨 유리질의 경로.

- **밀봉재**(sealant) : 봉지를 위한 접착제 혹은 패널 내부를 진공으로 만들기 위해 사용되는 접합 물질.

- **박리**(delamination) : 얇은 막이 벗겨짐.

- **박막 트랜지스터**(TFT; thin film transistor) : 기판 표면에 형성된 박막 트랜지스터

- **반사판**(reflector) : 입사되는 빛을 반사시키는 평판형 광학 소자, 혹은 백라이트에서 나오는 빛을 반사시키는 광학 소자

- **발광**(luminescence) : 물질이 고온으로 되지 않아도 어떤 자극에 의해 빛을 방출하는 현상.

- **발광 디스플레이**(emissive display) : 자신이 광원이 되는 디스플레이로 빛은 스스로 변화되어 나올 수도 있고, 하나 이상의 내부의 광원에 의해 제공됨.

- **발광층**(EML; emissive material layer) : 다층 구조의 유기 전기발광 다이오드 소자에서 엑시톤에 의해 발광되는 층.

- **발광 효율** (luminance efficiency) : 전기적 입력 파워에 대한 발광되는 빛의 세기의 비율.

- **밝기** (brightness) : 빛이 투사되었을 때 시감각이 느끼는 명암의 정도.

- **배향**(alignment) : 액정분자를 소정의 방향으로 배열시키기 위해 행하는 처리.

- **배향막**(alignment layer) : 패턴이 형성된 전극 상의 표면에서 방향자의 방향을 결정하는 증착된 얇은 막을 의미하며, 이러한 막은 요구되는 질서도를 발생. 수직배향 또는 수평배향과 같은 배향은 표면 힘에 의해서 국부적으로 발생하는 액정 분자의 협력적인 질서에 의해서 이루어지며, 배향막은 선경사(pretilt) 각을 만듦.

- **백라이트**(BLU; backlight) : 액정셀 뒤에서 균일하게 빛을 조사시키는 광원 장치.

- **베이크**(bake) : photoresist를 도포한 후, 열에 굽는 것.

- **베젤 폭**(bezel width) : 디스플레이에서의 표시영역(active area)과 절단선(scribe line) 사이의 거리로 휴대 단말기기에서는 좁은 베젤 폭의 디스플레이가 요구됨.

- **보조 전극**(auxiliary electrode) : ITO의 저항을 줄이기 위하여 ITO 위나 아래에 깔아 사용하는 전극으로 저항이 낮은 금속을 사용.

- **보호 시트**(protection sheet) : OLED 디스플레이 소자를 제작 및 선적하는 동안, 디스플레이 패널의 표면을 기계적 손상으로부터 보호하는 플라스틱 시트.

- **보호층**(passivation layer) : 습기 또는 산소로부터 유기층과 전극을 보호하기 위한 층으로 유기층 표면 또는 전극 위에 만들어짐.

- **봉지**(encapsulation) : 대기 중의 산소와 수분으로부터 OLED 소자의 유기층과 전극을 보호하기 위한 공정.

- **봉지층**(sealing layer) : 액정셀을 밀봉하기 위해서 지지판과 액정 층 간에 놓여진 층.

- **블랙 메트릭스**(black matrix) : 행렬식 화면 표시 소자에서 화소 전극 사이의 빛의 투과를 막기 위하여 사용하는 금속 또는 유기 박막층.

- **비정질 실리콘**(amorphous silicon) : 이동도가 다결정 규소에 비해 낮으면서 뚜렷한 결정 구조가 없는 고체 상태의 규소.

- **산화물 반도체**(oxide semiconductor) : 단일 또는 다중 성분의 금속과 산소의 결합으로 형성된 화합물 반도체.

- **상판/전면판**(front plate) : 관측자 쪽에 있는 투명한 판으로 하판(혹은 배면판)에 대응하는 단어로 보통 투명전극이 장착된 유리기판.

- **색도**(chromaticity) : 색좌표계 또는 우세하거나 상보적인 파장 및 순도로 결정되는 색 특성값으로서 일반적으로 색도좌표는 CIE 1931 x, y, z로 나타냄.

- **색온도**(color temperature) : 화면으로부터 표시되는 빛의 색을 온도로 표시한 것.

- **색재현율**(color gamut) : CIE 색좌표계에서 NTSC 좌표로 형성되는 삼각형의 면적대비 RGB 세 점으로 구성된 삼각형의 면적비를 의미하는 것으로, 이의 수치가 높을수록 선명한 색이 재현됨을 의미.

- **서브픽셀/도트**(subpixel/dot) : 화소를 이루면서 독립적으로 구동되는 내부 픽셀로 표시장치 기술자들은 도트(dot) 라고 부르기도 함.

- **설계시야각**(designed viewing direction) : 사용 목적에 따라 특정한 방향에서 화상이 가장 쉽게 인식될 수 있도록 시각적 특성을 고려하여 설계한 시야각.

- **세그먼트**(segment) : 특별한 목적의 픽셀 (영문, 숫자, 심볼의 특정 부분 또는 그 자체의 표시)

- **세그먼트 전극**(segment electrode) : 문자, 숫자, 심볼 등의 고정된 형태를 형성하는 전극.

- **세그먼트 표시장치**(segment display) : 특정한 모양으로 만든 전극으로 숫자, 문자 및 그림을 표시하는 장치.
- **셀**(cell) : 단위 화소의 물리적 구조 또는 단위 화소를 의미.
- **소스 전극**(source electrode) : TFT 능동 매트릭스 디스플레이에서 트랜지스터의 소스 단자와 연결된 전극.
- **수동구동**(passive matrix) : 구동하고자 하는 dot에 on signal을 한프레임에 $1/N$(N=duty) 시간만큼 공급하는 방법으로 구동 방법이 간단함.
- **수동행렬 표시장치**(passive matrix (addressed) display) : 스위칭 소자가 없이 scanning 전극과 데이터 전극이 화소에 교차하여 신호를 직접 인가하는 표시장치.
- **수명**(lifetime) : 기준 성능 이상으로 발광하거나 동작을 유지할 수 있는 시간이며, 통상 초기 휘도의 50%까지 유지되는 시간(반감수명)을 의미.
- **수직 배향**(homeotropic alignment) : 방향자가 어디에서나 지지체 표면에 수직하게 배열하고 있는 액정층의 배향 상태.
- **수평 배향**(planar alignment) : 방향자가 어디에서나 지지체 표면에 수평하게 배열하고 있는 액정층의 배향 상태.
- **스메틱 상**(semctic phase) : 액정 분자의 일차원 장거리 질서와 분자축 방향에 대해 장거리 질서를 가지는 액정상.
- **스크린 인쇄**(screen printing) : 스크린 마스크를 사용하여 패턴을 바로 대상물위에 형성시키는 공정.
- **스토리지 커패시터**(storage capacitor) : 능동 행렬식 화면표시 소자에서 각 화소에 인가되는 신호전압을 유지하는 커패시터.
- **스페이서**(spacer) : 지지판 사이의 일정한 거리를 유지하기 위해서 액정셀에 들어 있는 구 모양의 재료.
- **시분할계조**(time ratio gray control) : 시간을 배분하여 전류를 단속하여 흘려줌으로써 행하는 gray 구현법.
- **시스템 온 글라스**(system on glass(SOG)) : 능동 메트리스 LCD에서 동일 기판에 능동 소자와 드라이버 IC를 실장하는 방법.
- **시야각**(viewing angle) : 액정 디스플레이 소자를 보는 방향. 화면에 수직한 방향으로부터 경사와 방위각으로 정의하며, 디스플레이 화면을 인지할 수 있는 최대 각도.

- **시야각 범위**(viewing angle range) : 보이는 규격을 만족하는 시야각 방향의 범위.
- **시야각 영역**(viewing area) : 시각 정보 또는 디스플레이 배경을 표시하는 영역.
- **신뢰성 시험**(reliability test) : 제품의 신뢰성을 향상하기 위해서 행해지는 시험을 의미하며, 시스템, 기기, 부품 등의 신뢰도를 평가, 해석하기 위한 시험
- **스트리퍼**(stripper) : 감광액을 벗겨내는 약품
- **액정**(liquid crystal) : 액정은 가늘고 길거나 평원반 같은 분자로 이루어져 있다. 중간상이 존재하는 물질이며, 분자의 축에 관해서 적어도 1개의 긴 범위의 방향 질서를 가지는 물질.
- **액정셀**(liquid crystal cell) : 2장의 평평한 지지판 사이에 액정이 포함되어 있는 평평한 구조. 이 두 판은 보통 수 마이크로미터의 거리로 떨어져 격리.
- **액정표시장치**(liquid crystal display device) : 액정표시 셀과 모듈을 나타내는 일반적인 용어.
- **양극배선**(anode stripe) : 수동형 소자에 사용되는 긴 막대 모양의 양극 배선.
- **어닐링**(annealing) : 특성 변화를 위한 열처리이며, 연속되는 고온 공정 동안 패널의 치수 변화를 최소화하기 위해서 일정한 온도 하에서 유리 기판을 가열하고 적절한 비율로 냉각시키는 공정.
- **어드레싱**(addressing) : 공간과 시간에 걸쳐 구동하거나 또는 구동 되지 않게끔 화소를 선택하는 방법.
- **얼라인 키**(align key) : 정렬할 경우, 필요한 마크.
- **얼룩**(mura, stain) : 어떤 영역에 대하여 경계가 애매모호한 화소 결함으로 한 화소보다 크기가 크게 나타나는 이인성 결함.
- **에이징**(aging) : 소자를 초기 열화시켜 안정화시키는 과정이며, 디스플레이. 패널의 성능을 안정화시키기 위해 패널 제작 후, 정상적인 동작 범위 내에서 일정시간 패널을 구동시키는 공정.
- **엑시톤**(exciton 혹은 여기자) : 쿨롱 결합에너지에 의해 형성된 중성의 전자-정공쌍.
- **열충격 시험**(thermal shock test) : 저온에서 고온으로, 고온에서 저온으로 일정 주기로 수회 반복한 후 동작특성 변화를 측정하는 시험.
- **유기 블랙매트릭스**(organic black matrix) : 재질이 금속이 아닌 유기막으로 형성된 블랙 매트릭스.
- **유연성**(flexibility) : 외부 스트레스에 대한 변형의 정도.

- **유효개구율**(effective aperture ratio) : 실제 설계 개구율과 액정에 의한 투과율을 곱한 실질적인 패널의 개구율.

- **응답시간**(response time) : 액정표시소자에 on-off 또는 off-on 신호가 인가된 후 전기-광학적 스위칭 시간. 이것은 turn on time과 turn off time에 대한 일반적인 용어

- **이방성 전도필름**(ACF; anisotropic conductive film) : 이방성 도전볼 및 접착제를 함유한 film으로 TCP IC, bump IC, COF, FPC 등을 bonding하기 위하여 사용함.

- **이완시간**(relaxation time) : 전기장 제거 후, 액정 배향자가 초기 상태로 돌아가는데 걸리는 시간.

- **임계전압**(critical voltage) : 벤드 상태를 유지하기 위한 최소 전압. 디스플레이 상태보다 벤드 상태가 더 안정한 상태가 되기 위해 스플레이 상태의 액정셀에 인가되어야 하는 최소 전압.

- **잔상**(image sticking) : 동일 화면에 표시되는 상이 사라진 후에도 긴 시간 동안 이전의 화상이 남아 있는 현상.

- **전자수송층**(ETL; electron transporting layer) : 다층 구조의 유기 전기발광 다이오드 소자에서 음극으로부터 발광층으로 전자를 수송하는 기능층.

- **전자저지층** (EBL; electron blocking layer) : 다층 구조의 유기 전기발광 다이오드 소자에서 전자수송층 물질보다 낮은 전자친화도를 가짐으로써 전자의 흐름을 저지하는 기능층.

- **전자주입층** (EIL; electron injection layer) : 다층 구조의 유기 전기발광 다이오드 소자에서 음극으로부터 유기층에 전자가 원활히 주입되도록 하는 기능층.

- **정공수송층** (HTL; hole transporting layer) : 다층 구조의 유기 전기발광 다이오드 소자에서 양극으로부터 발광층으로 정공을 수송하는 기능층.

- **정공저지층** (HBL; hole blocking layer) : 다층 구조의 유기 전기발광 다이오드 소자에서 큰 이온화준위를 가짐으로써 정공 흐름을 저지하는 기능층.

- **정공주입층** (HIL; hole injection layer) : 다층 구조의 유기 전기발광 다이오드 소자에서 양극으로부터 유기층에 정공이 원활히 주입되도록 하는 기능층.

- **주사전극**(scanning electrode) : 행렬식 화면 표시 소자에서 주사 신호 전압이 인가되는 전극.

- **지연시간**(delay time) : 입력 구동 신호가 변화했을 때, 휘도가 기존의 값으로부터 10% 변화하는데 걸리는 시간. 켜짐 응답지연시간과 꺼짐 응답지연시간이 정의.

- **지지판**(support plate) : 액정셀의 기계적 구조를 형성하면서, 여러 가지 막(전극, 표면 배향막)이 도포된 유리나 플라스틱으로 만들어진 투명한 판.

- **직하형 백라이트**(direct backlight) : 반사판과 확산판 등으로 빛의 휘도와 균일도를 조절하기 위하여 디스플레이 스크린 뒤에 부착된 광원.

- **진공 열증착**(vacuum thermal evaporation) : 진공에서 저항 가열 방식으로 물질을 기화시켜 기판에 박막을 형성하는 방법.

- **진공 펌프**(vacuum pump) : 대기압 이하의 압력을 진공이라 정의하고, 기체를 제거시켜 진공을 만드는 장치.

- **초(超) 꼬인 네마틱 액정**(super twisted nematic liquid crystal [STN]) : 상하 기판 사이에서 약 180도에서 270도 가량 꼬인 구조를 가지는 네마틱 액정.

- **측면 색재현성** : 측면, 즉 상하좌우 또는 임의의 대각 방향에서 액정 패널을 볼 때, 인지되는 색재현성.

- **측면광원**(edge light/ side light) : 반사판, 확산판 및 도광판 등으로 빛의 휘도와 균일도를 조절하기 위하여 디스플레이 스크린 옆에 부착된 광원.

- **카이랄 상**(chiral phase) : 자발적으로 꼬임 상태를 나타내는 액정 상.

- **컬러 필터**(colour filter) : 컬러 액정 표시소자에서 특정한 파장 영역의 빛(빨강, 파랑, 초록)을 선택적으로 투과시키는 필터.

- **켜짐 응답시간**(turn-on time) : 액정 구동 전압이 OFF 전압에서 ON 전압으로 바뀌었을 때, 휘도가 90%에 이르는데 걸리는 시간. 백색바탕 모드의 경우, 백색 명시도의 10%, 흑색바탕 모드의 경우, 백색 명시도의 90%까지 변화하는데 걸리는 시간. 이 시간은 꺼짐 하강시간과 지연시간의 합.

- **콜레스테릭 상**(cholesteric phase) : 평면에서 액정의 방향자가 네마틱 질서도를 기지며, 평면에 수직한 방향으로 방향자가 나선을 가지는 액정상.

- **크로스토크**(cross-talk/shadowing) : 표시장치에서 다른 부분에 표시된 화상에 의하여 휘도 변화가 생기는 현상.

- **타겟**(target) : sputtering에 의해 증착할 때, 사용되는 금속 원재료.

- **터치스크린 패널**(TSP; touch screen panel) : 사용자가 화면을 사람의 손 또는 물체로 접촉하는 것만으로 편하게 데이터를 입력할 수 있도록 해주는 OS(operating system)의 입력 장치.
- **투과율**(transmittance ratio) : 투과형 LCD 장치에서 입사된 광량과 출사되는 광량의 비율.
- **패널**(panel) : 구동회로를 제외한 디스플레이 소자.
- **패널 기판**(panel substrate) : 일반적으로 유리 또는 플라스틱 시트로 만들어진 층으로 패널의 전극, 배선, 유기층 등을 형성함.
- **편광판**(polarizer) : 입사광의 특정한 방향으로 편광된 성분만 투과시키는 광학소자.
- **포스트베이크**(post-bake) : PR 현상 후, PR을 경화시키기 위하여 열을 가하는 공정
- **프레임 주파수**(frame frequency) : 1초당 구동되는 프레임 수.
- **프리 베이크**(pre-bake) : PR 코팅후 용매를 제거하기 위해 열을 가하는 공정
- **핀홀**(pinhole) : 화소 전극이나 black matrix 등에 생기는 작은 결함.
- **하강시간**(fall time) : 액정 구동 전압이 ON 전압에서 OFF 전압으로 바뀌었을 때, 투과 또는 반사된 빛의 명시도가 백색바탕 모드의 경우, 백색 명시도의 10%에서 90%로, 흑색바탕 모드의 경우, 백색 명시도의 90%에서 10%로 변화하는데 걸리는 시간.
- **하판**(rear plate 혹은 배면판) : 관측자 반대편 쪽에 있는 판으로 보통 캐소드가 장착된 패널의 하부 유리기판.
- **현상**(development) : photolithography 공정에서 감광액 도포 및 노광 후, 필요한 pattern만을 남기고 불필요한 부분의 감광액을 제거하는 작업.
- **형광**(fluorescence) : 자극을 받고 있을 때에만 발광하는 현상으로 일중항 여기자의 에너지 전이에 의해 발생.
- **형광 효율**(fluorescence yield) : 형광체로부터 방출되는 광자 개수를 흡수한 광자 개수로 나눈 비율.
- **형광체**(phosphor) : 특정한 종류의 에너지를 흡수하여 가시광선을 방출하는 물질.
- **화면 깜박임**(flicker) : 동일한 상태의 화면이 밝기가 일정하지 않고 시간에 따라서 변하는 현상.

- **화소 전극/신호 전극**(data electrode/signal electrode) : 행렬식 화면 표시 소자에서 주사 신호와 동기화된 화소 신호전압이 인가되는 전극.

- **화소**(pixel) : 디스플레이의 모든 기능을 가능하게 하는 가장 작은 요소.

- **화이트 밸런스**(white balance) : R, G, B 등 subpixel이 내는 색의 좌표와 밝기 등을 고려하여 white를 구현하는 것.

- **해상도**(resolution) : 화상이 어느 정도 세밀하게 재현되는지를 나타내는 정도.

- **화소**(pixel) : 2차원 화상에서 이미지를 이루는 가장 작은 단위인 작은 점으로 화소라고도 함.

- **화소 간격**(pixel pitch) : 같은 색을 내는 가장 인접한 화소 간의 거리.

- **화소 구동회로**(pixel driving circuit) : 준화소(subpixel)를 구동하기 위해 준화소 영역에 형성되는 능동구동 회로.

- **확산판**(diffusing plate / diffuser) : 광원으로부터 나오는 빛을 확산시켜 디스플레이 장치로 균일하게 조사시키는 광학 소자.

- **휘도**(luminance) : 표시화면으로부터 방사하는 빛의 밝기의 척도이며, 구체적으로는 인간이 느끼는 주관적 밝기와 비교적 잘 대응하도록 정해진 시각 자극의 강도.

- **휘도 균일도**(luminance uniformity) : 전면 백색 발광 상태에서 검색된 지점의 밝기 균일도.

- **C.D**(critical dimension) : 공정 중에 나타나는 소자의 평면적인 치수를 의미하며, 일반적으로는 선폭이라고도 함.

- **CIE 색좌표계**(CIS coordinates) : 국제조명위원회 (CIE)로부터 국제적으로 정의한 색채표준으로, x와 y의 값으로 나타낸 좌표.

- **COF**(chip on FPC) : 얇은 폴리이미드 박막 위에 ACF(or ACA) 본딩이나 열합금 방법으로 bump IC를 실장한 형태의 제품.

- **COG** (chip on glass) : 패널의 ITO(indium tin oxide) 단자에 bump IC를 ACF나 ACA를 이용하여 실장한 형태의 제품.

- **flexible substrate** : 소자 및 회로가 증착되는 plastic 기판, 박형 유리 기판 및 금속 박판 등의 휘어지는 기판의 통칭.

- **IPS**(in-plane switching) : 화소 전극과 공통 전극을 모두 하판에 형성함으로서 기판에 수평 방향으로 전기장을 형성시켜 액정 분자의 방향이 수평 평면 내에서만 스위칭하게 하는 액정모드.

- **ITO 전극간격** : 절개된 Pixel ITO 전극과 ITO 대향전극 사이의 간격.

- **LCD 모듈**(liquid crystal display module) : 액정 디스플레이 셀과 전자 구동소자가 결합하고 있는 디스플레이 소자.

- **OLB**(outer lead bonding) : TCP나 COF의 outer lead와 glsss 기판의 전극을 이방성 도전필름(ACF)을 이용 본딩하는 것.

- **PCB**(printed circuit board)) : 유리섬유 등의 원판 위에 동판을 이용하여 회로를 집적한 보드로 부품 실장 및 접속함.

- **SMD**(surface mount device) : PCB, FPC 등에 IC나 CHIP 부품 등을 표면 실장하는 공정.

- **TAB**(tape automated bonding) : Interconnection의 일종으로 패널과 TCP IC를 본딩하는 방식을 일컬음.

- **TCP**(tape carried package) : Polyimide 박막 위에 gold bump로 단자 처리된 IC를 실장 시킨 형태.

- **XYZ 색좌표계**(XYZ color coordinate system) : 1931년 국제 조명 위원회에 의해 결의된 색 표시방법으로 CIE 표색계라고도 부르며, 적(red), 녹(green), 청(blue)의 세 가지 색광을 적절한 비율로 혼합하면 일정한 색광과 같은 색을 만들 수 있다는 가법혼색의 원리에 근거함. 표색계 중에서 CIE 표색계는 가장 과학적이며, 표색의 기본으로 되어 있는데, 주로 광원이나 컬러텔레비전의 기술이나 측정 분야에서 사용.

B 유기 용매

표 B-1► 자주 사용하는 유기 용매의 성질

명칭	Chemical family	Chemical formula	화재 위험	폭발 위험	독성	특성
Acetone	Ketone	CH_3COCH_3	◎	◎	△	■ 낮은 독성, 두통, 마취성
Benzene	Aromatic hydrocarbon	C_6H_6	◎	○	◎	■ 극히 위험
n-Butyl acetate	Ester	$CH_3CO_2C_4H_9$	○	○	○	■ 마취작용, 눈이나 호흡기 주의
Carbon tetrachloride	Chlorinated hydrocarbon	CCl_4	×	×	◎	■ 극히 위험, 가열하면 독성
Ethyl alcohol	Alcohol	C_2H_5OH	◎	○	△	■ 낮은 독성, 두통, 호흡기 주의
Ethylene dichloride	Chlorinated hydrocarbon	CH_2ClCH_2Cl	◎	○	◎	■ 간이나 신장주의, 호흡기 주의
Isopropyl alcohol	Alcohol	$CH_3CHOHCH_3$	◎	○	△	■ 낮은 독성, 두통, 호흡기 주의
Kerosene	Aliphatic petroleum	Hydrocarbon mixture	○	○	△	■ 낮은 독성, 마취작용
Methyl alcohol	Alcohol	CH_3OH	◎	○	○	■ 두통, 호흡 곤란
Methylene chloride	Chlorinated hydrocarbon	CH_2Cl_2	×	×	◎	■ 매우 위험, 가열하면 독성
Methyl ethyl ketone	Ketone	$CH_3COC_2H_5$	◎	○	○	■ 눈이나 호흡 주의
Mineral spirits	Aliphatic petroleum	-	○	○	△	■ 낮은 독성
Perchloroethylene	Chlorinated hydrocarbon	C_2Cl_4	×	×	○	■ 두통, 가열하면 독성
Toluene	Aromatic hydrocarbon	C_7H_9	◎	○	○	■ 독성
111-Trichloroethane	Chlorinated hydrocarbon	CH_3CCl_3	×	×	○	■ 가열하면 독성
Trichloroethylene	Chlorinated hydrocarbon	C_2HCl_3	×	×	○	■ 가열하면 독성, 신장주의
Trichlorotrifluoro-ethane	Fluorinated hydrocarbon	CCl_2FCClF_2	×	×	△	■ 비독성
Xylene	Aromatic hydrocarbon	$CH_3C_6H_4CH_3$	◎	◎	◎	■ 매우 위험, 독성

C 유해 가스

표 C-1 ▶ 무기 가스의 물리적 성질

기체명	산소	질소	아르곤	헬륨	수소	황화수소	암모니아	이산화질소
분자식	O_2	N_2	Ar_2	He_2	H_2	H_2S	NH_3	N_2O
분자량	32.00	28.01	39.95	4.003	2.016	34.08	17.03	44.01
외관 (상온 상압)	무색	무색	무색	무색	무색	무색	무색	무색
냄새	무취	무취	무취	무취	무취	불쾌한 냄새	자극냄새	감미한 향
가스밀도(kg/m^2) 0℃,1atm	1.429	1.251	1.783	0.1785	0.0898	1.539	0.7708	1.977
비중 (공기=1)	1.11	0.97	1.38	0.14	0.07	1.19	0.60	1.53
액체밀도 (kg/l)	1.141	0.808	1.398	0.1248	0.0709	0.993	0.674	1.266
발화점(℃)	−183.0	−195.8	−185.7	−268.9	−252.7	−60.2	−33.4	−88.6
융점 (℃)	−218.8	−209.9	−189.2	−272.2 (26atm)	259.1	−85.5	−77.7	−90.9
임계온도 (℃)	−118.4	−147.1	−122.5	−267.9	−240.2	100.4	132.4	36.5
임계압력 (atm)	50.1	33.5	48.0	2.26	12.8	89	112	130.5
물에 대한 용해도 (cc/100ccH2O) (0℃, 1atm)	4.89	2.35	5.6	0.97	2.1	437	89.9 (g/100gH_2O)	130.5

표 C-2 ► 무기 가스의 물리적 성질

가스	독성	허용농도(ppm)
시란	흡입으로 호흡기를 매섭게 자극, 급성의 국소자극작용이 강하며 전신 및 만성적인 영향에 대해서 미확인	0.5
포스핀	급성…두통, 흉부불안, 구토, 악감, 횡격막의 동통 만성… 소화기장해, 황달, 비인두 자극, 구내염, 빈혈	0.3
디보랑	흡입하면 폐를 자극, 폐수종,간장,신장을 침범한다. 기침, 호흡곤란, 전흉부 만의 고통, 구토	0.1
알신	급성…헤모글로빈과 결합하여 급격한 적혈구의 저하를 시키며 강한 용혈이 나온다. 두통, 구역질, 현기증 만성… 점차 적혈구가 파괴된다. 요에 단백이 난다	0.05
3염화붕소	습기로 가수분해 하여 염산과 붕산을 생성하며 피부, 점막(粘膜)을 침해한다. 폐기종, 기관 상부에의 자극	(BBr,1) (BF,1)
디클로로시란	흡입한 경우 호흡기 상부를 매섭게 자극하여 목이 메며 기침이 난다. 눈, 피부, 점막에 접촉하면 화상이 난다	-
암모니아	흡입으로 호흡기의 부종(浮腫),성문의 경련,질식을 일으킨다. 피부 점막에 대한 자극성, 부식성이 강하다	25
스티핑	아르신 의 생체에 미치는 독성과 같다. 과도의 피폭에서는 헤모글로빈요(혈색요소)를 배설	0.1
세렌화수소	결막자극과 호흡이상, 폐수종, 악심, 구토, 구강(口腔)의 금속 취기 현기증, 호흡의 마늘냄새, 사지권태(四肢倦怠)	0.05
염화수소	피부, 점막을 침해, 아픔을 동반하여 화상을 이른다. 눈에 접하면 자극, 흡입하면 호흡기 자극시 질식이 나며 폐기종, 인두경축	5

표 C-3 ► 여러 종류의 가스에 대한 생체 유독성

물질명	분자식	피부	눈	기관지	폐포	산소 희석	간 장해	신 경	심 장	신 장	위 장	뼈	허용농도 (ppm)
일산화질소	NO	–	–	–	○	–	–	○	–	–	–	–	25
이산화질소	NO$_2$	–	○	○	○	–	–	–	–	–	–	–	5
암모니아	NH$_3$	○	○	○	○	–	–	–	–	–	–	–	50
염소	Cl$_{l2}$	○	○	○	○	–	–	○	–	–	–	–	1
염화수소	HCl	○	○	○	○	–	–	–	–	–	–	–	5
브롬화수소	HBr	○	○	○	○	–	–	○	–	–	–	–	3
불화수소	HF	○	○	○	○	–	○	○	○	○	○	○	3
과산화수소	H$_2$O$_2$	○	○	○	○	–	–	–	–	–	–	–	1
황화수소	H$_2$S	–	○	○	○	호흡마비	–	○	○	–	○	–	10
질소	N$_2$	–	–	–	–	○	–	–	–	–	–	–	–
아산화질소	N$_2$O	–	–	–	–	○	–	○	–	–	–	–	–
아르곤	Ar$_2$	–	–	–	–	○	○	–	–	–	–	–	–
헬륨	He$_2$	–	–	–	–	○	–	–	–	–	–	–	–
수소	H$_2$	–	–	–	–	○	–	–	–	–	–	–	–
이산화탄소	CO$_2$	–	–	–	–	○	–	○	–	–	–	–	5,000
6불화유황	SF$_6$	–	–	–	–	○	–	–	–	–	–	–	1,000
6불화에탄	C$_2$F$_6$	–	–	–	–	○	–	–	–	–	–	–	–
8플루오르프로판	C$_3$F$_8$	–	–	–	–	○	–	–	–	–	–	–	–
4염화탄소	CC$_{l4}$	–	–	–	–	–	○	○	–	○	–	–	10
4불화탄소	CF$_4$	–	–	–	–	○	–	–	–	–	–	–	–
3불화질소	NF$_3$	○	–	–	–	–	○	–	○	○	–	–	10
프론12	CCl$_2$F$_2$	–	–	○	–	○	–	○	–	–	–	–	1,000
프론13	CClF$_3$	–	–	–	–	○	–	○	–	–	–	–	–
프론113	C$_2$Cl$_3$F$_3$	–	–	–	–	○	–	○	–	–	–	–	1,000
프론114	C$_2$Cl$_2$F$_4$	–	–	–	–	○	–	○	–	–	–	–	1,000
플루오르호름	CHF$_3$	–	–	–	–	○	–	○	–	–	–	–	–
3염화 인	PCl$_3$	○	○	○	○	–	○	–	–	–	–	–	0.5
5불화 인	PF$_5$	○	○	○	○	–	–	–	–	–	–	–	–
옥시염화인	POCl$_3$	○	○	○	○	–	○	–	○	○	–	–	0.5
포스핀	PH$_3$	–	○	○	○	–	○	○	–	–	○	○	0.3
아르신	AsH$_3$	–	–	–	○	–	○	○	–	–	–	–	0.05
3염화비소	AsCl$_3$	○	○	○	○	성문수종	○	○	○	○	○	○	0.2mg/m^3
3불화비소	AsF$_3$	○	○	○	○	–	○	○	○	○	○	○	–
5불화비소	AsF$_5$	○	○	○	○	–	○	○	○	○	○	○	–
지보랑	B$_2$H$_6$	–	○	○	○	–	○	–	–	○	–	–	0.1
3염화붕소	BCl$_3$	–	○	○	○	–	–	–	–	–	–	–	–
3불화붕소	BF$_3$	○	○	○	○	–	○	○	○	○	○	○	1
3브롬화붕소	BBr$_3$	○	○	○	○	–	–	–	–	–	–	–	–
3요오드화붕소	BI$_3$	○	○	○	○	–	–	–	–	–	–	–	–

표 C-3► 여러 종류의 가스에 대한 생체 유독성 [연속]

물질명	분자식	피부	눈	기관지	폐포	산소희석	간장해	신경	심장	신장	위장	뼈	허용농도 (ppm)
시란	SiH_4	−	−	○	−	−	−	−	−	−	−	−	0.5
4불화규소	SiF_4	○	○	○	○	−	−	−	−	−	−	○	−
4염화규소	$SiCl_4$	○	○	○	○	−	○	○	−	−	−	−	−
트라이클로로시란	$SiHCl_3$	−	○	○	○	−	−	−	−	−	−	−	−
디클로로시란	SiH_2Cl_2	−	○	○	○	−	−	−	−	−	−	−	−
3수소화게르마늄	GeH_3	−	−	−	−	−	−	−	−	○	−	−	0.2
수소화안티몬	SbH_3	−	−	−	○	−	○	−	−	○	−	−	0.1
수소화셀렌	SeH_2	−	○	○	−	−	−	−	−	−	−	−	0.05
수소화텔루르	TeH_2	○	○	○	−	−	○	−	−	−	−	−	$0.1mg/m^3$
디메칠텔루르	$(CH_3)_2Te$	−	−	−	−	−	○	−	−	−	−	−	$0.1mg/m^3$
디에칠텔루르	$(C_2H_5)_2Te$	−	−	−	−	−	○	−	−	−	−	−	−
디메칠카드뮴	$(CH_3)_2Cd$	○	○	○	−	−	−	−	−	−	○	−	$0.1mg/m^3$
디에칠아연	$(C_2H_5)_2Zn$	−	○	○	−	−	−	−	−	−	−	−	−
트리메칠인	$(CH_3)_3P$	−	−	○	−	−	○	−	−	−	○	○	−
트리에틸인	$(C_2H_5)_3P$	−	−	−	−	−	○	−	−	−	○	○	−
트리메칠비소	$(CH_3)_3As$	−	○	○	−	−	○	○	−	○	−	−	$0.05mg/m^3$
트리에칠비소	$(C_2H_5)_3As$	−	○	○	−	−	○	○	−	○	−	−	$0.05mg/m^3$
트리메칠길륨	$(CH_3)_3Ga$	○	○	○	−	−	−	−	−	○	−	−	−
트리에칠갈륨	$(C_2H_5)_3Ga$	○	○	○	−	−	−	−	−	○	−	−	−
트리메칠안티몬	$(CH_3)_3Sb$	○	○	○	−	−	○	○	−	○	−	−	−
트리에칠안티몬	$(C_2H_5)_3Sb$	○	○	○	−	−	○	○	−	○	−	−	−
트리에칠알루미늄	$(CH_3)_3Al$	○	○	○	−	−	−	−	−	−	−	−	−
트리메칠알루미늄	$(C_2H_5)_3Al$	○	○	○	−	−	−	−	−	−	−	−	−
디메칠수은	$(CH_3)_3Hg$	−	○	○	○	−	−	○	−	−	−	−	0.001
디에칠수은	$(C_2H_5)_3Hg$	−	○	○	○	−	−	○	−	−	−	−	0.001
4염화게르마늄	$GeCl_4$	○	○	○	○	−	−	−	−	−	−	−	−
4염화주석	$SnCl_4$	○	○	○	○	−	−	−	−	−	−	−	−
5염화안티몬	$SbCl_5$	○	○	○	○	−	○	○	−	−	○	−	$0.5mg/m^3$
불소화탄탈	TaF_5	○	○	○	○	−	○	○	−	−	−	○	−
불화텅스텐	WF_5	○	○	○	○	−	○	○	−	−	−	○	−
불화몰리브덴	MoF_6	○	○	○	○	−	○	○	−	−	−	○	−
불화티탄	TiF_4	○	○	○	○	−	−	−	−	−	−	○	−
4염화티탄	$TiCl_4$	○	○	○	○	−	−	−	−	−	−	−	−
비소화갈륨	$GaAs$	○	○	○	○	−	○	○	−	−	−	−	−
poly-si중간체	$CnHnClnSi$	○	○	○	○	−	−	−	−	−	−	−	−

D 찾아보기

▌저자약력

김현후
두원공과대학교 디스플레이공학과 교수
한국전기전자재료학회 편집이사 (전)
뉴저지공대 박사

최병덕
성균관대학교 전기전자공학부 교수
삼성디스플레이 수석연구원 (전)
아리조나주립대 박사

디스플레이 제조공정 기술

발행일 | 2023년 10월 30일
저 자 | 김현후 · 최병덕
발행인 | 모흥숙
발행처 | 내하출판사
주 소 | 서울 용산구 한강대로 104 라길 3
전 화 | TEL : (02)775-3241~5
팩 스 | FAX : (02)775-3246

E-mail | naeha@naeha.co.kr
Homepage | www.naeha.co.kr

ISBN | 978-89-5717-562-0 93560
정 가 | 25,000원

■ **(국문)** 이 (성과물)은 산업통상자원부 '산업혁신인재성장지원사업'의 재원으로 한국산업기술진흥원(KIAT)의 지원을 받아 수행된 연구임. (차세대 디스플레이 공정·장비·소재 전문인력 양성사업, 과제번호 : P0012453)

■ **(영문)** This research was funded and conducted under 「the Competency Development Program for Industry Specialists」 of the Korean Ministry of Trade, Industry and Energy (MOTIE), operated by Korea Institute for Advancement of Technology (KIAT).
(No. P0012453, Next-generation Display Expert Training Project for Innovation Process and Equipment, Materials Engineers)